基于 IMB 理论的肺结核患者废弃物管理行为研究

张乐　李岩　房学强　著

山东大学出版社

图书在版编目(CIP)数据

基于 IMB 理论的肺结核患者废弃物管理行为研究/张乐,李岩,房学强著.—济南:山东大学出版社,2016.10
ISBN 978-7-5607-5662-2

Ⅰ.①基… Ⅱ.①张…②李…③房… Ⅲ.①肺结核—医用废弃物—废物处理—卫生管理—研究 Ⅳ.①X799.5

中国版本图书馆 CIP 数据核字(2016)第 272768 号

责任编辑:陈佳意
封面设计:张 荔

出版发行:山东大学出版社
社 址 山东省济南市山大南路 20 号
邮 编 250100
电 话 市场部(0531)88364466
经 销:山东省新华书店
印 刷:山东省英华印刷厂
规 格:720 毫米×1000 毫米 1/16
22 印张 610 千字
版 次:2016 年 10 月第 1 版
印 次:2016 年 10 月第 1 次印刷
定 价:42.00 元

前　言

结核病是一种严重危害人类健康的慢性传染病，素有“白色瘟疫”之称。据世界卫生组织估计，仅2014年全球就有960万起新发结核病病例，而中国2014年的新发结核病人数为93万，仅次于印度和印度尼西亚，位居全球第三位。显然结核病在我国尚未得到有效的控制，结核病不仅是重要的公共卫生问题，而且是一个复杂的社会经济问题。

肺结核虽以呼吸道传播为主，但最新研究成果表明，活动性肺结核患者生活废弃物表面，尤其是痰液中存在致病菌，会间接促进结核病的传播；同时，如果这些具有传染性的废弃物流入社会的话，会对社会及公众人群健康造成严重的危害，也会严重危及社会的稳定。因此，规范居家治疗肺结核患者生活废弃物的管理，对于预防和控制结核病的传播以及维护社会稳定具有十分重要的意义。

我国非常重视对结核病防治机构医疗废物的管理工作。《结核病防治管理办法》（卫生部令第22号）特别指出，“对于被结核分枝杆菌污染的痰液、污物和污水以及医疗废弃物，应当按照医疗废物管理的相关规定进行分类收集、暂存及处理”，并且规定“未按照有关规定严格执行隔离消毒制度，对结核分枝杆菌污染的痰液、污物和污水以及医疗废弃物未进行处理的医疗机构，要根据后果严重程度给予相应的行政处分”。但是在我国，肺结核患者以居家治疗为主。因此，对于居家治疗肺结核患者而言，废弃物往往以患者自我管理为主。所以，能否促使肺结核患者自身对废弃物进行规范管理，是肺结核预防和控制工作的又一关键课题。

由此，我们就必然会面对以下问题：居家治疗肺结核患者对废弃物管理的现状如何、患者对废弃物管理的行为是如何形成的以及哪些因素影响了废弃物管理行为的发生。同时，为了解决这些问题，新的问题也随之产生了，那就是用什么工具来定量测量这些问题、应该选择何种措施对废弃物危害进行干预、干预的效果如何。而目前针对这些问题的研究极少，本研究正是在此背景下产生的。

2010年，在山东省自然科学基金的资助下，山东大学公共卫生学院对居家治疗肺结核患者对废弃物的管理现状进行了调查。2015年，泰山医学院公共卫生学院受课题“政府干预与自我管理的耦合研究”的资助，对肺结核废弃物的危害进行了干预。这两项研究累计历时三年，完成了现场调研、资料整理与分析等全部研究工作。研究领域涉及社会医学、卫生事业管理学、流行病与卫生统计学等多门学科，较全面地研究和探讨了废弃物管理的策略。研究内容主要包括IMB量表的构建及检验、肺结核患者对废弃物的管理现状分析、肺结核患者对废弃物危害干预的需求评价、废弃物危害干预的效果评价等。

课题组的研究成果为政府相关部门控制废弃物的危害提供了实证依据，为结核病防治部门及有关研究人员提供了研究思路。课题组在总结全部研究成果的基础上编写了本书，内容深入浅出，理论联系实际，对肺结核患者对废弃物的管理行为作了较为完整的叙述与评价。愿本书的出版能为结核病防治战线上的广大工作人员提供有价值的参考资料，从中学习、借鉴我国过去的经验，为新时期结核病控制取得更大的成绩发挥积极作用。

由于时间仓促，资料整理与分析任务量大，内容覆盖广，难免有疏漏不当，请广大读者不吝指正。

张　乐

2016年8月

目　录

上篇　IMB 量表的构建及干预需求研究

中篇　居家治疗肺结核患者废弃物管理现状研究

下篇　居家治疗肺结核患者废弃物危害干预效果评价研究

附　录

上篇

IMB量表的构建及干预需求研究

第一章　IMB 量表构建及干预需求研究概述

第一节　研究背景

我国正处于三次卫生革命的交叉阶段，慢性非传染性疾病已经成为主要威胁，但防控传染病、寄生虫病和地方病的任务尚未完成，甚至有加剧的趋势，例如结核病大有死灰复燃之势。因此，在未来很长一段时间内，传染病仍将是我国疾病预防控制工作的重要内容。传染源、传播途径和易感人群是传染病流行过程的三个重要环节，三者缺一不可，在对传染源进行隔离和保护易感人群等措施不能得到有效实施时，切断传播途径就成为预防和控制传染病的关键。

医疗废弃物即医疗垃圾，是指医疗机构在医疗、预防、保健以及其他相关活动中产生的具有直接或间接感染性、毒性以及其他危害性的废物，具体包括感染性、病理性、损伤性、药物性、化学性废物。对医疗垃圾如不加强管理、随意丢弃，任其混入生活垃圾，流散到生活环境中，就会污染大气、水源、土地以及动植物，造成疾病传播，严重危害人的身心健康。因此，对医疗废弃物进行规范管理是切断传播途径的重要手段，是预防和控制传染病的重要措施。

自 2003 年 SARS 爆发以来，我国日益重视对医疗废弃物的管理，先后出台了《医疗废弃物管理条例》《医疗卫生机构医疗废物管理办法》以及《医疗废物行政处罚办法》等政策法规，但是这些政策法规大都以规范医疗机构以及医务人员的行为为主。患者作为医疗废弃物的主要制造者和终末管理者，我国却没有以法律条文的形式赋予其相应的权利和义务。同时，对于一些慢性传染病患者而言，他们虽然也需要在医疗机构进行相应的治疗，但更多的时间则需要居家化疗。在此过程中，他们将制造大量的废弃物，部分废弃物含有大量的病原微生物，如果不能对其进行妥善管理，则会大大增加传染病传播的几率。

据世界卫生组织统计，我国结核病年新发病例约 130 万，位居世界第二位，是全球22个结核病高负担国家之一，其中又以肺结核病尤为严重。因此，如何预防和控制肺结核，已成为重大的社会问题和公共卫生问题。肺结核虽以呼吸道传播为主，但最新研究成果表明，活动性肺结核患者生活废弃物表面，尤其是痰液中存在致病菌，会间接促进结核病的传播。同时，如果这些具有传染性的废弃物流入社会的话，会对社会及公众人群健康造成严重的危害，也会严重危及社会的稳定。因此，规范对居家治疗肺结核患者生活废弃物的管理，对于预防和控制结核病的传播以及维护社会稳定具有十分重要的意义。我国非常重视对结核病防治机构医疗废物的管理工作，《结核病防治管理办法》（卫生部令第22号）特别指出，“对于被结核分枝杆菌污染的痰液、污物和污水以及医疗废弃物，应当按照医疗废物管理的相关规定进行分类收集、暂存及处理”，并且规定“未按照有关规定严格执行隔离消毒制度，对结核分枝杆菌污染的痰液、污物和污水以及医疗废弃物未进行处理的医疗机构，要根据后果严重程度给予相应的行政处分”。但我国肺结核疫情仍然处于较高的水平。2010年全国第五次结核病流行病学抽样调查结果显示，我国15岁及以上人群活动性肺结核的患病率为459/10万，涂阳肺结核患病率为66/10万，公众结核病防治知识知晓率仅为57.0%。因此，加强对肺结核患者废弃物的管理刻不容缓。

目前，全世界防控传染病的策略均为控制传染源、切断传播途径和保护易感人群，肺结核病的防控也不例外。其中，控制传染源的主要措施是早期发现病人以及成功治疗活动性肺结核患者；保护易感人群的主要措施是潜隐结核杆菌感染者的治疗以及BCG疫苗的广泛接种；切断传播途径的主要措施是结核病防治机构严格执行国家制定的相关法律法规，加强对肺结核患者医疗废弃物的规范管理。

这三大策略均发挥了一定的作用，对于遏制结核病的死灰复燃具有十分重要的意义，但同时也存在许多不足之处。对于传染源的控制策略，在活动性肺结核患者的治疗方面，虽然也存在耐多药结核（MDR-TB）以及严重耐药结核（XDR-TB）问题的存在，但总体治疗效果较好，绝大多数肺结核患者预后良好。然而，对于病人早期发现方面，我国却做得不够好，目前以被动发现为主，缺乏主动性，因此效果也不明显。对于易感人群的保护措施而言，潜隐结核杆菌感染者的治疗尚没有推广开来，而BCG疫苗对成人结核病预防基本上毫无效果，因此，保护易感人群的工作对于结核病防控的贡献有限。对于切断传播途径的措施而言，结核病防治机构对于废弃物的管理日趋规范，对于控制院内感染以及废弃物的恶性扩散取得了良好的效果。但是随着结核病DOTS政策的实施，肺结核患者多在医务人员的督导下以居家治疗为主，而目前我国对于居家治疗肺结核患者废弃物管理的重视程度不够。

综上所述，对于肺结核病的预防和控制，以控制传染源的工作做得最好，但在早期发现病人方面尚有待加强；在保护易感人群方面较为薄弱，缺少切实可行的措施；在切断传播途径方面，结核病防治机构的工作做得较好，但对于居家治疗肺结核患者废弃物的管理却十分薄弱。因此，目前对于肺结核病的预防和控制，需要加强并且切实可行的措施为“早期发现肺结核患者以及加强对居家治疗肺结核患者废弃物的管理”。目前关于前者的研究较多，而关于后者的研究基本上还是空白。因此，本书选择居家治疗肺结核患者废弃物的管理作为研究课题。

目前，根据 DOTS 政策的规定，医务人员主要负责对肺结核患者服药的督导，对其处置废弃物的行为却不在督导范围之列。因此，对于居家治疗肺结核患者而言，废弃物往往以患者自我管理为主。能否促使肺结核患者自身对废弃物进行规范管理，是肺结核预防和控制工作的又一关键课题。

因此，我们就必然会面对以下问题：居家治疗肺结核患者是否充分掌握了废弃物管理的相关信息，肺结核患者是否有足够的动机妥善管理废弃物，居家治疗肺结核患者对废弃物管理的现状如何以及影响肺结核患者废弃物知识水平、动机水平以及管理水平的关键因素有哪些。而目前针对这些问题的研究极少，基于此，本研究致力于解决这些难题。

工欲善其事，必先利其器。以上难题的解决需要科学的理论知识作指导，并配置一套科学、合理的测评工具。一个公共卫生干预措施能否得以顺利实施，并取得良好的效果，不但需要良好的政策环境的支持，还需要有缜密的评价工作作为保障。需求评价是项目实施与否以及是否能够顺利实施并取得良好效果的基础，过程评价对于掌握干预项目的进展并进行相应的调整具有十分重要的意义，而结果评价是对干预项目的终末总结。由于肺结核患者的治疗疗程一般较短，因此，本研究的重点集中在干预措施的需求评价和效果评价。基于此，本研究构建了 IMB 量表，对其信效度进行了检验，并将其应用于实践。

第二节　国内外相关研究进展

一、干预需求评价的研究进展

段爱旭等人自行设计了调查问卷，对 2300 名大学生进行了调查，了解其对艾滋病防治的知识、态度和高危行为的了解情况，并在此基础上针对大学生对健康干预的需求进行评价。李丹等人利用IECI模型对377名吸毒人群艾滋病知识的知晓率和影响率进行了分析，并计算各信息的干预需求指数，从而确定了吸毒人群对艾滋病相关知识的关键需求。李绍奎在对艾滋病防治绩效进行评价时，将需求评价纳入到绩效评价指标体系中。

龙璐对武汉地区艺术类高校大学生进行调查，了解其对生殖健康的认知情况，并对目前的干预措施进行评价。评价结果显示，干预使得大学生在知识、态度及行为方面有所改善，但仍不能满足目前的需求。何倩编制了初中生非法药物预防知识需求问卷，了解初中生对非法药物滥用干预的需求，以及干预的内容及形式，并对基于需求的干预模式的效果进行了评价。李爱兰等人则采用了定性研究的方法，考察北京市5所高校大学生对艾滋病/性病防治的干预需求。

傅东波等人通过定性访谈的方法，了解上海市社区高血压患者在自我管理方面存在的问题，并对其对健康教育的需求进行了评价。评价需求显示，高血压患者在管理疾病的技能和执行这些技能的信念方面的需求较大。雷芬芳等人对脑卒中患者家庭康复干预的现状进行了调查，并通过计算干预需求指数，确定患者目前对干预的关键需求。陈仁友等人对山东省1200名中学生进行了问卷调查，了解其对重点传染病知识、行为的认知情况，并对干预的需求进行了评价，确定了其对干预形式的需求。简胤嘉等人也对甘肃省城乡中小学传染病防治知识及行为进行了调查，并确定了其对行为干预的需求。

李金保等人对岳阳市部分尘肺病患者以及家属进行问卷调查，通过计算患者及家属对社会干预条目的需求得分，确定其对社会干预的内容及形式。张洁等人对215名农村社区糖尿病高危人群进行了问卷调查，了解其主要高危因素，确定其对行为干预的需求以及干预的关键策略及重点措施。龚磊等人对安徽省3所医学院校的49名相关人员进行了个人深入访谈，了解其对自杀知识的态度以及对危机干预的需求。

二、卫生领域行为形成的路径研究

胡浩尝试利用IMB模型分析艾滋病预防行为的影响因素，并构建了信息、动机、行为技巧以及预防行为四者之间的结构方程模型。模型结果显示，艾滋病预防信息和动机都可通过行为技巧影响预防行为，其中前者不能直接作用于预防行为，而后者则可以对预防行为产生直接影响，二者对行为技巧的影响程度相差无几。刘志浩同样借助IMB模型，分析艾滋病预防行为的影响因素，并构建了模型各组分间的结构方程，但研究结果与胡志浩稍有不同：艾滋病预防信息和动机都可通过行为技巧影响预防行为，二者均对预防行为无直接作用，行为技巧是影响预防行为的最重要因素。另外，国内外很多学者也借助 KAP 模型、健康信念模型、社会认知理论、TRA 理论、行为转变模式、ARRM 模型等相关理论和模型，探讨了艾滋病高危行为转变的路径。

魏洁分析了农村糖尿病患者疾病知识、自我效能感与自我管理行为之间的相关性，并在此基础上构建了三者的结构方程模型。模型路径系数为：糖尿病知识、自我效能感对管理行为的总效应分别为 0.482 和 0.640，前者对自我管理行为的间接效应为 0.212。郑卫军等人也开展了类似的研究，但结果稍有不同：性别、年龄和收入对糖尿病患者自我管理行为的总效应分别为－0.120、0.200 和－0.155，而自我效能、文化主观障碍和疾病信念对糖尿病患者自我管理行为的直接效应分别为 0.332、－0.176 和 0.362。王君俏、贾芸等人对糖尿病患者自我效能与管理行为的关系进行了研究，发现二者具有较高的相关性；陆璐则构建了自我效能与管理行为的线性回归模型；徐茵通过构建结构方程模型对糖尿病患者自我管理行为的影响因素进行探讨；史其芳和朱莉珍对糖尿病以及其他慢性病患者开展了基于自我效能为核心的自我行为管理干预，取得了良好的效果。

王瑾等人利用“信息—动机—行为技巧模型”，对女性流动人口生殖健康进行干预，通过比较干预前后生殖健康信息得分情况，对干预效果进行评估。结果显示该模型干预效果明显，提高了女性流动人口的生殖健康信息水平和行为技巧，同时减少了高危行为的动机。王英等人通过对外来务工体检中心的 944 名未婚女性进行调查，检验了 IMB 生殖健康量表。分析结果显示，该量表具有较高的信度和效度，可以在更大范围推广开来。

唐万琴将 IMB 模型应用于苏北农村初中生结核病预防行为干预中，结果显示预防动机对预防行为的影响最大，其次为行为技巧。于小龙、李学芹借助 KAP 模型对山东省居家治疗肺结核患者对痰液处置知识的知晓情况、态度以及处置行为进行了回顾性调查，并建立了患者处置认知、处置行为以及外出保护措施三者的结构方程模型。模型显示，处置认知和处置行为均对外出保护措施有路径影响。

张彩虹对慢性阻塞性肺疾病患者自我管理行为的形成路径进行了研究。研究结果表明，生活质量、抑郁、社会支持均对自我管理行为有直接影响，而后两者又通过生活质量对自我管理行为产生间接影响。

张颖将恶性肿瘤自我效能和自我管理量表进行汉化处理，经检验具有较高的信度和效度，并对恶性肿瘤患者自我管理行为的形成路径进行了分析。结果显示，恶性肿瘤患者文化程度与烦恼程度对自我效能和自我处置水平均有直接作用；同时，文化程度也可通过烦恼程度对二者产生间接影响，而个人收入则可直接对自我效能产生影响。

第三节　研究目的及意义

一、研究目的

基于以上背景，本研究在对目标人群进行需求评价的基础上，构建一种适合我国实际的肺结核废弃物危害干预模式，并评价其效果。具体目标为：

(1)对前期编制的IMB量表进一步筛选，并进行效度和信度的检验，以确保调查工具的可靠性。

(2)利用编制的量表，明确肺结核患者废弃物自我管理行为的形成路径。

(3)明确居家治疗肺结核患者对废弃物危害干预的需求。

(4)明确影响肺结核患者对废弃物危害干预需求的主要因素，即确定需要干预的重点人群。

二、研究意义

(一)研究的理论意义

本研究以居家治疗的肺结核患者为研究对象，旨在通过干预措施的实施，提高其对废弃物危害控制的能力。而目前居家治疗传染病患者对废弃物危害的控制，无论是在政策法规上还是理论研究中均处于“灰色地带”。本书关于居家治疗肺结核患者废弃物危害控制的研究，能够弥补该领域研究的空白。同时，对废弃物管理行为采取干预措施的研究也较少。因此，基于以上两点，本研究具有较强的理论意义。

(二)研究的实践意义

本研究对居家治疗肺结核患者对废弃物危害干预的需求进行评价，这可以为进一步采取大规模的人群干预提供实证依据；对肺结核患者危害干预需求的影响因素的分析有助于我们在实践中确定需要干预的重点人群，做到有的放矢，从而为相关部门进一步改进干预措施提供依据。因此，基于以上原因，本研究同样具有较高的实践意义。

第四节　研究内容与框架

一、研究内容

为了达到以上研究目标，本课题的主要研究内容包括：

(1)了解居家治疗的肺结核患者在废弃物危害控制方面的 IMB 特征，即肺结核患者对废弃物危害控制的信息、动机、行为技巧及行为情况。

(2)对居家治疗的肺结核患者对废弃物危害干预的需求进行评价。

(3)确定影响肺结核患者对废弃物危害干预需求的关键因素，即明确需要干预的重点人群。

(4)提供完善废弃物危害控制的政策建议和对策。

二、研究框架

本研究的重点有二，其一是研究工具的构建及理论模型的验证，其二是居家治疗肺结核患者对废弃物危害干预的需求研究，现分述如下。

(一)IMB 模型的构建及验证

调查工具的精确性以及理论模型选择的适用性，是一项研究能否成功的基础。前期构建的 IMB 量表的信效度如何？肺结核患者废弃物管理行为的形成路径是否遵循经典的 IMB 理论模型的假设？行为、动机以及行为技巧是如何影响行为本身的以及影响程度如何？详见图 1-1。

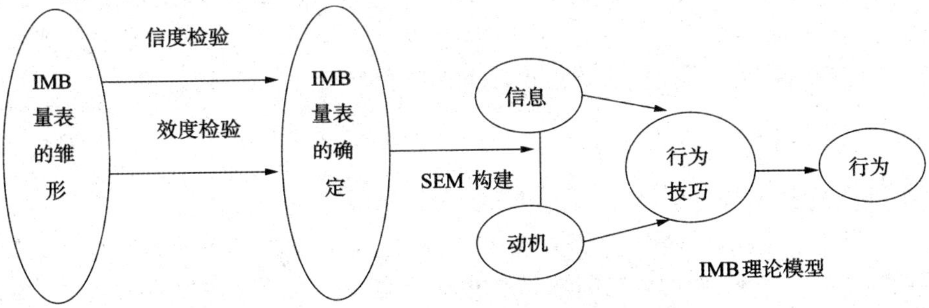

图 1-1　IMB 模型的构建及验证的研究框架

(二)肺结核患者对废弃物危害干预的需求

需求评价是干预项目得以顺利实施的前提，本研究在进行肺结核患者对废弃物危害干预的需求评价时，面临以下几方面的问题：用什么方式和工具测量患者对废弃物危害干预的需求？如何界定患者对干预的需求程度？影响患者对废弃物危害干预的关键因素有哪些？详见图 1-2。

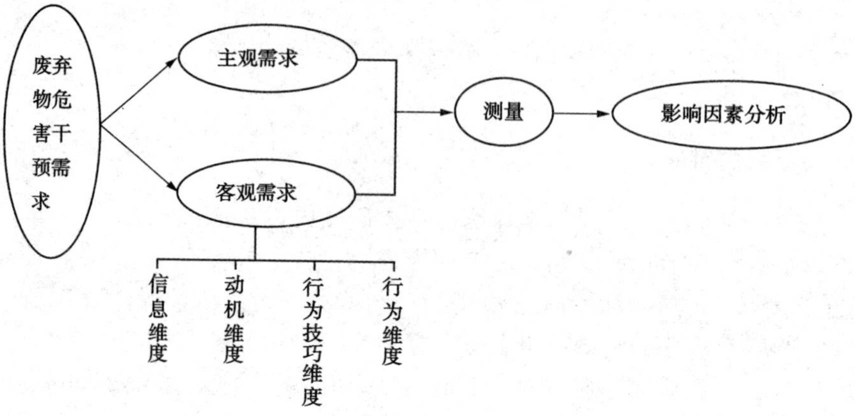

图1-2 肺结核患者对废弃物危害干预需求的研究框架

第五节 研究方法

本研究主要采用定量和定性两种方法，现分述如下：

一、文献法

利用文献情报分类回顾分析法和文献资料分析优选法对国内外已开展的相关研究进行回顾性分析，主要来源是中文数据库CNKI、CBM、万方数据库等，检索词为："肺结核""废弃物""危害控制""干预评价""需求评价"等。通过PubMed以及United Nations、Google等官方网站和搜索工具，以检索相关的文献资料；收集与整理《山东省统计年鉴2014》《山东省卫生统计年鉴2014》以及山东省统计信息网、山东省和样本地区结核病防治规划实施报表等相关的资料。

二、现场调查

(一)研究现场的选择

本研究选择山东省作为研究现场，在选择样本地区时遵循以下原则：①在调查前一年内在该地区登记的肺结核患者足够多；②地理位置分布；③经济水平的差异，拟根据人均GDP的高低，随机选择经济水平高、中、低的3个地级市，分别再按照以上原则随机选择2～3个县(市、区)作为调查的现场。基于此，本研究从山东省东、中、西部各选择了烟台市、潍坊市和菏泽市3个地级市，并从烟台市选择了龙口市和莱阳市，从潍坊市选择了奎文区和寿光市，从菏泽市选择了单县和曹县，共计6个县(市、区)。

(二)调查对象的确定

本研究的调查对象为2013年全年在样本县(市、区)登记的810名肺结核患者，实际收回有效问卷 718 份，有效回收率达到 88.6%。

（三）调查工具及内容

本研究的研究方法以定量调查为主，研究所采用的调查工具包括肺结核患者基本资料问卷、肺结核废弃物危害控制 IMB 量表等，现分述如下：

肺结核患者基本资料问卷：此问卷主要收集肺结核患者社会人口学特征、家庭因素以及行为生活方式资料等。其中，社会人口学资料主要包括居住地、性别、年龄、文化程度、职业、性格类型、婚姻状况以及医疗保障情况等；家庭因素包括家庭年收入、有无债务、是否贫困户等；行为生活方式资料包括患者的吸烟、饮酒以及体育锻炼等情况。

肺结核废弃物危害控制 IMB 量表：量表的主要内容包括肺结核患者对废弃物危害控制的认知、对废弃物危害控制的态度、废弃物危害控制的行为技巧以及废弃物管理行为等。该量表测量条目的设计是以 IMB 模型为基础的，主要测量项目集中在信息、动机、行为技巧和行为四个方面，共有 12 个主要条目。

三、统计与分析方法

（一）一般描述性分析

主要用来描述和分析前期构建的 IMB 量表各条目的分值。对于数值变量，如服从正态分布则采用均数进行描述，如不服从正态分布则采用中位数进行描述；对于分类变量，采用率或构成比进行描述。

（二）项目分析

本研究采用项目分析的方法，对前期构建的 IMB 量表进行筛选和验证，具体来说，是采用决断值以及各条目得分与总分的相关性进行筛选。

决断值即 CR 值，它是在各条目总得分划分出高分组与低分组以后，再检验这两组在各条目上的平均差异。高分组与低分组的划分标准为：总得分的前 27%为高分组，后 27%为低分组。采用独立样本 T 检验来检验两组之间各条目的平均差异，如果某个条目在两组之间无统计学差异，则可以认为该条目的区分度不好，应加以剔除；否则予以保留。

通过计算各条目得分与总得分的相关系数，对条目进行筛选，筛选标准为：如果某个条目与总得分的相关系数大于 0.3，且有统计学意义，则该条目予以保留；否则则予以剔除。

（三）IMB 量表的信效度检验

克朗巴赫 α 系数和分半信度系数被用来检验 IMB 量表的信度，主成分分析法被用来检验量表的结构效度，相关分析用来检验量表的内容效度。

（四）单因素分析

本研究所采取的单因素分析方法为 χ^2 检验和 T/F 检验。其中，前者主要用来确定影响肺结核患者对干预主观需求的关键因素，后者主要用来确定影响肺结核患者对干预的客观需求的关键因素。

（五）多因素分析

在单因素分析的基础上，进一步进行多因素分析。本研究采取的多因素分析方法主要包括多分类 logistic 回归和有二分类 logistic 回归。其中，前者用于确定影响肺结核患者对干预的主观需求的关键因素，后者用于确定影响肺结核患者对干预的客观需求的关键因素。

（六）结构方程模型

结构方程模型是基于变量的协方差矩阵来分析变量之间关系的一种统计方法，实际上是一般线性模型的拓展，包括因子模型与结构模型，体现了传统路径分析与因子分析的完美结合。其包含的变量分为以下几类：①观测变量：可直接测量的变量；②潜变量：亦称“隐变量”，是无法直接观测并测量的变量，潜变量需要通过设计若干指标间接加以测量；③外生变量：是指那些在模型或系统中只起解释变量作用的变量，它们在模型或系统中只影响其他变量，而不受其他变量的影响；④内生变量：是指那些在模型或系统中受模型或系统中其他变量包括外生变量和内生变量影响的变量，它们也可以影响其他变量。

结构方程模型示意图如图 1-3 所示，观测变量通常用长方形或方形表示，外生观测变量用 x 表示，内生观测变量用 y 表示。潜变量用椭圆或圆形表示，外生潜变量通常用 ξ 表示，内生潜变量通常用 η 表示。δ 表示外生观测变量 x 的误差，ε 表示内生观测变量 y 的误差。结构方程模型通常包括三个矩阵方程式：

$$y=\Lambda_y\eta+\varepsilon$$

$$x=\Lambda_x\xi+\delta$$

$$\eta=B\mu+\tau\xi+\zeta$$

因此，本研究利用结构方程模型，对肺结核患者废弃物管理行为的形成性分析中，结合 IMB 模型，建立信息、动机、行为技巧以及行为之间的结构方程模型，以确定肺结核废弃物管理行为产生的路径，以及信息、动机与行为技巧对行为造成的直接和间接效应。以上分析过程在 SPSS17.0 和 Amos7.0 统计软件上进行。

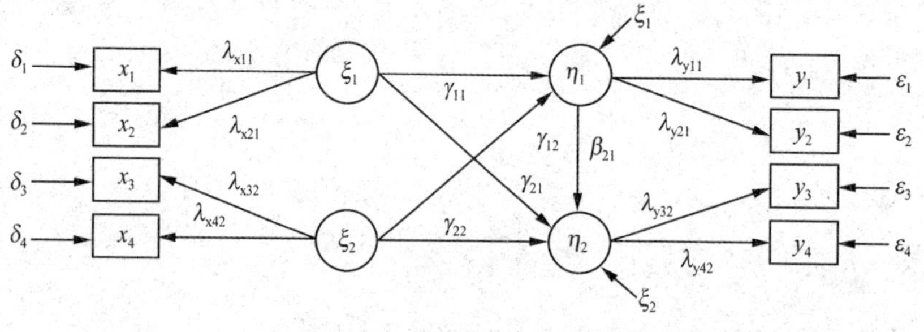

图 1-3　结构方程模型示意图

四、研究技术路线

本研究首先对前期构建的 IMB 量表进行进一步筛选和检验，利用构建的量表，从信息、动机、行为技巧和行为四个方面，评价居家治疗肺结核患者对废弃物危害干预的需求，并确定主要影响因素，技术路线如图 1-4 所示。

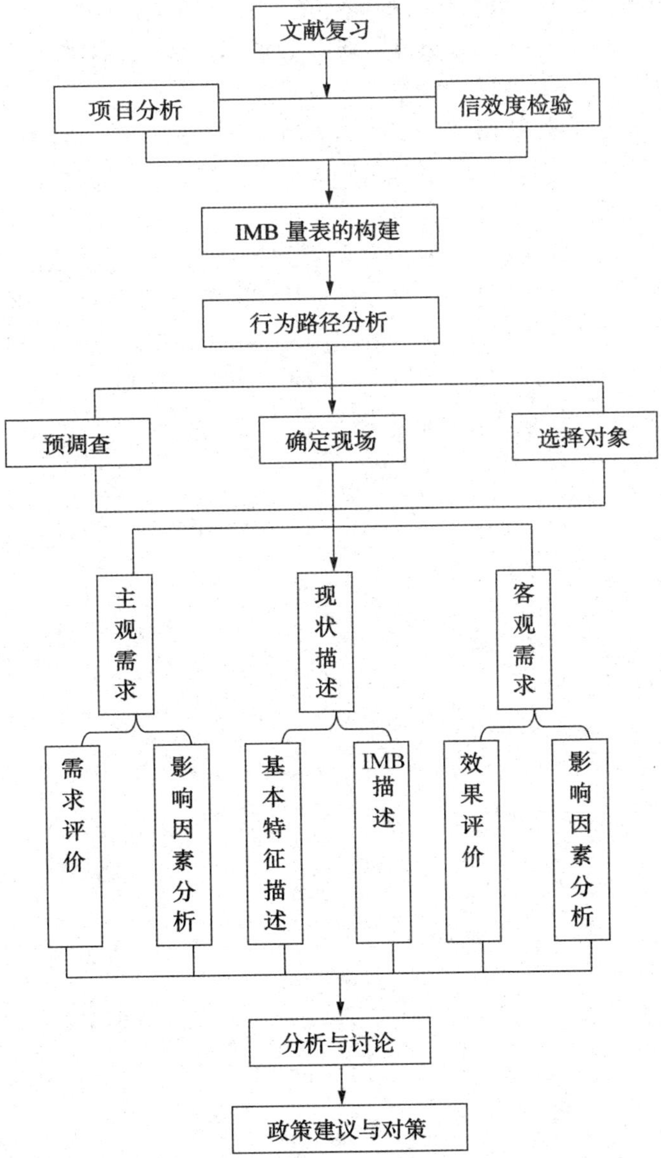

图 1-4 研究技术路线

五、质量控制

本书主要采取以下措施对研究进行质量控制：

(1)预调查：正式调查前，课题组研究人员在济南市槐荫区进行了预调查，根据调查中出现的问题修改调查表、调整实施方案。调查表中重要的指标均有明确的定义和标准，便于被调查者准确理解调查表内容。

(2)调查人员的培训：调查员进行统一的严格培训，使其熟悉问卷涉及的有关内容及进行问卷访谈的技巧。

(3)现场协调：为保证调查工作的顺利进行，课题组与调查现场的相关卫生行政部门进行了充分沟通，并得到了当地各部门的大力协助和配合，使调研工作的开展有条不紊。

(4)调查数据的核查：当天的所有调查问卷由质量审核组进行质量审查并编码，对问卷中出现的问题及时进行反馈，从而对调查质量的提升有很大帮助。

(5)资料录入、整理阶段质量控制：用 Epidata3.1 软件进行数据录入并建立数据库，问卷采取双录入以保证数据录入的准确性。利用 SPSS17.0 软件对数据库进行逻辑分析，对缺漏项及逻辑不符合项进行修正。

第二章 IMB 量表的构建、检验及应用

本章内容包括 IMB 量表的构建、信效度检验以及废弃物管理行为的路径分析三部分，现分述如下。

第一节 IMB 量表的构建

一、IMB 量表条目的筛选

（一）IMB 量表条目池简介

在前期的研究中，课题组已经初步构建了 IMB 量表。初步构建的量表包括 12 个条目，分别为基本知识、废弃物分类、废弃物传染程度、废弃物处置方式、废弃物处置态度、害怕程度、不随便扔弃废弃物、主动获取知识、与家人隔离、配备消毒设施、废弃物处置以及外出采取保护措施。其中，基本知识包括 4 个问题，分值为 4 分；废弃物分类、废弃物传染程度、废弃物处置方式均包括 9 个问题，分值均为 1 分；废弃物管理态度分值为 2 分；害怕程度包括 3 个问题，分值为 6 分；不随便扔弃废弃物、与家人隔离均包括 3 个问题，分值均为 3 分；主动获取知识、配备消毒设施均包括 2 个问题，分值均为 2 分。量表总分值为 29 分，各条目构成以及赋值情况见表 2-1。

表 2-1　　IMB 量表中各条目内容及赋值情况

条目编码	条目内容	赋值方法
条目 1	肺结核病主要通过呼吸道传播	每个问题均有“是”和“否”两个答案，回答正确者得 1 分，回答错误者不得分，共计 4 分
	肺结核病可以通过废弃物传播	
	肺结核废弃物可以污染环境	
	肺结核废弃物会影响公共卫生	

续表

条目编码	条目内容	赋值方法
条目 2	病人治疗过程中咳出的痰液是否废弃物	每个问题均有“是”和“否”两个答案，全部回答正确者得 1 分，否则不得分
	病人接触或用过后扔弃的痰盂是否废弃物	
	病人用过后扔弃的衣物是否废弃物	
	病人用过后扔弃的被褥是否废弃物	
	病人用过后扔弃的口罩是否废弃物	
	病人用过后扔弃的毛巾、手帕等是否废弃物	
	病人用过后扔弃的手纸是否废弃物	
	病人用过后扔弃的餐具是否废弃物	
	病人用过的药品包装是否废弃物	
条目 3	病人治疗过程中咳出的痰液是否有传染性	每个问题均有“是”和“否”两个答案，全部回答正确者得 1 分，否则不得分
	病人接触或用过后扔弃的痰盂是否有传染性	
	病人用过后扔弃的衣物是否有传染性	
	病人用过后扔弃的被褥是否有传染性	
	病人用过后扔弃的口罩是否有传染性	
	病人用过后扔弃的毛巾、手帕等是否有传染性	
	病人用过后扔弃的手纸是否有传染性	
	病人用过后扔弃的餐具是否有传染性	
	病人用过的药品包装是否有传染性	
条目 4	病人治疗过程中咳出的痰液正确处置方法	每个问题均有若干个答案，全部回答正确者得 1 分，否则不得分
	病人接触或用过后扔弃的痰盂正确处置方法	
	病人用过后扔弃的衣物正确处置方法	
	病人用过后扔弃的被褥正确处置方法	
	病人用过后扔弃的口罩正确处置方法	
	病人用过后扔弃的毛巾、手帕等正确处置方法	
	病人用过后扔弃的手纸正确处置方法	
	病人用过后扔弃的餐具正确处置方法	
	病人用过的药品包装正确处置方法	

续表

条目编码	条目内容	赋值方法
条目5	您对废弃物处置持什么态度	答案为“积极主动”“无所谓”和“消极被动”，赋值为2、1、0分
条目6	害怕将结核病传染给别人	每个问题均有“害怕”“一般”和“不害怕”三个答案，分别赋值为2、1、0分
	害怕加重自己病情	
	害怕受到别人歧视	
条目7	用过的衣物是否扔弃过	每个问题均有“是”与“否”两个答案，回答“否”者得1分，回答“是”者不得分，共3分
	用过的毛巾等日常用品是否扔弃过	
	用过的药品包装等物品是否扔弃过	
条目8	主动向医务人员咨询废弃物的相关知识	回答“是”者得1分，回答“否”者不得分，共2分
	主动通过网络媒介了解咨询废弃物的相关知识	
条目9	是否与家人分开用餐	每个问题均有“是”与“否”两个答案，回答“是”者得1分，回答“否”者不得分，共3分。
	是否与家人分开居住	
	生活及个人用品是否与家人分开搁置	
条目10	家里是否有相关消毒设施	回答“是”者得1分，回答“否”者不得分，共2分
	家里是否有消毒剂	
条目11	病人咳出的痰液您是怎么处置	每个问题均有5个选项，选择正确者得1分，否则不得分
	病人接触或用过后扔弃的痰盂您是怎么处置	
	病人用过后扔弃的衣物您是怎么处置	
	病人用过后扔弃的被褥您是怎么处置	
	病人用过后扔弃的口罩您是怎么处置	
	病人用过后扔弃的毛巾、手帕等您是怎么处置	
	病人用过后扔弃的手纸您是怎么处置	
	病人用过后扔弃的餐具您是怎么处置	
	病人用过的药品包装您是怎么处置	

续表

条目编码	条目内容	赋值方法
条目 12	您出行是否携带盛痰物品(塑料瓶等)	每个问题均有“是”与“否”两个答案,回答“是”者得 1 分,回答“否”者不得分,共 3 分
	您出行是否携带纸巾或手帕	
	您出行是否经常戴口罩	

但是由于在前期的研究中,并未对初步构建的量表的区分度以及信效度进行相应的检验,故将其直接应用于相关研究中是不科学的,得到的结果也是不可靠的,甚至是谬误的。因此,本研究在前期研究的基础上,对初步构建的量表各条目进一步筛选,筛选方法为决断值法以及相关系数法,现分述如下。

(二)IMB 量表条目的筛选

1. 依据决断值对各条目进行筛选

本研究选择 718 名肺结核患者中 IMB 量表总得分前 194 名为高分组,后 194 名为低分组,通过检验量表的 12 个条目在高分组以及低分组的分布是否有差异,反映量表各条目的区分度。经检验,在 $\alpha=0.05$ 的显著水平上,12 个条目的决断值的差异均具有统计学意义,故各条目均予以保留,详见表 2-2。

表 2-2　IMB 量表各条目 CR 检验结果

条目	高分组		低分组		T 值	P 值
	平均数	标准差	平均数	标准差		
条目 1	2.553	1.099	0.782	0.907	16.205	0.000
条目 2	8.377	1.120	0.800	1.504	52.467	0.000
条目 3	4.112	2.628	0.224	0.519	18.928	0.000
条目 4	8.641	0.818	5.994	2.626	12.550	0.000
条目 5	2.229	0.680	1.935	0.723	3.865	0.000
条目 6	1.577	1.059	0.806	0.944	7.083	0.000
条目 7	0.671	0.613	0.200	0.401	8.373	0.000
条目 8	1.135	0.595	0.459	0.523	11.132	0.000
条目 9	0.894	1.055	0.324	0.602	6.125	0.000
条目 10	7.647	1.242	6.341	1.444	8.940	0.000
条目 11	2.800	0.494	2.165	0.551	11.191	0.000
条目 12	6.800	0.952	6.471	0.844	3.376	0.001

2. 利用各条目得分与总得分的相关性进行筛选

IMB 量表的 12 个条目与总得分均呈正相关，相关系数均在 0.3 以上，且具有统计学意义。因此，各条目均予以保留，这与决断值的分析结果一致，说明本研究前期构建的 IMB 量表各条目区分度均较好，详见表 2-3。

表 2-3　　　　条目得分与总分的相关性分析结果

条目	相关系数	P 值	条 目	相关系数	P 值
条目 1	0.562	<0.01	条目 7	0.342	<0.01
条目 2	0.828	<0.01	条目 8	0.421	<0.01
条目 3	0.721	<0.01	条目 9	0.370	<0.01
条目 4	0.528	<0.01	条目 10	0.393	<0.01
条目 5	0.367	<0.01	条目 11	0.460	<0.01
条目 6	0.301	<0.01	条目 12	0.325	<0.01

综上所述，经过决断值以及相关系数分析两种方法的筛选，IMB 量表的 12 个条目均具有较强的区分度，故全部保留下来，不予剔除。但其信度和效度尚需进一步的检验。

二、肺结核废弃物危害控制 IMB 量表概述

本研究在前期的研究中，已经构建了 IMB 量表，量表包括 12 个条目，分别为基本知识、废弃物分类知识、废弃物传染性知识、废弃物处置方式知识、废弃物管理态度、害怕程度、不随便扔弃废弃物、主动获取知识、与家人隔离、配备消毒设施、废弃物处置以及外出采取保护措施，共计 29 分。

（一）基本知识的测量及赋值

基本知识由 4 个问题组成，每个问题均有“是”和“否”两个答案，回答正确者得 1 分，回答错误者不得分，共计 4 分。这四个问题分述如下：

（1）肺结核病主要通过呼吸道传播。

（2）肺结核病可以通过废弃物传播。

（3）肺结核废弃物可以污染环境。

（4）肺结核废弃物会影响公共卫生。

（二）废弃物分类知识的测量及赋值

废弃物分类知识由 9 个问题来测量，每个问题均有“是”和“否”两个答案，9 个问题全部回答正确者得 1 分，否则不得分。这 9 个问题分述如下：

（1）病人治疗过程中咳出的痰液是否废弃物？

（2）病人接触或用过后扔弃的痰盂是否废弃物？

(3)病人用过后扔弃的衣物是否废弃物?

(4)病人用过后扔弃的被褥是否废弃物?

(5)病人用过后扔弃的口罩是否废弃物?

(6)病人用过后扔弃的毛巾、手帕等是否废弃物?

(7)病人用过后扔弃的手纸是否废弃物?

(8)病人用过后扔弃的餐具是否废弃物?

(9)病人用过的药品包装是否废弃物?

(三)废弃物传染性知识的测量及赋值

废弃物传染性知识由9个问题来测量,每个问题均有“是”和“否”两个答案,9个问题全部回答正确者得1分,否则不得分。这9个问题分述如下:

(1)病人治疗过程中咳出的痰液是否有传染性?

(2)病人接触或用过后扔弃的痰盂是否有传染性?

(3)病人用过后扔弃的衣物是否有传染性?

(4)病人用过后扔弃的被褥是否有传染性?

(5)病人用过后扔弃的口罩是否有传染性?

(6)病人用过后扔弃的毛巾、手帕等是否有传染性?

(7)病人用过后扔弃的手纸是否有传染性?

(8)病人用过后扔弃的餐具是否有传染性?

(9)病人用过的药品包装是否有传染性?

(四)废弃物处置方式知识的测量及赋值

废弃物传染性知识由9个问题来测量,每个问题均有多个选项,9个问题全部回答正确者得1分,否则不得分。这9个问题分述如下:

(1)病人治疗过程中咳出的痰液,您知道应该怎么处置吗?

(2)病人接触或用过后扔弃的痰盂,您知道应该怎么处置吗?

(3)病人用过后扔弃的衣物,您知道应该怎么处置吗?

(4)病人用过后扔弃的被褥,您知道应该怎么处置吗?

(5)病人用过后扔弃的口罩,您知道应该怎么处置吗?

(6)病人用过后扔弃的毛巾、手帕等物品,您知道应该怎么处置吗?

(7)病人用过后扔弃的手纸,您知道应该怎么处置吗?

(8)病人用过后扔弃的餐具,您知道应该怎么处置吗?

(9)病人用过的药品包装,您知道应该怎么处置吗?

(五)废弃物管理态度的测量及赋值

废弃物处置态度通过问题“您对废弃物管理持什么态度”来测量,问题有“积极主动”“无所谓”以及“消极被动”等三个选项,凡回答积极主动者赋2分,持无所谓态度者赋1分,回答消极被动者不得分。

(六)害怕程度的测量及赋值

害怕程度由3个问题来衡量,每个问题均有"害怕""一般"和"不害怕"三个答案,分别赋值为2、1、0分。这3个问题分述如下:

(1)您是否害怕因废弃物管理不善而将结核病传染给别人?

(2)您是否害怕因废弃物管理不善而加重自己病情?

(3)您是否害怕因废弃物管理不善而受到别人歧视?

(七)不随意扔弃废弃物的测量及赋值

条目"不随意扔弃废弃物"由3个问题来测量,每个问题均有"是"和"否"两个答案,回答"否"者得1分,回答"是"者不得分,共3分。这3个问题分述如下:

(1)您是否扔弃过诊疗过程中用过的衣物?

(2)您是否扔弃过诊疗过程中用过的毛巾等日常用品?

(3)您是否扔弃过用过的药品包装等物品?

(八)主动获取知识的测量及赋值

条目"主动获取知识"由2个问题来测量,每个问题均有"是"和"否"两个答案,回答"是"者得1分,回答"否"者不得分,共2分。这2个问题分述如下:

(1)您是否主动向医务人员咨询废弃物的相关知识?

(2)您是否主动通过网络媒介了解、咨询废弃物的相关知识?

(九)与家人隔离的测量及赋值

条目"与家人隔离"由3个问题来测量,每个问题均有"是"和"否"两个答案,回答"是"者得1分,回答"否"者不得分,共3分。这3个问题分述如下:

(1)您是否与家人分开用餐?

(2)您是否与家人分开居住?

(3)您是否将生活及个人用品与家人分开搁置?

(十)配备消毒设施的测量及赋值

条目"配备消毒设施"由2个问题来测量,每个问题均有"是"和"否"两个答案,回答"是"者得1分,回答"否"者不得分,共2分。这2个问题分述如下:

(1)您家里是否有相关消毒设施?

(2)您家里是否有消毒剂?

(十一)废弃物处置的测量及赋值

条目"废弃物处置"由9个问题来测量,每个问题均有多个选项,9个问题全部回答正确者得1分,否则不得分。这9个问题分述如下:

(1)病人治疗过程中咳出的痰液,您是怎么处置的?

(2)病人接触或用过后扔弃的痰盂,您是怎么处置的?

(3)病人用过后扔弃的衣物,您是怎么处置的?

(4)病人用过后扔弃的被褥,您是怎么处置的?

(5)病人用过后扔弃的口罩,您是怎么处置的?

(6)病人用过后扔弃的毛巾、手帕等物品,您是怎么处置的?

(7)病人用过后扔弃的手纸,您是怎么处置的?

(8)病人用过后扔弃的餐具,您是怎么处置的?

(9)病人用过的药品包装,您是怎么处置的?

(十二)外出采取保护措施的测量及赋值

条目"外出采取保护措施"由 3 个问题来测量,每个问题均有"是"和"否"两个答案,回答"是"者得 1 分,回答"否"者不得分,共 3 分。这 3 个问题分述如下:

(1)您出行是否携带盛痰物品(塑料瓶等)?

(2)您出行是否携带纸巾或手帕?

(3)您出行是否经常戴口罩?

第二节　IMB 量表的信效度检验

一、IMB 量表的信度检验

本研究采用克朗巴赫 α 系数和分半信度系数衡量量表的信度,各因子克朗巴赫 α 系数为 0.729～0.832,分半信度系数为 0.732～0.801,总量表的克朗巴赫 α 系数和分半信度系数分别为 0.801 和 0.762,详细分析结果见表 2-4。

表 2-4　　内部一致性信度与分半信度

因子	克朗巴赫 α 系数	分半信度系数
信息维度	0.729	0.743
动机维度	0.757	0.732
行为技巧维度	0.738	0.749
行为维度	0.832	0.801
总量表	0.801	0.762

二、IMB 量表的效度检验

效度检验包括结构效度和内容效度检验,前者通过主成分分析法进行检验,后者主要通过相关分析进行检验。

(一)结构效度检验结果

本研究采用主成分分析法，对量表各条目进行探索性因子分析，以分析量表的潜在结构。在进行探索性因子分析之前，首先对其适用性进行 KMO 以及 Bartlett 球形性检验。检验结果显示，$KMO=0.863$，Bartlett 的球形性检验统计量$\chi^2=1074.876$，$P=0.000$，适合做因子分析。

旋转方法为具有 Kaiser 标准化的正交旋转法，旋转在 5 次迭代后收敛。主成分分析结果显示，特征值大于 1 的因子有 4 个，共解释了 54.321%的变异，详见表 2-5 和表 2-6。

表 2-5　各条目因子分析的共同性检验结果

条目	初始值	提取	条目	初始值	提取
条目 1	1.000	0.591	条目 7	1.000	0.434
条目 2	1.000	0.750	条目 8	1.000	0.444
条目 3	1.000	0.777	条目 9	1.000	0.441
条目 4	1.000	0.418	条目 10	1.000	0.602
条目 5	1.000	0.576	条目 11	1.000	0.581
条目 6	1.000	0.598	条目 12	1.000	0.308

表 2-6　因子分析抽取特征值大于 1 的因子解释总变异量

成分	初始特征值/平方和载荷量萃取			旋转平方和载荷量萃取		
	特征值	方差贡献率（%）	累积贡献率（%）	特征值	方差贡献率（%）	累积贡献率（%）
1	2.809	23.408	23.408	2.809	23.408	23.408
2	1.373	11.442	34.850	1.373	11.442	34.850
3	1.290	10.746	45.596	1.290	10.746	45.596
4	1.047	8.725	54.321	1.047	8.725	54.321

采取主成分分析法进行探索性因子分析，分析结果显示，旋转后 4 个因子包含的条目适当，可以根据条目内容对因子进行命名，详见表 2-7。

表 2-7 探索性因子分析结果

条目编号	主成分			
	成分 1	成分 2	成分 3	成分 4
条目 1	0.677			
条目 2	0.715			
条目 3	0.508			
条目 4	0.491			
条目 5		0.872		
条目 6		0.763		
条目 7			0.661	
条目 8			0.684	
条目 9			0.705	
条目 10			0.568	
条目 11				0.731
条目 12				0.772

量表最终包含 4 个公因子，由 12 个条目构成，因子命名如下：

抽取的第一个公因子，负荷为 0.491～0.715，共解释了 23.408%的变异，包含了条目 1、条目 2、条目 3 和条目 4，分别为基本知识、废弃物分类知识、废弃物传染性知识、废弃物处置方式知识。因此可以将此公因子命名为"废弃物管理信息"。

抽取的第二个公因子，负荷为 0.763～0.872，共解释了 11.442%的变异，包含了条目 4 和条目 5，分别为废弃物管理态度、害怕程度。因此可以将此公因子命名为"废弃物管理动机"。

抽取的第三个公因子，负荷为 0.568～0.705，共解释了 10.746%的变异，包含了条目 6、条目 7、条目 8 和条目 9，分别为不随便扔弃废弃物、主动获取知识、与家人隔离、配备消毒设施。因此可以将此公因子命名为"废弃物管理行为技巧"。

抽取的第四个公因子，负荷为 0.731～0.772，共解释了 8.725%的变异，包含了条目 11 和条目 12，分别为废弃物处置以及外出采取保护措施。因此可以将此公因子命名为"废弃物管理行为"。

2. 内容效度检验结果

因子 1 与其包含的 4 个条目的相关系数为 0.509～0.891，因子 2 与其包含的 2 个条目的相关系数为 0.589～0.845，因子 3 与其包含的 4 个条目的相关系数为 0.284～0.720，因子 4 与其包含的 2 个条目的相关系数为 0.578～0.875。经检验，各条目与其对应的因子之间的相关系数均具有统计学意义（$P<0.01$），详见表 2-8。

表 2-8　　各条目与各因子间的相关分析结果

条目编码	因子 1	因子 2	因子 3	因子 4
条目 1	0.564			
条目 2	0.891			
条目 3	0.794			
条目 4	0.509			
条目 5		0.589		
条目 6		0.845		
条目 7			0.284	
条目 8			0.526	
条目 9			0.720	
条目 10			0.492	
条目 11				0.875
条目 12				0.578

4 个因子之间的相关系数为 0.347～0.496，4 个因子与总分的相关系数为 0.559～0.918。经检验，各因子之间以及各因子与总分之间的相关系数均具有统计学意义（$P<0.01$），详见表 2-9。

表 2-9　　各因子以及总分之间的相关分析结果

条目编码	因子 1	因子 2	因子 3	因子 4	总分
因子 1	1.000				
条目 2	0.404	1.000			
条目 3	0.492	0.347	1.000		
条目 4	0.424	0.407	0.496	1.000	
总分	0.918	0.559	0.597	0.644	1.000

第三节　废弃物管理行为的路径分析

根据 IMB 模型的理论，肺结核患者对废弃物危害的控制行为有三个基本的决定因素，分别为：①信息因素：主要指基本知识、废弃物分类、传染性、处置方式等相关知识；②动机因素：主要指患者对废弃物管理的态度和相关的主观准则；③行为技巧因素：包括患者主动获取废弃物相关知识的能力以及管理行为的客观技能等。

IMB 模型将肺结核患者对废弃物的管理行为视为一个函数，即因变量；而将废弃物管理的相关信息、开展废弃物管理行为的动机以及患者所具备的行为技巧视为自变量；自变量之间以及自变量与因变量之间均存在方向性的相关，详见图 2-1。在 IMB 模型中，行为技巧直接影响行为，信息和动机则通过影响行为技巧而间接作用于行为，但是，在行为技巧尚未完全被掌握或者行为技巧并不是行为最重要的手段时，信息与动机则有可能对行为产生直接效应。

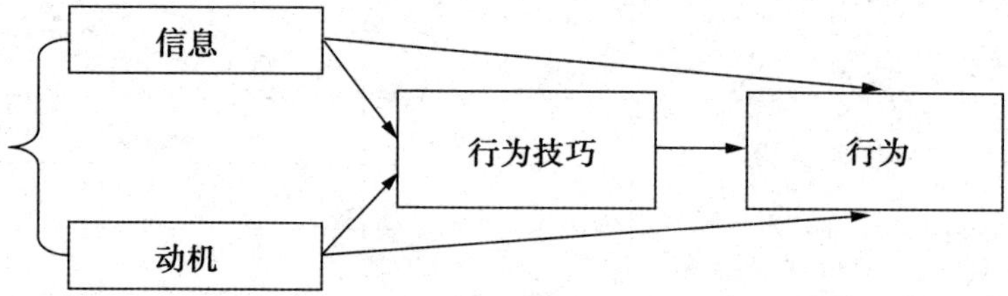

图 2-1　信息—动机—行为技巧—行为的路径图

一、废弃物管理行为结构方程模型的构建

（一）变量说明

本研究旨在构建一个信息、动机、行为技巧与行为之间的结构方程模型。信息(ξ_1)、动机(ξ_2)、行为技巧(η_1)与管理行为(η_2)均为潜变量，其中前三者均为过程变量，行为则是结果变量，即本研究的效应指标，前两者为潜在自变量，后两者为潜在因变量。

外因变量指废弃物管理信息和动机，前者主要反映肺结核患者掌握废弃物管理的相关知识情况，后者主要反映肺结核患者对废弃物管理的态度以及内在的动机情况等。

本研究中因变量分为两大类，分别为：①行为技巧，作为外因变量与结果变量之间的“桥梁”；②管理行为，即本研究的结果变量。

（二）研究的假设

1. 测量模型假设

(1)信息作为一外因潜变量，由基本知识、废弃物分类、废弃物传染性和废弃物处置方式等4个综合指标衡量。其中，基本知识由4个问题来测量，分值为0～4分；其余3个指标均由9个问题来测量，分值均为0～1分。因此，信息维度的分值为0～7分。

(2)动机作为一外因潜变量，包括害怕程度、废弃物管理态度2个指标。其中，前者由“是否害怕把结核病传染给别人”“是否害怕加重自己病情”“是否害怕受到别人的歧视”这3个问题测量，每个问题0～2分，总分值0～6分；后者由“您对废弃物处置的态度”这一问题测量，积极主动者得2分，持无所谓态度者得1分，消极被动者得0分。因此，动机维度的分值为0～8分。

(3)行为技巧为一内因潜变量，由不随意扔弃废弃物、主动获取知识、与家人隔离和配备消毒设施这4个综合性的指标组成。其中，不随意扔弃废弃物由3个问题来测量，分值为0～3分；主动获取知识由2个问题来测量，分值为0～2分；与家人隔离由3个问题来测量，分值为0～3分；配备消毒设施由2个问题来测量，分值为0～2分。因此，行为技巧维度分值为0～10分。

(4)管理行为为一内因潜变量，由废弃物处置和外出采取保护措施2个综合性指标来衡量。前者由9个相关问题来测量；而后者则由“出行时是否携带盛痰物品”“出行时是否携带纸巾或手帕”“出行时是否经常戴口罩”等3个问题来测量。因此，管理行为维度分值为0～4分。

2. 结构方程模型假设

(1)行为技巧直接作用于管理行为。

(2)信息与动机直接作用于行为技巧。

(3)信息、动机影响行为。

（三）结构方程模型路径图

通过以上对变量的描述以及假设的阐明，就可以得出所要构建的结构方程模型的路径图，详见图2-2。

（四）将路径图转化为结构方程

1. 测量方程

基本知识＝f(信息，测量误差)，$X_1=\lambda X_{11}\xi_1+\delta_1$

废弃物分类＝f(信息，测量误差)，$X_2=\lambda X_{21}\xi_1+\delta_2$

废弃物传染性＝f(信息，测量误差)，$X_3=\lambda X_{31}\xi_1+\delta_3$

废弃物处置方式＝f(信息，测量误差)，$X_4=\lambda X_{41}\xi_1+\delta_4$

害怕程度＝f(动机，测量误差)，$X_5=\lambda X_{52}\xi_2+\delta_5$

管理态度＝f(动机，测量误差)，$X_6=\lambda X_{62}\xi_2+\delta_6$

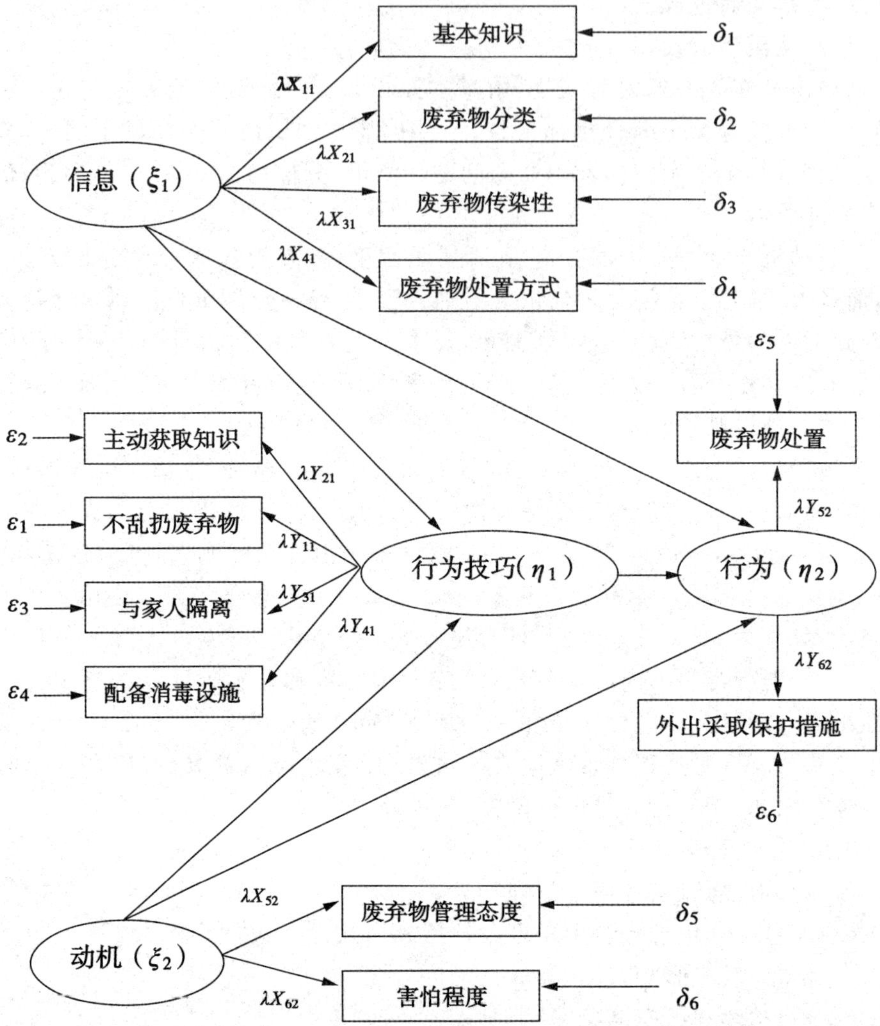

图 2-2　患者废弃物管理行为形成路径图

不随意扔弃废弃物$=f$(行为技巧，测量误差)，$Y_1=\lambda Y_{11}\eta_1+\varepsilon_1$

主动获取知识$=f$(行为技巧，测量误差)，$Y_2=\lambda Y_{21}\eta_1+\varepsilon_2$

与家人隔离$=f$(行为技巧，测量误差)，$Y_3=\lambda Y_{31}\eta_1+\varepsilon_3$

配备消毒设施$=f$(行为技巧，测量误差)，$Y_4=\lambda Y_{41}\eta_1+\varepsilon_4$

废弃物处置$=f$(管理行为，测量误差)，$Y_5=\lambda Y_{52}\eta_2+\varepsilon_5$

外出采取保护措施$=f$(管理行为，测量误差)，$Y_6=\lambda Y_{62}\eta_2+\varepsilon_6$

2.转化为结构方程

行为技巧$=\gamma_{11}$(信息)$+\gamma_{12}$(动机)$+$干扰

废弃物管理行为$=\gamma_{21}$(信息)$+\gamma_{22}$(动机)$+\beta_{21}$(行为技巧)$+$干扰

(五)IMB模型假设的验证

1. 相关性分析

自变量与因变量具有相关性是构建回归模型的基础，经验证，信息、动机、行为技巧及行为数据均不符合正态分布。因此，本研究采用 Spearman 系数来衡量相关性。前文已对信息、动机、行为技巧以及行为 4 个维度之间的相关性进行了检验，但仍需对行为与其他 3 个维度包含的各个条目之间的相关性进行检验。分析结果见表 2-10 至表 2-12。显然，行为与信息维度各条目的相关系数为 0.116～0.299，P 值均小于 0.01；行为与动机维度各条目的相关系数为 0.142～0.176，P 值均小于 0.01；行为与行为技巧维度各条目的相关系数为 0.085～0.258，P 值均小于 0.05。因此，自变量与因变量之间具有较高的相关性。

表 2-10　行为与信息维度各条目的 Spearman 相关矩阵

项目	行为	基本知识	废弃物分类	废弃物传染程度	处置方式
行为	1.000				
基本知识	0.169**	1.000			
废弃物分类	0.153**	0.431**	1.000		
废弃物传染程度	0.116**	0.346**	0.672**	1.000	
处置方式	0.299**	0.262**	0.244**	0.220**	1.000

注：*表示 $P<0.05$，**表示 $P<0.01$

表 2-11　行为与动机维度各条目的 Spearman 相关矩阵

项目	行为	废弃物处置态度	害怕程度
行为	1.000		
废弃物处置态度	0.176**	1.000	
害怕程度	0.142**	0.095**	1.000

注：*表示 $P<0.05$，**表示 $P<0.01$

表 2-12　行为与行为技巧维度各条目的 Spearman 相关矩阵

项目	行为	不乱扔废弃物	主动获取知识	与家人隔离	配备消毒设施
行为	1.000				
不乱扔废弃物	0.085*	1.000			
主动获取知识	0.214**	0.071	1.000		
与家人隔离	0.163**	0.089*	0.103**	1.000	
配备消毒设施	0.258**	0.092*	0.275**	0.152**	1.000

注：*表示 $P<0.05$，**表示 $P<0.01$

2.探索性因子分析

探索性因子分析见本章第二节“IMB 量表的信效度检验”部分。

3.信效度检验

信效度检验见本章第二节“IMB 量表的信效度检验”部分。

4.模型参数估计

由于资料不符合正态分布，故本研究采用最大似然估计法对其进行分析。模型经过 10 次迭代达到收敛状态，修正指标 MI 值均小于 3.84，表示模型未提示有新增路径，暂无修正必要，结果见表 2-13。

表 2-13　　结构方程模型的参数估计

路径	标准路径估计值
基本知识←信息	0.534**
废弃物分类←信息	0.583**
废弃物传染程度←信息	0.668**
废弃物处置方式←信息	0.732**
废弃物处置态度←动机	0.603**
害怕程度←动机	0.634**
不随意扔弃废弃物←行为技巧	0.712**
主动获取相关知识←行为技巧	0.732**
与家人隔离←行为技巧	0.678**
配备消毒设施←行为技巧	0.557**
废弃物处置←废弃物管理行为	0.789**
外出采取保护措施←废弃物管理行为	0.663**
行为技巧←信息	0.332**
行为技巧←动机	0.471**
废弃物管理行为←行为技巧	0.634**

注：*表示 $P<0.05$，**表示 $P<0.01$

5.模型拟合情况评价

常用的模型拟合指数有：χ^2/df、GFI、AGFI、RMR、RMSEA、NFI、IFI 和 CFI。本理论模型拟合指数表明，各指标均符合适配标准。模型拟合评价结果显示理论模型与观察数据契合较好，模型设定较为科学，结果见表 2-14。

表 2-14 结构方程模型拟合情况评价

检验统计量	适配标准	样本值
绝对拟合指数		
χ^2/df	2.0～5.0	4.113
GFI	>0.90	0.924
AGFI	>0.90	0.918
RMR	<0.05	0.036
RMSEA	<0.08	0.041
相对拟合指数		
NFI	>0.90	0.913
IFI	>0.90	0.925
CFI	>0.90	0.921

二、模型结果分析

(一)总体路径效应分析

显然,行为技巧对废弃物管理行为有直接效应,效应值为 0.634;而信息和动机对行为技巧有直接效应,效应值分别为 0.332 和 0.471。因此,信息和动机可以通过行为技巧对废弃物管理行为产生间接效应,效应值分别为 0.210 和 0.299,但二者本身对废弃物管理行为无直接效应。也就是说,信息对行为的总效应为 0.210,而动机对行为的总效应为 0.299。因此,行为技巧对废弃物管理行为的影响最大,动机次之,信息最小。详见表 2-15。

表 2-15 信息、动机及行为技巧对行为的效应

潜在变量	直接效应	间接效应	总效应
信息		0.210	0.210
动机		0.299	0.299
行为技巧	0.634		0.634

(二)信息维度路径效应分析

具体到信息维度,基本知识、废弃物分类、废弃物传染程度以及废弃物处置方式对信息维度的路径效应分别为 0.534、0.583、0.668 和 0.732。因此,对信息维度影响最大的是废弃物处置方式,废弃物传染程度次之,基本知识最小。详见表 2-13。

（三）动机维度路径效应分析

具体到动机维度，患者对废弃物处置态度、害怕程度对其路径效应分别为0.603和0.634。因此，害怕程度对患者动机的影响最大，患者对废弃物处置的态度次之。详见表2-13。

（四）行为技巧维度路径效应分析

具体到行为技巧维度，不随意扔弃废弃物、主动获取知识、与家人隔离、配备消毒设施等4个条目，对行为技巧的路径效应分别为0.712、0.732、0.678和0.557。因此，对行为技巧维度影响最大的是主动获取知识，其次为不随意扔弃废弃物，配备消毒设施最小。详见表2-13。

（五）行为维度路径效应分析

具体到行为维度，废弃物处置行为以及外出采取保护措施对其路径效应分别为0.789和0.663。因此，患者废弃物处置行为对废弃物管理行为的影响最大，外出采取保护措施次之。详见表2-13。

第三章　样本人群基本特征

本研究从社会人口学、家庭因素、行为生活方式以及其他因素等方面，对样本人群的基本特征进行描述，现分述如下。

一、样本人群社会人口学特征

本研究从地区、性别、治疗类型、菌痰化验结果、婚姻状况、职业类型、年龄及受教育水平等方面，对样本人群的社会人口学特征进行描述，详见表3-1。

表3-1　　样本人群社会人口学特征描述及构成比情况

项目	人数	构成比(%)
地区分布		
单县	142	19.8
曹县	174	24.2
奎文区	90	12.5
寿光市	103	14.3
龙口市	134	18.7
莱阳市	75	10.4
性别		
男性	504	70.2
女性	214	29.8
治疗类型		
初治	576	80.2
复治	142	19.8
菌痰化验结果		
阳性	116	16.2
阴性	242	33.7

续表

项目	人数	构成比(%)
不知道	360	50.1
婚姻状况		
未婚	118	16.4
已婚	550	76.6
离异/丧偶	50	7.0
职业类型		
农民	662	92.2
其他	56	7.8
患者年龄		
10～24 岁	69	9.6
25～39 岁	81	11.3
40～54 岁	139	19.4
55 岁及以上	429	59.7
受教育水平		
初中及以下	581	80.9
高中	94	13.1
大专及以上	43	6.0

(一)样本人群地区分布

本研究中 718 名居家治疗肺结核患者来自于山东省 3 个地级市的 6 个县(市、区)。其中,曹县患者最多,所占比例为 24.2%;其次为单县;而莱阳市患者最少,所占比例为 10.4%。见图 3-1。

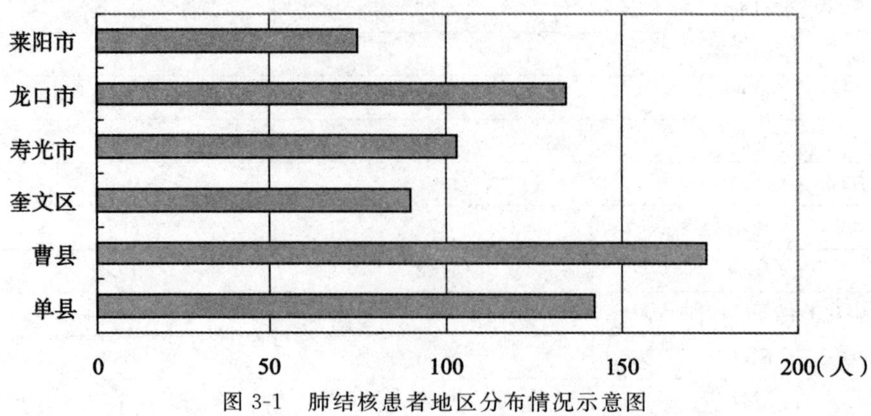

图 3-1　肺结核患者地区分布情况示意图

（二）样本人群性别分布

样本人群性别以男性为主，所占比例为70.2%，见图3-2。

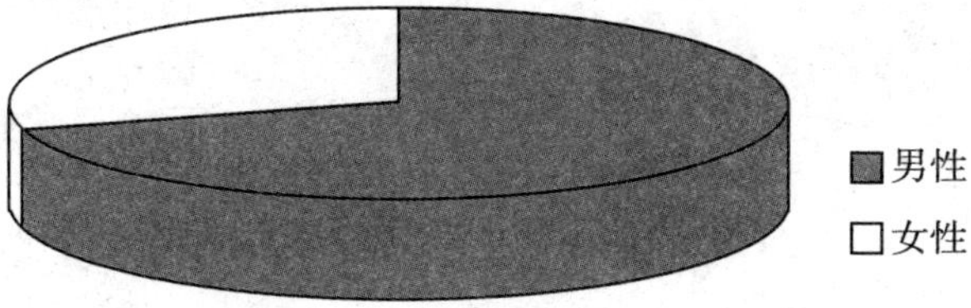

图3-2　肺结核患者性别构成情况示意图

（三）样本人群治疗类型

样本人群治疗类型为初治为主，所占比例为80.2%，复治患者所占比例为19.8%，见图3-3。

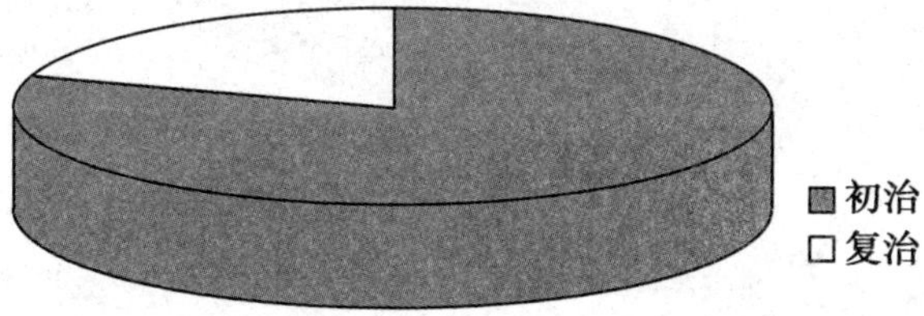

图3-3　肺结核患者治疗类型构成情况示意图

（四）样本人群菌痰化验结果

大多数样本人群不知道自己的菌痰化验结果，所占比例为50.1%；其次为菌痰化验阴性结果的患者，所占比例为33.7%；阳性结果患者最少，所占比例为16.2%，见图3-4。

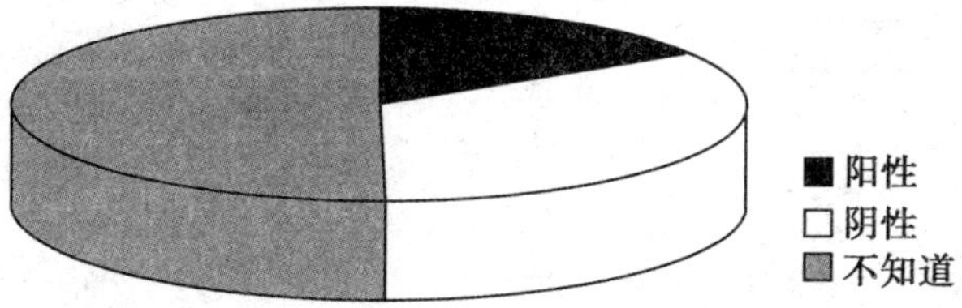

图3-4　肺结构患者菌痰化验结果情况示意图

（五）样本人群婚姻状况

样本人群以已婚患者为主，所占比例为76.6%；其次为未婚的患者；而离异/丧偶的患者所占比例最低，为7.0%，见图3-5。

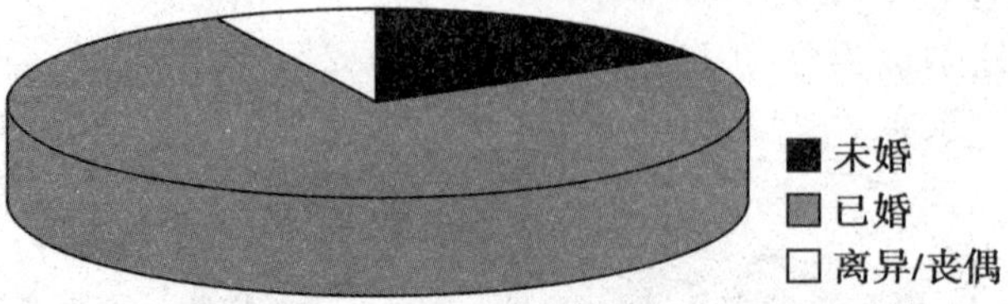

图 3-5　肺结构患者婚姻状况构成情况示意图

（六）样本人群职业类型

样本人群职业类型以农民为主，所占比例为 92.2%，见图 3-6。

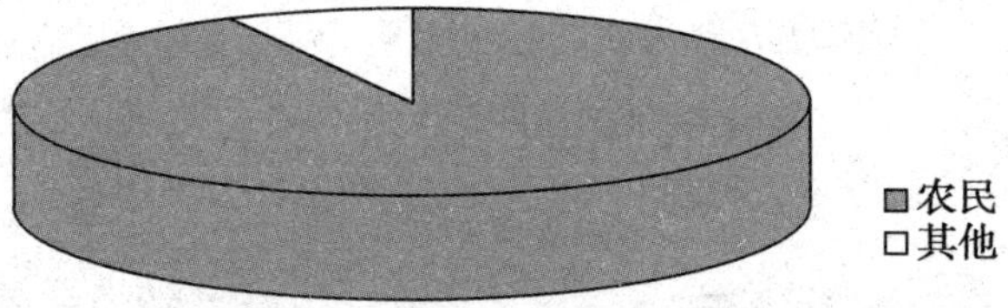

图 3-6　肺结构患者职业构成情况示意图

（七）样本人群年龄分布

样本人群中 55 岁及以上的肺结核患者人数最多，所占比例为 59.7%；其次为 40～54 岁的患者；而 10～24 岁的患者所占比例最小，为 9.6%，见图 3-7。

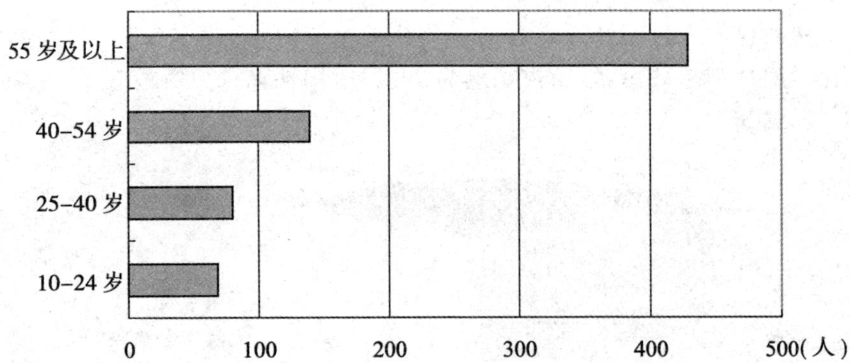

图 3-7　肺结核患者年龄构成情况示意图

（八）样本人群受教育水平

样本人群受教育水平较低，初中及以下受教育水平的肺结核患者所占比例最高，为 80.9%；其次为初中/中专受教育水平的患者；大专及以上受教育水平的患者所占比例最小，为 6.0%，见图 3-8。

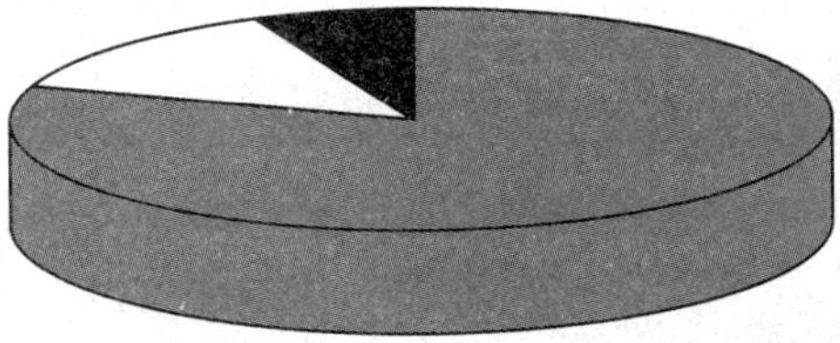

图 3-8　肺结核患者受教育水平构成情况示意图

二、样本人群家庭特征

本研究从家庭年收入、债务情况、是否贫困户以及家属中有无医务人员等方面，对样本人群家庭特征进行描述，详见表 3-2。

表 3-2　样本人群家庭特征描述及构成比情况

项目	人数	构成比(%)
家庭年收入		
15000 元以下	471	65.6
15000～30000 元	137	19.1
30000 元及以上	110	15.3
有无债务		
有债务	193	26.9
无债务	525	73.1
是否贫困户		
是	86	12.0
否	632	88.0
家属有无医务人员		
有	77	10.7
无	641	89.3

(一)样本人群家庭年收入

样本人群中，家庭年收入在 15000 元以下的患者所占比例最高，为 65.6%；而家庭年收入 30000 元以上的患者所占比例仅为 15.3%，见图 3-9。

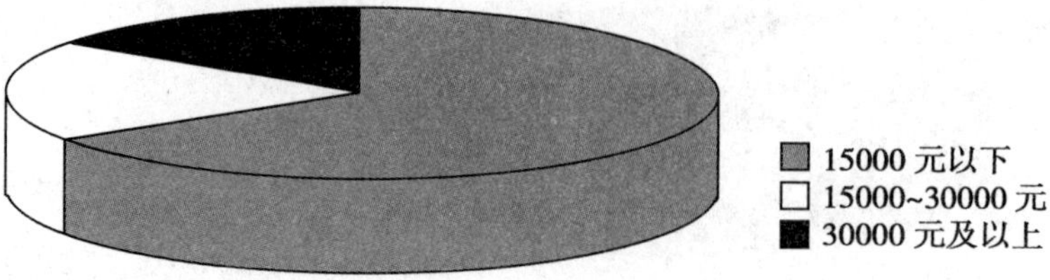

图 3-9 肺结核患者家庭年收入构成情况示意图

（二）样本人群债务情况

样本人群中仅少部分患者有债务，所占比例为 26.9%，见图 3-10。

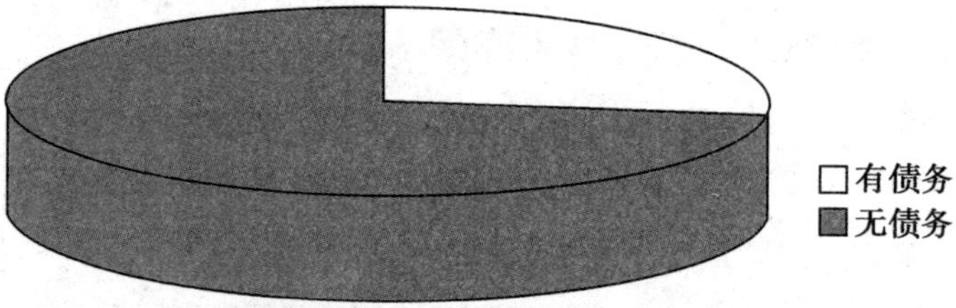

图 3-10 肺结核患者债务情况示意图

（三）样本人群是否贫困户

样本人群中仅少部分患者是贫困户，所占比例为 12.0%，见图 3-11。

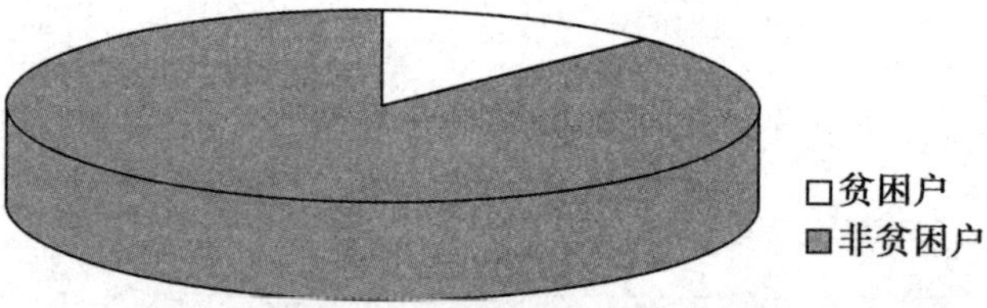

图 3-11 肺结核患者是否贫困户情况示意图

（四）样本人群家属中有无医务人员

样本人群中仅少部分患者家属中有医务人员，所占比例为 10.7%，见图 3-12。

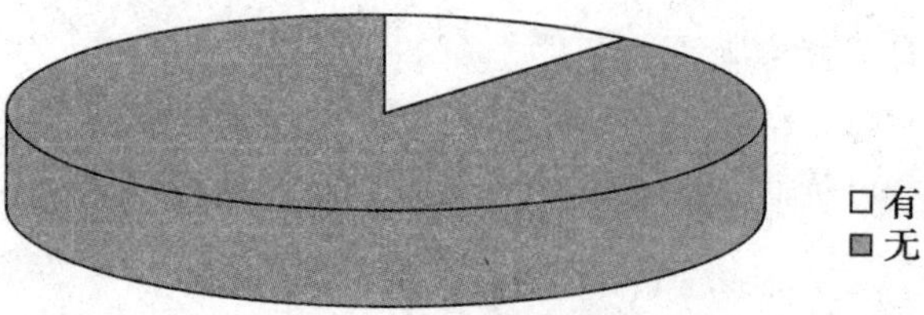

图 3-12 肺结核患者家属中有无医务人员情况示意图

三、样本人群行为生活方式

本研究从吸烟、饮酒及上网等方面，对样本人群的行为生活方式特征进行描述，详见表3-3。

表3-3　　样本人群行为生活方式特征描述及构成比情况

项目	人数	构成比(%)
吸烟状况		
经常吸烟	107	14.9
偶尔吸烟	46	6.4
不吸烟	565	78.7
饮酒状况		
饮酒	100	13.9
不饮酒	618	86.1
是否上网		
上网	128	17.8
不上网	590	82.2

(一)样本人群吸烟状况

样本人群中大部分患者不吸烟，所占比例为78.7%；其次为经常吸烟的患者；而偶尔吸烟的患者所占比例最低，为6.4%，见图3-13。

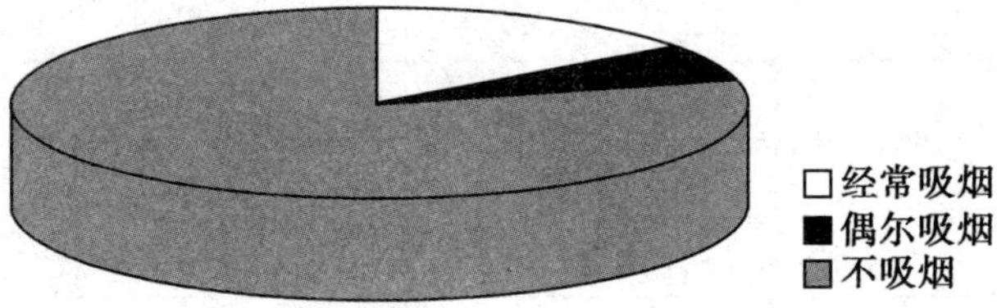

图3-13　肺结核患者吸烟情况示意图

(二)样本人群饮酒状况

样本人群中大部分患者不饮酒，所占比例为86.1%；仅13.9%的患者饮酒，见图3-14。

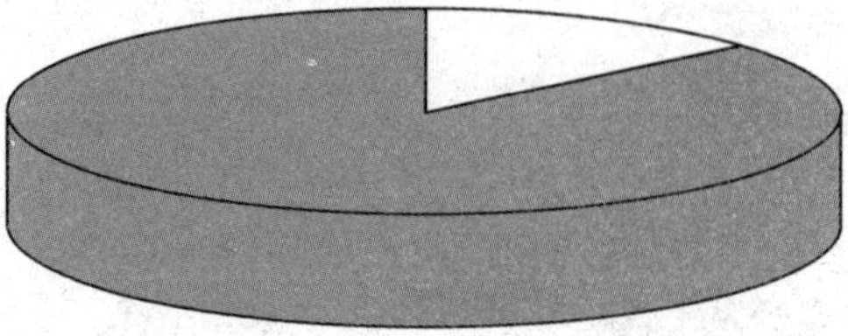

图 3-14　肺结核患者饮酒情况示意图

（三）样本人群上网状况

样本人群中仅少部分患者上网，所占比例仅为 17.8%，见图 3-15。

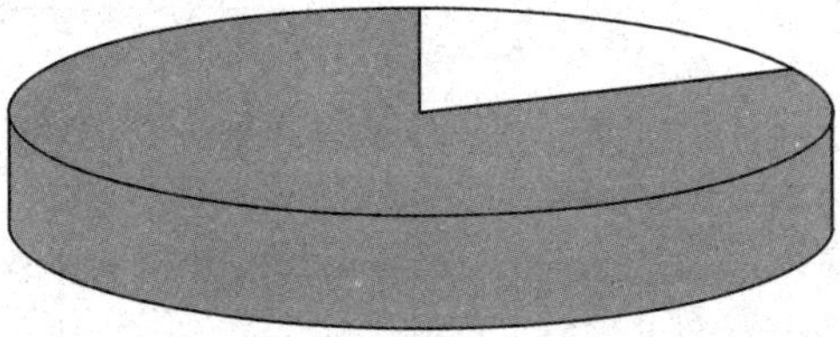

图 3-15　肺结核患者上网情况示意图

四、样本人群其他特征

本研究从健康教育、废弃物处置态度、对废弃物督导态度以及督导与否等方面，对样本人群的基本特征进行描述，详见表 3-4。

表 3-4　样本人群其他特征描述及构成比情况

项目	人数	构成比(%)
健康教育		
接受	484	67.4
未接受	234	32.6
废弃物处置态度		
积极	432	60.2
消极	286	39.8
对督导管理态度		
无必要	269	37.5
有必要	449	62.5

续表

项目	人数	构成比(%)
督导与否		
是	225	31.3
否	493	68.7

(一)样本人群健康教育情况

样本人群中仅 67.4%的肺结核患者接受过健康教育,另外的 32.4%的患者未接受过任何形式的健康教育,见图 3-16。

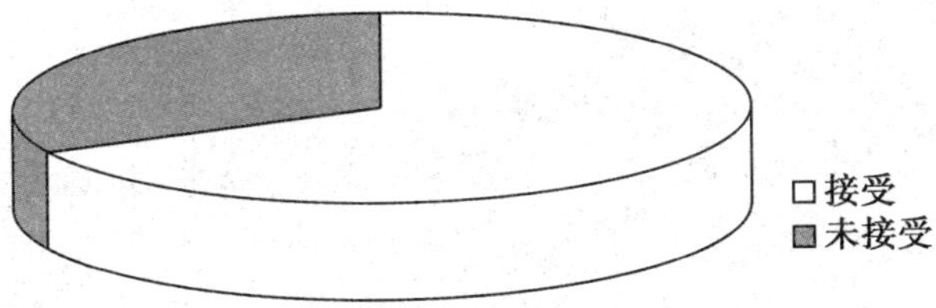

图 3-16　肺结核患者是否接受过健康教育情况示意图

(二)样本人群对废弃物处置态度

样本人群中仅 60.2%的肺结核患者对废弃物处置持积极的态度,另外的 39.8%的患者对废弃物处置持消极的态度,见图 3-17。

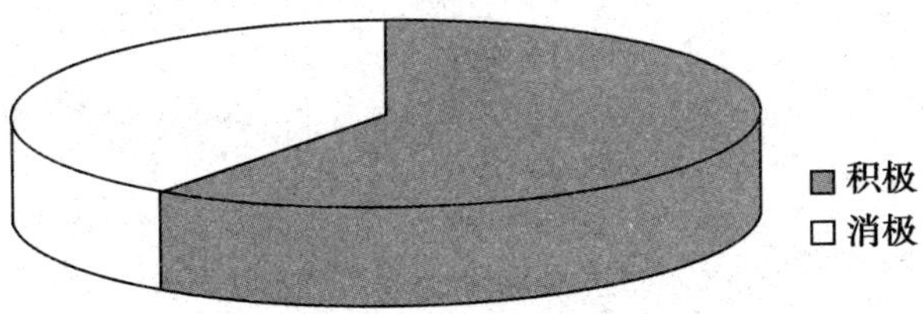

图 3-17　肺结核患者对废弃物处置态度情况示意图

(三)样本人群对废弃物督导管理态度

样本人群中 62.5%的患者认为对废弃物进行专门的督导管理有必要,见图 3-18。

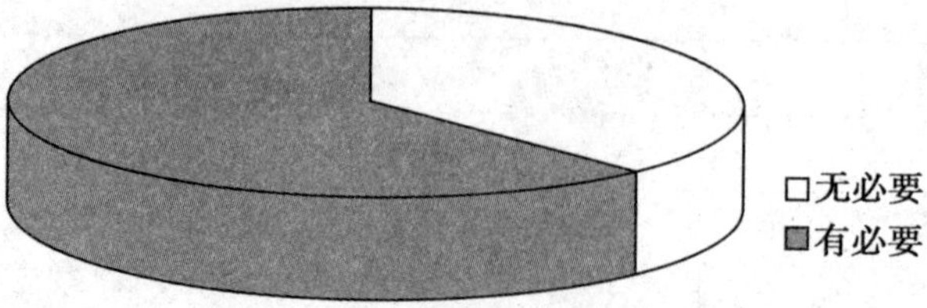

图 3-18　肺结核患者对督导管理态度情况示意图

（四）样本人群是否受到督导

在废弃物管理方面，仅 31.3%的肺结核患者受到督导管理，而 68.7%的肺结核患者未受到督导管理，见图 3-19。

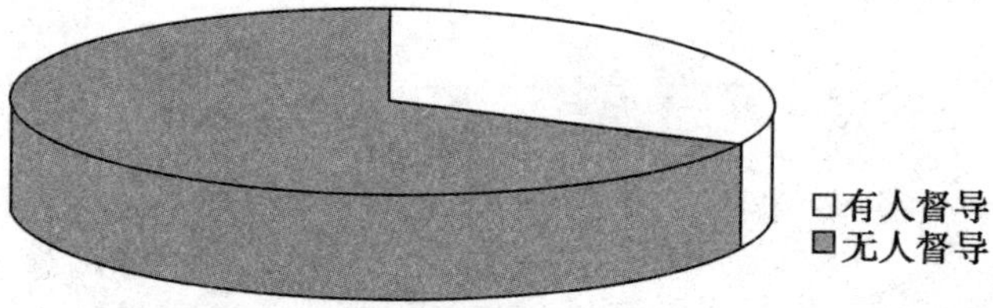

图 3-19　肺结核患者督导管理情况示意图

第四章　患者的主观需求分析

本章首先针对肺结核患者对废弃物危害干预的需求进行描述，其次对影响患者对废弃物危害干预需求的关键因素进行分析，现分述如下。

主观需求调查结果显示，446 名肺结核患者认为废弃物危害干预有必要，77 名肺结核患者认为废弃物危害干预无必要，而 195 名肺结核患者对其不清楚。这说明 62.1%的患者在主观上对危害干预有需求，10.7%的患者在主观上对危害干预无需求，而 27.2%的患者对危害干预持无所谓的态度。

第一节　主观需求的单因素分析

本研究从社会人口学特征、家庭特征、行为生活方式以及其他一些因素等方面，探讨这些因素与肺结核患者对废弃物危害干预主观需求的相关性。

一、社会人口学特征与主观需求

具体分析结果如表 4-1 所示：

表 4-1　　患者社会人口学特征与主观需求的单因素分析

项目	对危害干预的需求			χ^2 值	P 值
	有需求 人数(占比)	无需求 人数(占比)	无所谓 人数(占比)		
地区				17.442	0.065
单县	83(59.4)	12(8.5)	47(33.1)		
曹县	102(58.6)	14(8.1)	58(33.3)		
奎文区	59(65.6)	12(13.3)	19(21.1)		

续表

项目	对危害干预的需求			χ^2 值	P 值
	有需求 人数(占比)	无需求 人数(占比)	无所谓 人数(占比)		
寿光市	66(64.1)	14(13.6)	23(22.3)		
龙口市	83(62.0)	14(10.4)	37(27.6)		
莱阳市	53(70.7)	11(14.7)	11(14.7)		
性别				1.868	0.393
男性	305(60.5)	56(11.1)	143(28.4)		
女性	141(65.9)	21(9.8)	52(24.3)		
治疗类型				0.568	0.753
初治	360(62.5)	63(10.9)	153(26.6)		
复治	86(60.6)	14(9.8)	42(29.6)		
菌痰化验结果				17.084	0.002
阳性	83(71.5)	9(7.8)	24(20.7)		
阴性	164(67.8)	27(11.1)	51(21.1)		
不知道	199(55.3)	41(11.4)	120(33.3)		
婚姻状况				11.874	0.018
未婚	86(72.9)	12(10.2)	20(16.9)		
已婚	336(61.1)	58(10.5)	156(28.4)		
离异/丧偶	24(48.0)	7(14.0)	19(38.0)		
职业类型				8.574	0.014
农民	402(60.7)	72(10.9)	188(28.4)		
其他	44(78.6)	5(8.9)	7(12.5)		
年龄				56.585	0.000
10～24岁	58(84.1)	8(11.6)	3(4.3)		
25～39岁	64(79.1)	6(7.4)	11(13.6)		
40～54岁	96(69.1)	15(10.8)	28(20.1)		
55岁及以上	228(53.1)	48(11.2)	153(35.6)		
受教育水平				36.815	0.000
初中及以下	336(57.8)	65(11.2)	180(31.0)		
高中	70(74.5)	11(11.7)	13(13.8)		
大专及以上	40(93.0)	1(2.3)	2(4.7)		

(一)患者分布地区与主观需求

莱阳市肺结核患者对废弃物危害干预的需求率最高，为70.7%，但其对危害干预无需求率也最高，为14.7%。经检验，地区不同的肺结核患者对危害干预的主观需求无统计学差异($\chi^2=17.442$，$P=0.065$)。

(二)患者性别与主观需求

男性肺结核患者从主观上对废弃物危害干预有需求和无需求的比例分别为60.5%和11.1%，而女性肺结核患者从主观上对废弃物危害干预有需求和无需求的比例分别为65.9%和9.8%。经检验，性别不同的肺结核患者对危害干预的主观需求无统计学差异($\chi^2=1.868$，$P=0.393$)。

(三)患者治疗类型与主观需求

初治肺结核患者从主观上对废弃物危害干预有需求和无需求的比例分别为62.5%和10.9%，复治肺结核患者从主观上对废弃物危害干预有需求和无需求的比例分别为60.6%和9.8%。经检验，初治与复治肺结核患者对废弃物危害干预的主观需求无统计学差异($\chi^2=0.568$，$P=0.753$)。

(四)患者菌痰化验结果与主观需求

菌痰化验结果阳性的肺结核患者对废弃物危害干预的需求率最高，为71.5%；而化验结果阴性的肺结核患者对危害干预的无需求率较高。经检验，初治与复治肺结核患者对废弃物危害干预的主观需求不同，差异有统计学意义($\chi^2=17.084$，$P=0.002$)。

(五)患者婚姻状况与主观需求

未婚的肺结核患者，从主观上对废弃物危害干预有需求的比例最高，为72.9%，无需求的比例则仅为10.2%；离异/丧偶的肺结核患者，从主观上对危害干预有需求的比例最低，为48.0%，无需求的比例则达到14.0%。经检验，婚姻状况不同的肺结核患者对危害干预的主观需求不同，差异有统计学意义($\chi^2=11.874$，$P=0.018$)。

(六)患者职业类型与主观需求

职业为农民的肺结核患者，从主观上对废弃物危害干预有需求的比例相对较低，为60.7%；而其他职业的患者对危害干预有需求的比例较高，为78.6%。经检验，职业不同的肺结核患者对废弃物危害干预的主观需求不同，差异有统计学意义($\chi^2=8.574$，$P=0.014$)。

(七)患者年龄与主观需求

肺结核患者随着年龄的增长，从主观上对废弃物危害干预有需求的比例则降低。其中，25岁以下的肺结核患者对废弃物危害干预有需求的比例为84.1%，55岁及以上的肺结核患者对废弃物危害干预有需求的比例为53.1%。随着年龄的增长，从主观上对危害干预持无所谓态度的比例则越高。经检验，不同年龄组的肺结核患者对废弃物危害干预的主观需求不同，总体趋势为年龄越大，主观需求越小，差异有统计学意义（$\chi^2=56.585$，$P=0.000$）。

（八）患者受教育水平与主观需求

随着受教育水平的提高，肺结核患者从主观上对废弃物危害干预有需求的比例越高。小学及以下文化水平的肺结核患者对危害干预有需求的比例仅为57.8%，而大专及以上文化水平的肺结核患者对危害干预有需求的比例则高达93.0%。随着受教育水平的提高，肺结核患者对危害干预持无所谓态度的比例则越低。经检验，受教育水平不同的肺结核患者对危害干预的主观需求不同，总体趋势为受教育水平越高，主观需求越大，差异有统计学意义（$\chi^2=36.815$，$P=0.000$）。

二、患者家庭特征与主观需求

分析结果如表4-2所示：

表4-2　　患者家庭特征与主观需求的单因素分析

项目	对危害干预的需求			χ^2值	P值
	有需求 人数（占比）	无需求 人数（占比）	无所谓 人数（占比）		
家庭年收入				18.243	0.001
15000元以下	271(57.5)	50(10.6)	150(31.8)		
15000～30000元	94(68.6)	14(10.2)	29(21.2)		
30000元及以上	81(73.6)	13(11.8)	16(14.5)		
有无债务				7.508	0.023
有债务	128(66.3)	26(13.5)	39(20.2)		
无债务	318(60.6)	51(9.7)	156(29.7)		
是否贫困户				3.945	0.139
是	45(52.3)	11(12.8)	30(34.9)		
否	401(63.4)	66(10.4)	165(26.1)		
家中有无医务人员				1.152	0.562
有	47(61.0)	11(14.3)	19(24.7)		
无	399(62.2)	66(10.3)	176(27.5)		

（一）患者家庭年收入与对干预的主观需求

随着家庭年收入的增加，肺结核患者对废弃物危害干预的主观需求率也升高。15000元以下家庭年收入的肺结核患者主观需求率最低，为57.5%；而

30000 元以上家庭年收入的肺结核患者主观需求率最高，为 73.6%，其对危害干预无需求的比例也最高，为 11.8%。经检验，家庭年收入不同的肺结核患者对废弃物危害干预的主观需求也不同，总体趋势为家庭年收入越高，主观需求越大，差异有统计学意义（$\chi^2=18.243$，$P=0.001$）。

（二）患者有无债务与对干预的主观需求

有债务的肺结核患者对废弃物危害干预的主观需求率略高于无债务的肺结核患者，并且有债务的患者对废弃物危害干预无需求的比例也高于后者。经检验，有债务与无债务的肺结核患者对废弃物危害干预的主观需求也不同，前者高于后者，差异有统计学意义（$\chi^2=7.508$，$P=0.023$）。

（三）患者是否贫困户与对干预的主观需求

非贫困户的肺结核患者对废弃物危害干预的主观需求率相对较高，为 63.4%；而贫困户的肺结核患者主观需求率仅为 52.3%；但贫困户的肺结核患者对废弃物危害干预持无所谓和无需求态度的比例均略高于非贫困户的患者。经检验，贫困户与非贫困户的肺结核患者对废弃物危害干预的主观需求无统计学差异（$\chi^2=3.945$，$P=0.139$）。

（四）家属中有无医务人员与对干预的主观需求

家属中有、无医务人员的肺结核患者，对废弃物危害干预的主观需求率分别为 61.0% 和 62.2%，对危害干预的无需求率分别为 14.3% 和 10.3%。经检验，家属中有、无医务人员的肺结核患者对废弃物危害干预的主观需求无统计学差异（$\chi^2=1.152$，$P=0.562$）。

三、患者行为生活方式与主观需求

分析结果如表 4-3 所示：

表 4-3　　患者行为生活方式与主观需求的单因素分析

项目	对危害干预的需求			χ^2 值	P 值
	有需求 人数（占比）	无需求 人数（占比）	无所谓 人数（占比）		
吸烟状况				1.658	0.798
经常吸烟	68(63.6)	9(8.4)	30(28.0)		
偶尔吸烟	27(58.7)	4(8.7)	15(32.6)		
不吸烟	351(62.1)	64(11.3)	150(26.5)		
饮酒状况				0.997	0.608
饮酒	58(58.0)	13(13.0)	29(29.0)		

续表

项目	对危害干预的需求			χ^2 值	P 值
	有需求 人数(占比)	无需求 人数(占比)	无所谓 人数(占比)		
不饮酒	388(62.8)	64(10.3)	166(26.9)		
是否上网				42.095	0.000
上网	107(83.6)	12(9.4)	9(7.0)		
不上网	339(57.5)	65(11.0)	186(31.5)		

(一)患者吸烟状况与对干预的主观需求

偶尔吸烟的肺结核患者,从主观上对废弃物危害干预有需求的比例最低,为 58.7%;而经常吸烟和不吸烟的肺结核患者对废弃物危害干预有需求的比例相对较高。经检验,不同吸烟状况的肺结核患者对废弃物危害干预的主观需求无统计学差异(χ^2=1.658,P=0.798)。

(二)患者饮酒状况与对干预的主观需求

不饮酒的肺结核患者,从主观上对废弃物危害干预有需求的比例略高于饮酒的患者;后者从主观上对废弃物危害干预无需求的比例略高于前者;二者对废弃物危害干预持无所谓态度的比例相差无几。经检验,饮酒与不饮酒的肺结核患者,对废弃物危害干预的主观需求无统计学差异(χ^2=0.997,P=0.608)。

(三)患者是否上网与对干预的主观需求

上网的肺结核患者,对废弃物危害干预有需求的比例远高于不上网的患者,分别为 83.6%和 57.5%;但前者对干预无需求和无所谓的比例均低于后者。经检验,上网与不上网的肺结核患者,对废弃物危害干预的需求不同,前者高于后者,差异有统计学意义(χ^2=42.095,P=0.000)。

四、患者其他特征与主观需求

分析结果如表 4-4 所示:

表 4-4　　患者其他特征与主观需求的单因素分析

项目	对危害干预的需求			χ^2 值	P 值
	有需求 人数(占比)	无需求 人数(占比)	无所谓 人数(占比)		
健康教育				35.911	0.000
接受	335(69.2)	50(10.3)	99(20.5)		

续表

项目	对危害干预的需求			χ^2 值	P 值
	有需求 人数(占比)	无需求 人数(占比)	无所谓 人数(占比)		
未接受	111(47.4)	27(11.5)	96(41.0)		
督导与否				30.271	0.000
是	172(76.4)	17(7.6)	36(16.0)		
否	274(55.6)	60(12.2)	159(32.2)		

(一)健康教育与主观需求

接受过健康教育的肺结核患者，对废弃物危害干预有需求的比例远高于未接受过健康教育的患者，分别为 69.2%和 47.4%；但后者对危害干预持无所谓态度的肺结核患者远高于前者。经检验，接受过与未接受过健康教育的肺结核患者，对废弃物危害干预的需求不同，前者高于后者，差异有统计学意义($\chi^2=35.911$，$P=0.000$)。

(二)是否督导与主观需求

有人督导的肺结核患者，对废弃物危害干预有需求的比例高于无人督导的患者，分别为 76.4%和 55.6%，但前者对干预无需求和无所谓的比例均低于后者。经检验，有人督导与无人督导的肺结核患者，对废弃物危害干预的需求不同，前者高于后者，差异有统计学意义($\chi^2=30.271$，$P=0.000$)。

第二节　主观需求的多因素分析

一、回归模型的选择与构建

本研究尝试建立肺结核患者对废弃物危害干预主观需求的回归模型，由于被解释变量为无序多分类变量，因此本研究选择多分类 logistic 回归模型建立方程。解释变量为单因素分析中有统计学意义的 10 个变量，因变量为患者对废弃物危害干预的需求，编码为 $X_1 \sim X_{10}$，详见表 4-5。

表 4-5　回归模型中自变量及因变量赋值情况

类别	赋值
因变量(分类变量)	
对危害干预的主观需求	1. 有需求；2. 无需求；3. 无所谓

续表

类别	赋 值
自变量(均为分类变量)	
菌痰化验结果(X_1)	1. 阳性结果;2. 阴性结果;3. 不清楚
婚姻状况(X_2)	1. 未婚;2. 已婚;3. 离异/丧偶
职业类型(X_3)	1. 农民;2. 其他
患者年龄(X_4)	1. 10～24岁;2. 25～39岁;3. 40～54岁;4. 55岁及以上
受教育水平(X_5)	1. 初中及以下;2. 高中/中专;3. 大专及以上
家庭年收入(X_6)	1. 15000元以下;2. 15000～30000元;3. 30000元及以上
有无债务(X_7)	1. 有债务;2. 无债务
是否上网(X_8)	1. 上网; 2. 不上网
健康教育(X_9)	1. 接受; 2. 未接受
是否督导(X_{10})	1. 无人督导;2. 有人督导

二、回归结果的解释与分析

本研究构建的多分类logistic回归模型,以对废弃物危害干预持无所谓态度的肺结核患者为对照。因此,回归模型中包含两个回归模型,分别为模型1:对废弃物危害干预有需求的回归方程,以及模型2:对废弃物危害干预无需求的回归方程。同时,每个因素又以编码最大者为对照组,现将两个回归方程的结果分述如下,详见表4-6。

表4-6　肺结核患者对废弃物危害干预主观需求的多分类回归结果

维度	变量	B	标准误	wald	P值	OR	95%CI
							下限至上限
需求1	截距	0.166	1.001	0.027	0.868		
X_1	菌痰化验结果=1	0.673	0.294	5.226	0.022	1.959	1.101～3.487
	菌痰化验结果=2	0.590	0.225	6.872	0.009	1.803	1.160～2.802
	菌痰化验结果=3	0.000	—	—	—	—	—
X_2	婚姻状况=1	−0.508	0.507	1.006	0.316	0.601	0.223～1.624
	婚姻状况=2	0.129	0.356	0.131	0.718	1.137	0.566～2.283
	婚姻状况=3	0.000	—	—	—	—	—

续表

维度	变量	B	标准误	wald	P 值	OR	95%CI 下限至上限
X_3	职业类型=1	0.092	0.483	0.037	0.848	1.097	0.426～2.826
	职业类型=2	0.000	—	—	—	—	—
X_4	年龄=1	1.773	0.841	4.445	0.035	5.889	1.133～30.609
	年龄=2	0.531	0.463	1.316	0.251	1.701	0.686～4.218
	年龄=3	0.467	0.266	3.077	0.079	1.595	0.947～2.686
	年龄=4	0.000	—	—	—	—	—
X_5	文化水平=1	−0.836	0.902	0.859	0.354	0.434	0.074～2.538
	文化水平=2	−0.603	0.903	0.446	0.504	0.547	0.093～3.212
	文化水平=3	0.000	—	—	—	—	—
X_6	家庭收入=1	−0.436	0.344	1.603	0.205	0.647	0.330～1.270
	家庭收入=2	−0.203	0.388	0.274	0.601	0.816	0.381～1.748
	家庭收入=3	0.000	—	—	—	—	—
X_7	有无债务=1	0.662	0.234	8.015	0.005	1.939	1.226～3.068
	有无债务=2	0.000	—	—	—	—	—
X_8	是否上网=1	0.613	0.547	1.255	0.263	1.846	0.632～5.393
	是否上网=2	0.000	—	—	—	—	—
X_9	健康教育=1	0.613	0.208	8.680	0.003	1.846	1.228～2.774
	健康教育=2	0.000	—	—	—	—	—
X_{10}	是否督导=1	0.533	0.253	4.448	0.035	1.704	1.038～2.798
	是否督导=2	0.000	—	—	—	—	—
需求2	截距	−2.439	1.536	2.521	0.112		
X_1	菌痰化验结果=1	−0.050	0.457	0.012	0.914	0.952	0.389～2.331
	菌痰化验结果=2	0.334	0.318	1.107	0.293	1.397	0.749～2.604
	菌痰化验结果=3	0.000	—	—	—	—	—
X_2	婚姻状况=1	−0.727	0.722	1.013	0.314	0.484	0.117～1.990
	婚姻状况=2	−0.279	0.490	0.324	0.569	0.757	0.290～1.976
	婚姻状况=3	0.000	—	—	—	—	—

续表

维度	变量	B	标准误	wald	P值	OR	95%CI
							下限至上限
X_3	职业类型=1	0.141	0.653	0.047	0.829	1.152	0.321～4.138
	职业类型=2	0.000	—	—	—	—	—
X_4	年龄=1	2.134	1.057	4.074	0.044	8.448	1.064～67.093
	年龄=2	0.041	0.672	0.004	0.951	1.042	0.279～3.893
	年龄=3	0.287	0.384	0.558	0.455	1.332	0.628～2.825
	年龄=4	0.000	—	—	—	—	—
X_5	文化水平=1	1.350	1.397	0.935	0.334	3.858	0.250～59.591
	文化水平=2	1.535	1.387	1.224	0.269	4.641	0.306～70.387
	文化水平=3	0.000	—	—	—	—	—
X_6	家庭收入=1	−0.617	0.455	1.834	0.176	0.540	0.221～1.318
	家庭收入=2	−0.372	0.520	0.511	0.475	0.690	0.249～1.911
	家庭收入=3	0.000	—	—	—	—	—
X_7	有无债务=1	0.866	0.317	7.452	0.006	2.378	1.277～4.429
	有无债务=2	0.000	—	—	—	—	—
X_8	是否上网=1	0.603	0.735	0.674	0.412	1.828	0.433～7.713
	是否上网=2	0.000	—	—	—	—	—
X_9	健康教育=1	0.510	0.304	2.808	0.094	1.665	0.917～3.024
	健康教育=2	0.000	—	—	—	—	—
X_{10}	是否督导=1	−0.160	0.378	0.179	0.672	0.852	0.406～1.789
	是否督导=2	0.000	—	—	—	—	—

分析结果显示，在α=0.05的显著水平上，与肺结核患者对废弃物危害干预有需求相关的因素有：菌痰化验结果、年龄、债务情况、健康教育、督导；与肺结核患者对废弃物危害干预无需求相关的因素有：年龄、债务情况。

（一）菌痰化验结果与干预主观需求

关于对废弃物危害干预的主观需求，菌痰化验结果阳性与阴性的肺结核患者，与对照组即不清楚化验结果的患者相比，差异有统计学意义。化验结果阳性的患者（OR=1.959，P=0.022），化验结果阴性的患者（OR=1.803，P=0.009）。即菌痰化验结果阳性的患者对废弃物危害干预的需求最大，其次为化验结果阴性的患者，而不清楚化验结果的患者对废弃物危害干预的需求最小。

(二)年龄与干预主观需求

关于对废弃物危害干预的主观需求，年龄在25岁以下的肺结核患者，与对照组即55岁以上的患者相比，差异有统计学意义($OR=5.889, P=0.035$)。即年龄在25岁以下的肺结核患者对废弃物危害干预的需求最大。

年龄在25岁以下的肺结核患者不仅倾向于对废弃物危害干预有需求，同时也倾向于对废弃物危害干预无需求。这看似矛盾，其实不然，因为年龄在25岁以下的肺结核患者，对废弃物危害干预持无所谓态度的比例非常小，而前两者均是以其为对照组的。

(三)债务情况与干预主观需求

关于对废弃物危害干预的主观需求，有债务的肺结核患者，与对照组即无债务的肺结核患者相比，差异有统计学意义($OR=1.939, P=0.005$)。说明有债务的肺结核患者，更倾向于对废弃物危害干预有主观需求。有债务的肺结核患者不仅倾向于对废弃物危害干预有需求，同时也倾向于对废弃物危害干预无主观需求，理由同上。

(四)健康教育与干预主观需求

关于对废弃物危害干预的主观需求，接受过健康教育的肺结核患者，与对照组即未接受过健康教育的患者相比，差异有统计学意义($OR=1.846, P=0.003$)。说明健康教育有利于提高肺结核患者对废弃物危害干预的主观需求。

(五)是否有人督导与干预主观需求

关于对废弃物危害干预的主观需求，有人督导的肺结核患者，与对照组即无人督导的患者相比，差异有统计学意义($OR=1.704, P=0.035$)。说明在废弃物管理方面，有人对其进行督导的肺结核患者更倾向于对废弃物危害干预有主观需求。

第五章　患者的客观需求分析

上一章节我们介绍了肺结核患者对废弃物危害干预的主观需求，但是由于主观需求仅反映了患者对干预的接受程度，而不能反映其对干预的真实需求程度。因此，本研究进一步对肺结核患者对废弃物危害干预的客观需求进行分析。本研究首先分析了肺结核患者废弃物危害控制的信息水平、动机水平、行为技巧水平以及行为水平，通过制定相应的标准，确定肺结核患者对废弃物危害干预的客观需求，并确定关键影响因素。

对于客观需求的测量，本研究主要是根据客观的数据来间接确定肺结核患者对废弃物危害干预的需求。具体来说是以 IMB 量表为基础，计算肺结核患者对危害干预的需求分数以及需求指数，用以衡量其对废弃物危害干预的需求程度，计算公式分别为：$DS_i = TS_i - S_i$，$DI_i = (TS_i - S_i)/TS_i$。其中，DS_i和DI_i分别为 IMB 第 i 维度的需求分数和需求指数，TS_i和S_i分别为 IMB 第 i 维度的总分值和实际分值。

客观需求调查结果显示，基于信息维度的危害干预需求分数为 4.41±1.589，干预需求指数为 63.0%；基于动机维度的危害干预需求分数为 4.50±1.626，干预需求指数为 56.3%；基于行为技巧维度的危害干预需求分数为 5.38±1.609，干预需求指数为 53.80%；基于行为维度的危害干预需求分数为 3.40±0.832，干预需求指数为 92.50%。

显然，居家治疗的肺结核患者对废弃物危害的控制水平较低，从而导致在行为维度上对干预的需求较高。而在其他三个维度上，干预需求虽然相对较低，但需求指数也均在 50%以上，说明肺结核患者在客观上对干预有较大需求。本研究在信息、动机、行为技巧和行为四个维度上，分别探讨影响肺结核患者对废弃物危害干预需求的关键因素，现分述如下。

第一节　信息干预需求分析

一、信息干预需求的单因素分析

分析结果如表 5-1 所示：

表 5-1　　肺结核患者社会人口学特征与信息干预需求分析

项目	人数	分值	T/F 检验	P 值
性别			0.002	0.999
男性	504	4.41±1.602		
女性	214	4.41±1.559		
治疗类型			2.189	0.030
初治	576	4.35±1.609		
复治	142	4.65±1.483		
菌痰化验结果			0.095	0.910
阳性	116	4.47±1.546		
阴性	242	4.40±1.538		
不知道	360	4.39±1.639		
婚姻状况			2.761	0.064
未婚	118	4.19±1.481		
已婚	550	4.41±1.615		
离异/丧偶	50	4.82±1.480		
职业类型			2.088	0.037
农民	662	4.44±1.587		
其他	56	3.98±1.555		
患者年龄			13.078	0.000
10～24 岁	69	4.07±1.310		
25～39 岁	81	3.73±1.573		
40～54 岁	139	4.09±1.640		
55 岁及以上	429	4.69±1.551		
受教育水平			8.892	0.000

续表

项目	人数	分值	T/F 检验	P 值
初中及以下	581	4.53±1.608		
高中	94	3.88±1.436		
大专及以上	43	3.93±1.334		

(一)社会人口学特征与信息干预需求

1. 性别与信息干预需求

男性与女性的肺结核患者,对废弃物信息干预的需求分数分别为4.41±1.602和4.41±1.559。经检验,性别不同的肺结核患者,对废弃物信息干预的需求并无统计学差异(T=0.002,P=0.999)。

2. 治疗类型与信息干预需求

初治与复治的肺结核患者,对废弃物信息干预的需求分数分别为4.35±1.609和4.65±1.483。经检验,治疗类型不同的肺结核患者,对废弃物信息干预的需求也不同,差异有统计学意义(T=2.189,P=0.030)。

3. 菌痰化验结果与信息干预需求

菌痰化验结果阳性的肺结核患者,对废弃物信息干预的需求分数相对较高,而化验结果阴性及不清楚化验结果的患者需求分数均较低。经检验,化验结果不同的肺结核患者,对废弃物信息干预的需求并无统计学差异(F=0.095,P=0.910)。

4. 婚姻状况与信息干预需求

离异/丧偶的肺结核患者对废弃物信息干预的需求最高,需求分数为4.82±1.480;而未婚的肺结核患者对废弃物信息干预的需求最低,需求分数为4.19±1.481。经检验,婚姻状况不同的肺结核患者,对废弃物信息干预的需求并无统计学差异(F=2.761,P=0.064)。

5. 职业类型与信息干预需求

职业为农民的肺结核患者对废弃物信息干预的需求最高,需求分数为4.44±1.587,而其他职业的肺结核患者废弃物信息干预的需求分数为3.98±1.555。经检验,职业类型不同的肺结核患者,对废弃物信息干预的需求也不同,差异有统计学意义(T=2.088,P=0.037)。

6. 患者年龄与信息干预需求

55岁及以上的肺结核患者对废弃物信息干预的需求最高,需求分数为4.69±1.551,而25～39岁的肺结核患者对废弃物信息干预需求最低,需求分数为3.73±1.573。经检验,不同年龄组的肺结核患者,对废弃物信息干预的需求也不同,差异有统计学意义(F=13.078,P=0.000)。

7. 患者受教育水平与信息干预需求

初中及以下文化水平的肺结核患者对废弃物信息干预的需求最高，需求分数为4.53±1.608；而高中文化水平的肺结核患者对废弃物信息干预的需求最低，需求分数为3.88±1.436。经检验，受教育水平不同的肺结核患者，对废弃物信息干预的需求也不同，差异有统计学意义（$F=8.892$，$P=0.000$）。

（二）家庭特征与信息干预需求

分析结果如表5-2所示：

表5-2　　肺结核患者家庭特征与信息干预需求分析

项目	人数	分值	T/F检验	P值
家庭年收入			11.115	0.000
15000元以下	471	4.57±1.581		
15000～30000元	137	4.32±1.519		
30000元及以上	110	3.80±1.561		
有无债务			0.980	0.328
有债务	193	4.31±1.737		
无债务	525	4.44±1.531		
是否贫困户			0.002	0.999
是	86	4.41±1.724		
否	632	4.41±1.571		
家属中有无医务人员			0.631	0.528
有	77	4.30±1.686		
无	641	4.42±1.577		

1. 家庭年收入与信息干预需求

家庭年收入越高的肺结核患者对废弃物信息干预的需求越低，15000元以下家庭年收入的肺结核患者需求最高，需求分数为4.57±1.581；30000元以上家庭年收入的肺结核患者需求最低，需求分数为3.80±1.561。经检验，家庭年收入不同的肺结核患者，对废弃物信息干预的需求也不同，差异有统计学意义（$F=11.115$，$P=0.000$）。

2. 患者有无债务与信息干预需求

有债务与无债务的肺结核患者，对废弃物信息干预的需求分数分别为4.31±1.737和4.44±1.531。经检验，债务情况不同的肺结核患者对废弃物信息干预的需求无统计学差异（$T=0.980$，$P=0.328$）。

3. 患者是否贫困户与信息干预需求

贫困户与非贫困户的肺结核患者，对废弃物信息干预的需求分数分别为 4.41±1.724 和 4.41±1.571。经检验，贫困户与非贫困户的肺结核患者对废弃物信息干预的需求无统计学差异（$T=0.002$，$P=0.999$）。

4. 家属中有无医务人员与信息干预需求

家属中有、无医务人员的肺结核患者，对废弃物信息干预的需求分数分别为 4.30±1.686 和 4.42±1.577。经检验，家属中有、无医务人员的肺结核患者对废弃物信息干预的需求无统计学差异（$T=0.631$，$P=0.528$）。

（三）行为生活方式与信息干预需求

分析结果如表 5-3 所示：

表 5-3　肺结核患者行为生活方式与信息干预需求分析

项目	人数	分值	T/F 检验	P 值
吸烟状况			0.073	0.930
经常吸烟	107	4.39±1.522		
偶尔吸烟	46	4.33±1.802		
不吸烟	565	4.42±1.585		
饮酒状况			0.972	0.331
饮酒	100	4.55±1.572		
不饮酒	618	4.38±1.591		
是否上网			5.319	0.000
上网	128	3.74±1.470		
不上网	590	4.55±1.578		

1. 吸烟状况与信息干预需求

经常吸烟、偶尔吸烟与不吸烟的肺结核患者，对废弃物信息干预的需求分数分别为 4.39±1.522、4.33±1.802 和 4.42±1.585。经检验，吸烟状况不同的肺结核患者对废弃物信息干预的需求无统计学差异（$F=0.073$，$P=0.930$）。

2. 饮酒状况与信息干预需求

饮酒的肺结核患者对废弃物信息干预的需求相对较高，需求分数为 4.55±1.572；而不饮酒的肺结核患者需求相对较低，需求分数为 4.38±1.591。经检验，饮酒状况不同的肺结核患者对废弃物信息干预的需求无统计学差异（$T=0.972$，$P=0.331$）。

3. 是否上网与信息干预需求

不上网的肺结核患者对废弃物信息干预的需求相对较高，需求分数为 4.55±1.578；上网的肺结核患者对废弃物信息干预的需求相对较低，需求分数为 3.74±1.470。经检验，上网与不上网的肺结核患者，对废弃物信息干预的需求不同，后者高于前者，差异有统计学意义（T=5.319，P=0.000）。

（四）其他特征与信息干预需求

分析结果如表 5-4 所示：

表 5-4　　患者其他特征与信息干预需求的关系分析

项目	人数	分值	T/F 检验	P 值
健康教育			8.452	0.000
接受	484	4.09±1.578		
未接受	234	5.07±1.397		
督导与否			8.702	0.000
是	225	3.68±1.477		
否	493	4.74±1.527		

1. 健康教育与信息干预需求

未接受过健康教育的肺结核患者，对废弃物信息干预的需求相对较高，需求分数为 5.07±1.397；而接受过健康教育的肺结核患者，对废弃物信息干预的需求相对较低，需求分数为 4.09±1.578。经检验，接受与未接受过健康教育的肺结核患者，对废弃物信息干预的需求不同，后者高于前者，差异有统计学意义（T=8.452，P=0.000）。

2. 督导与否与信息干预需求

在废弃物管理方面，有人对其进行督导的肺结核患者，对废弃物信息干预的需求相对较低，需求分数为 3.68±1.477，而无人对其督导的肺结核患者，对废弃物信息干预的需求相对较高，需求分数为 4.74±1.527。经检验，有人与无人督导的肺结核患者，对废弃物信息干预的需求不同，后者高于前者，差异有统计学意义（T=8.702，P=0.000）。

二、多因素分析结果

（一）回归模型的构建

调查数据显示，肺结核患者对废弃物信息干预需求分数的中位数为 4，由于目前缺乏相应的“金标准”，本研究将需求分数高于 4 界定为“高需求”，否则界定为“低需求”。以患者对废弃物信息干预的需求为因变量，以单因素分析中差异有统计学意义的 7 个因素为自变量，建立二分类 logistic 回归模型，详见表 5-5。

表 5-5　　　　logistic 回归模型的变量及赋值

变量	赋值
因变量(需求水平)	0=水平低;1=水平高
性别	1=男性;2=女性
婚姻状况	1=已婚;2=离异/丧偶;3=未婚
年龄	1=10～24 岁;2=25～39 岁;3=40～54 岁;4=55 岁及以上
家庭年收入	1=15000 元以下;2=15000～30000 元;3=30000 元及以上
上网与否	1=上网;2=不上网
是否接受健康教育	1=接受;2=未接受
督导与否	1=无人督导;2=有人督导

（二）回归结果分析

分析结果显示，与肺结核患者对废弃物信息干预需求相关的因素有 4 个，分别为患者年龄、家庭年收入、健康教育、督导管理，详见表 5-6。

表 5-6　　　　患者信息干预需求的多因素分析结果

因素	*B*	S. E.	*OR*	95%CI 下限至上限	*P* 值
其他职业	0.284	0.342	1.329	0.679～2.600	0.406
年龄					0.010
10～24 岁	0.300	0.472	1.350	0.536～3.404	0.525
25～39 岁	−0.555	0.218	0.574	0.374～0.881	0.011
40～54 岁	−0.566	0.344	0.568	0.289～1.116	0.100
受教育水平					0.663
初中及以下	0.430	0.477	1.538	0.604～3.913	0.366
高中	0.323	0.467	1.381	0.553～3.451	0.489
家庭年收入					0.039
15000 元以下	0.654	0.258	1.922	1.160～3.187	0.011
15000～30000 元	0.556	0.292	1.743	0.983～3.091	0.057
上网	−0.622	0.387	0.537	0.252～1.147	0.108
接受健康教育	−0.841	0.187	0.431	0.299～0.622	0.000
督导管理	−1.038	0.187	0.354	0.245～0.511	0.000
常数	0.325	0.557	1.383		0.560

1. 患者年龄与信息干预需求

与55岁及以上的肺结核患者相比，25～39岁的肺结核患者对废弃物信息干预的需求较低，差异有统计学意义（$OR=0.574, P=0.011$）。

2. 家庭年收入与信息干预需求

与30000元以上家庭年收入的肺结核患者相比，年收入15000元以下的肺结核患者，对废弃物信息干预的需求较高，差异有统计学意义（$OR=1.922, P=0.011$）。说明，肺结核患者家庭年收入越高，对废弃物信息干预的需求越低。

3. 健康教育与信息干预需求

接受过健康教育的肺结核患者，与对照组即未接受过健康教育的肺结核患者相比，对废弃物信息干预的需求较低，差异有统计学意义（$OR=0.431, P=0.000$）。

4. 督导管理与信息干预需求

在废弃物管理方面，接受督导管理的肺结核患者，与对照组即未接受督导管理的肺结核患者相比，对废弃物信息干预的需求较低，差异有统计学意义（$OR=0.354, P=0.000$）。

第二节　动机干预需求分析

一、单因素分析结果

（一）社会人口学特征与动机干预需求

分析结果如表5-7所示：

表5-7　　肺结核患者社会人口学特征与动机干预需求分析

项目	人数	分值	T/F检验	P值
性别			3.459	0.001
男性	504	4.63±1.627		
女性	214	4.18±1.582		
治疗类型			0.092	0.926
初治	576	4.50±1.642		
复治	142	4.49±1.565		
菌痰化验结果			1.112	0.330
阳性	116	4.32±1.580		
阴性	242	4.47±1.673		

续表

项目	人数	分值	T/F 检验	P 值
不知道	360	4.57±1.608		
婚姻状况			5.951	0.003
未婚	118	4.10±1.640		
已婚	550	4.54±1.603		
离异/丧偶	50	4.98±1.684		
职业类型			1.575	0.120
农民	662	4.52±1.651		
其他	56	4.23±1.279		
患者年龄			11.176	0.000
10～24 岁	69	3.81±1.593		
25～39 岁	81	3.94±1.552		
40～54 岁	139	4.40±1.596		
55 岁及以上	429	4.74±1.599		
受教育水平			4.921	0.008
初中及以下	581	4.58±1.645		
高中	94	4.31±1.474		
大专及以上	43	3.84±1.526		

1. 性别与动机干预需求

男性与女性的肺结核患者，对废弃物管理动机干预的需求分数分别为 4.63±1.627 和 4.18±1.582，经检验，性别不同的肺结核患者，对废弃物管理动机干预的需求也不同，差异有统计学意义（$T=3.459$，$P=0.001$）。

2. 治疗类型与动机干预需求

初治与复治的肺结核患者，对废弃物管理动机干预的需求分数分别为 4.50±1.642 和 4.49±1.565。经检验，治疗类型不同的肺结核患者，对废弃物管理动机干预的需求也不同，差异有统计学意义（$T=0.092$，$P=0.926$）。

3. 菌痰化验结果与动机干预需求

菌痰化验结果阳性的肺结核患者，对废弃物管理动机干预的需求分数相对较低，而不清楚化验结果的肺结核患者需求较高。经检验，菌痰化验结果不同的肺结核患者，对废弃物管理动机干预的需求并无统计学差异（$F=1.112$，$P=0.330$）。

4. 婚姻状况与动机干预需求

离异/丧偶的肺结核患者对废弃物管理动机干预的需求最高，需求分数为 4.98±1.684；而未婚的肺结核患者对废弃物管理动机干预的需求最低，需求分数为 4.10±1.640。经检验，婚姻状况不同的肺结核患者，对废弃物管理动机干预的需求也不同，差异有统计学意义($F=5.951$，$P=0.003$)。

5. 职业类型与动机干预需求

职业为农民的肺结核患者对废弃物管理动机干预的需求相对较高，需求分数为 4.52±1.651；而其他职业的肺结核患者废弃物管理动机干预的需求分数为 4.23±1.279。经检验，职业类型不同的肺结核患者，对废弃物管理动机干预的需求也不同，差异有统计学意义($T=1.575$，$P=0.120$)。

6. 患者年龄与动机干预需求

肺结核患者的年龄越大，对废弃物管理动机干预的需求越大。55 岁及以上的肺结核患者对废弃物管理动机干预的需求最高，需求分数为 4.74±1.599；而 25 岁以下的肺结核患者对废弃物管理动机干预需求最低，需求分数为 3.81±1.593。经检验，不同年龄组的肺结核患者，对废弃物管理动机干预的需求也不同，差异有统计学意义($F=11.176$，$P=0.000$)。

7. 患者受教育水平与动机干预需求

受教育水平越低的肺结核患者，对废弃物管理动机干预的需求越大。初中及以下文化水平的肺结核患者对废弃物管理动机干预的需求最高，需求分数为 4.58±1.645；而大专及以上文化水平的肺结核患者对废弃物管理动机干预的需求最低，需求分数为 3.84±1.526。经检验，受教育水平不同的肺结核患者，对废弃物管理动机干预的需求也不同，差异有统计学意义($F=4.921$，$P=0.008$)。

(二)家庭特征与动机干预需求

分析结果如表 5-8 所示：

表 5-8　　肺结核患者家庭特征与动机干预需求分析

项目	人数	分值	T/F 检验	P 值
家庭年收入			7.427	0.001
15000 元以下	471	4.64±1.629		
15000～30000 元	137	4.42±1.542		
30000 元及以上	110	3.99±1.623		
有无债务			1.032	0.303
有债务	193	4.39±1.756		

续表

项目	人数	分值	T/F 检验	P 值
无债务	525	4.54±1.575		
是否贫困户			1.858	0.064
是	86	4.80±1.714		
否	632	4.46±1.611		
家属中有无医务人员			0.169	0.866
有	77	4.47±1.569		
无	641	4.50±1.634		

1.家庭年收入与动机干预需求

家庭年收入越高的肺结核患者对废弃物管理动机干预的需求越低，15000元以下家庭年收入的肺结核患者需求最高，需求分数为4.64±1.629；30000元以上家庭年收入的肺结核患者需求最低，需求分数为3.99±1.623。经检验，家庭年收入不同的肺结核患者，对废弃物管理动机干预的需求也不同，差异有统计学意义（$F=7.427$，$P=0.001$）。

2.患者有无债务与动机干预需求

有债务与无债务的肺结核患者，对废弃物管理动机干预的需求分数分别为4.39±1.756和4.54±1.575。经检验，债务情况不同的肺结核患者对废弃物管理动机干预的需求无统计学差异（$T=1.032$，$P=0.303$）。

3.患者是否贫困户与动机干预需求

贫困户与非贫困户的肺结核患者，对废弃物管理动机干预的需求分数分别为4.80±1.714和4.46±1.611。经检验，贫困户与非贫困户的肺结核患者对废弃物管理动机干预的需求无统计学差异（$T=1.858$，$P=0.064$）。

4.家属中有无医务人员与动机干预需求

家属中有、无医务人员的肺结核患者，对废弃物管理动机干预的需求分数分别为4.47±1.569和4.50±1.634。经检验，家属中有、无医务人员的肺结核患者对废弃物管理动机干预的需求无统计学差异（$T=0.169$，$P=0.866$）。

（三）行为生活方式与动机干预需求

分析结果如表5-9所示：

表 5-9 肺结核患者行为生活方式与动机干预需求分析

项目	人数	分值	T/F 检验	P 值
吸烟状况			43.947	0.000
经常吸烟	107	5.56±1.312		
偶尔吸烟	46	5.46±1.361		
不吸烟	565	4.22±1.588		
饮酒状况			8.638	0.000
饮酒	100	5.56±1.274		
不饮酒	618	4.33±1.612		
是否上网			4.537	0.000
上网	128	3.91±1.602		
不上网	590	4.62±1.605		

1. 吸烟状况与动机干预需求

经常吸烟、偶尔吸烟与不吸烟的肺结核患者，对废弃物管理动机干预的需求分数分别为 5.56±1.312、5.46±1.361 和 4.22±1.588。经检验，吸烟状况不同的肺结核患者对废弃物管理动机干预的需求也不同，差异有统计学意义（$F=43.947$，$P=0.000$）。

2. 饮酒状况与动机干预需求

饮酒的肺结核患者对废弃物管理动机干预的需求相对较高，需求分数为 5.56±1.274；而不饮酒的肺结核患者需求相对较低，需求分数为 4.33±1.612。经检验，饮酒状况不同的肺结核患者对废弃物管理动机干预的需求也不同，差异有统计学意义（$T=8.638$，$P=0.000$）。

3. 是否上网与动机干预需求

不上网的肺结核患者对废弃物管理动机干预的需求相对较高，需求分数为 4.62±1.605；上网的肺结核患者对废弃物管理动机干预的需求相对较低，需求分数为 3.91±1.602。经检验，上网与不上网的肺结核患者，对废弃物管理动机干预的需求不同，后者高于前者，差异有统计学意义（$T=4.537$，$P=0.000$）。

（四）其他特征与动机干预需求

分析结果如表 5-10 所示：

表 5-10　　患者其他特征与动机干预需求的关系分析

项目	人数	分值	T/F 检验	P 值
健康教育			16.440	0.000
接受	484	3.96±1.564		
未接受	234	5.62±1.095		
督导与否			7.546	0.000
是	225	3.84±1.668		
否	493	4.80±1.517		

1.健康教育与动机干预需求

未接受过健康教育的肺结核患者，对废弃物管理动机干预的需求相对较高，需求分数为 5.62±1.095；而接受过健康教育的肺结核患者，对废弃物管理动机干预的需求相对较低，需求分数为 3.96±1.564。经检验，接受与未接受过健康教育的肺结核患者，对废弃物管理动机干预的需求不同，后者高于前者，差异有统计学意义（$T=16.440$，$P=0.000$）。

2.督导与否与动机干预需求

在废弃物管理方面，有人对其进行督导的肺结核患者，对废弃物管理动机干预的需求相对较低，需求分数为 3.84±1.668；而无人对其督导的肺结核患者，对废弃物管理动机干预的需求相对较高，需求分数为 4.80±1.517。经检验，有人与无人督导的肺结核患者，对废弃物管理动机干预的需求不同，后者高于前者，差异有统计学意义（$T=7.546$，$P=0.000$）。

二、多因素分析结果

（一）回归模型的构建

调查数据显示，肺结核患者对动机干预需求分数的中位数为 5，由于目前缺乏相应的“金标准”，本研究将需求分数高于 5 界定为“高需求”，否则界定为“低需求”。以肺结核患者对行为技巧干预的需求为因变量，以单因素分析中差异有统计学意义的 10 个因素为自变量，建立二分类 logistic 回归模型。详见表 5-11。

表 5-11　　logistic 回归模型的变量及赋值

变量	赋值
因变量（需求水平）	0＝水平低；1＝水平高
性别	1＝男性；2＝女性

续表

变量	赋值
婚姻状况	1＝已婚；2＝离异/丧偶；3＝未婚
年龄	1＝10～24 岁；2＝25～39 岁；3＝40－54；4＝55 岁及以上
受教育水平	1＝初中及以下；2＝高中/中专；3＝大专及以上
家庭年收入	1＝15000 元以下；2＝15000～30000 元；3＝30000 元及以上
吸烟状况	1＝经常吸烟；2＝偶尔吸烟；3＝不吸烟
饮酒状况	1＝饮酒；2＝不饮酒
上网与否	1＝上网；2＝不上网
是否接受健康教育	1＝接受；2＝未接受
督导与否	1＝无人督导；2＝有人督导

(二)回归结果分析

调查数据显示，与居家治疗肺结核患者对废弃物管理动机的干预需求有关的因素有 3 个，分别为吸烟状况、饮酒状况及健康教育，详见表 5-12。

表 5-12　　　　患者动机干预需求的多因素分析结果

因素	*B*	S. E.	*OR*	95%CI 下限至上限	*P*
男性(以女性为对照组)	0.336	0.250	1.400	0.858～2.285	0.178
婚姻状况					0.286
已婚	－0.482	0.549	0.617	0.211～1.809	0.379
未婚	－0.597	0.380	0.550	0.261～1.160	0.116
年龄					0.709
10～24 岁	0.197	0.746	1.218	0.282～5.258	0.792
25～39 岁	－0.398	0.517	0.672	0.244～1.849	0.441
40～54 岁	0.109	0.276	1.115	0.650～1.915	0.692
受教育水平					0.323
初中及以下	0.753	0.724	2.124	0.513～8.783	0.298
高中	0.248	0.724	1.281	0.310～5.298	0.732
家庭年收入					0.544
15000 元以下	0.348	0.329	1.416	0.743～2.700	0.290

续表

因素	B	S. E.	OR	95%CI 下限至上限	P
15000～30000 元	0.200	0.383	1.222	0.577～2.586	0.601
吸烟状况					0.000
经常吸烟	1.455	0.289	4.286	2.432～7.555	0.000
偶尔吸烟	1.322	0.386	3.751	1.760～7.992	0.001
饮酒	1.395	0.290	4.036	2.286～7.126	0.000
上网	−0.449	0.518	0.638	0.231～1.762	0.386
接受健康教育	−2.302	0.232	0.100	0.064～0.158	0.000
督导管理	−0.350	0.256	0.705	0.426～1.165	0.173
常数	−0.664	0.883	0.515		0.452

吸烟状况与动机干预需求：经常吸烟与偶尔吸烟的肺结核患者，与对照组即不吸烟的肺结核患者相比，对废弃物管理动机的干预需求不同，差异有统计学意义，前者需求最高（$OR=4.286$，$P=0.000$），后者其次（$OR=3.751$，$P=0.000$）。

饮酒状况与动机干预需求：饮酒的肺结核患者与不饮酒的患者相比，对废弃物管理动机的干预需求不同，前者高于后者，差异有统计学意义（$OR=4.036$，$P=0.000$）。

健康教育与动机干预需求：接受健康教育的肺结核患者，与对照组及未接受过健康教育的肺结核患者相比，对废弃物管理动机的干预需求不同，后者高于前者，差异有统计学意义（$OR=0.100$，$P=0.000$）。

第三节　行为技巧干预需求分析

一、行为技巧干预需求的单因素分析

(一)社会人口学特征与行为技巧干预需求

分析结果如表 5-13 所示：

表5-13　肺结核患者社会人口学特征与行为技巧干预需求分析

项目	人数	分值	T/F 检验	P 值
性别			0.444	0.657
男性	504	5.39±1.584		
女性	214	5.34±1.670		
治疗类型			0.256	0.798
初治	576	5.37±1.629		
复治	142	5.41±1.531		
菌痰化验结果			0.433	0.649
阳性	116	5.25±1.604		
阴性	242	5.40±1.622		
不知道	360	5.40±1.605		
婚姻状况			36.372	0.000
未婚	118	4.47±1.454		
已婚	550	5.65±1.573		
离异/丧偶	50	4.56±1.280		
职业类型			3.676	0.000
农民	662	5.44±1.605		
其他	56	4.63±1.472		
患者年龄			43.843	0.000
10～24岁	69	4.10±1.395		
25～39岁	81	4.20±1.561		
40～54岁	139	5.55±1.461		
55岁以及上	429	5.75±1.487		
受教育水平			36.960	0.000
初中及以下	581	5.60±1.542		
高中	94	4.68±1.581		
大专及以上	43	3.86±1.302		

1.性别与行为技巧干预需求

男性与女性的肺结核患者，对废弃物行为技巧干预的需求分数分别为5.39

±1.584和5.34±1.670，经检验，性别不同的肺结核患者，对废弃物行为技巧干预的需求并无统计学差异（$T=0.444$，$P=0.657$）。

2.治疗类型与行为技巧干预需求

初治与复治的肺结核患者，对废弃物行为技巧干预的需求分数分别为5.37±1.629和5.41±1.531，经检验，治疗类型不同的肺结核患者，对废弃物行为技巧干预的需求无统计学差异（$T=0.256$，$P=0.798$）。

3.菌痰化验结果与行为技巧干预需求

菌痰化验结果阳性的肺结核患者，对废弃物行为技巧干预的需求分数相对较低，而菌痰化验结果阴性及不清楚化验结果的肺结核患者需求分数均相对较高。经检验，菌痰化验结果不同的肺结核患者，对废弃物行为技巧干预的需求并无统计学差异（$F=0.433$，$P=0.649$）。

4.婚姻状况与行为技巧干预需求

未婚的肺结核患者对废弃物行为技巧干预的需求最低，需求分数为4.47±1.454；而已婚的肺结核患者对废弃物行为技巧干预的需求最高，需求分数为5.65±1.573。经检验，婚姻状况不同的肺结核患者，对废弃物行为技巧干预的需求也不同，差异有统计学意义（$F=36.372$，$P=0.000$）。

5.职业类型与行为技巧干预需求

职业为农民的肺结核患者对废弃物行为技巧干预的需求最高，需求分数为5.44±1.605；而其他职业的肺结核患者废弃物行为技巧干预的需求分数为4.63±1.472。经检验，职业类型不同的肺结核患者，对废弃物行为技巧干预的需求也不同，差异有统计学意义（$T=3.676$，$P=0.000$）。

6.患者年龄与行为技巧干预需求

年龄越大的肺结核患者对废弃物行为技巧干预的需求越大，55岁及以上的肺结核患者对废弃物行为技巧干预的需求最高，需求分数为5.75±1.487；而25岁以下的肺结核患者对废弃物行为技巧干预需求最低，需求分数为4.10±1.395。经检验，不同年龄组的肺结核患者，对废弃物行为技巧干预的需求也不同，差异有统计学意义（$F=43.843$，$P=0.000$）。

7.患者受教育水平与行为技巧干预需求

受教育水平越高的肺结核患者对废弃物行为技巧干预的需求越小，初中及以下文化水平的肺结核患者对废弃物行为技巧干预的需求最高，需求分数为5.60±1.542；而大专及以上文化水平的肺结核患者对废弃物行为技巧干预的需求最低，需求分数为3.86±1.302。经检验，受教育水平不同的肺结核患者，对废弃物行为技巧干预的需求也不同，差异有统计学意义（$F=36.960$，$P=0.000$）。

（二）家庭特征与行为技巧干预需求

分析结果如表5-14所示：

表5-14　　肺结核患者家庭特征与行为技巧干预需求分析

项目	人数	分值	T/F 检验	P 值
家庭年收入			14.679	0.000
15000元以下	471	5.61±1.545		
15000～30000元	137	5.03±1.627		
30000元及以上	110	4.84±1.662		
有无债务			0.479	0.632
有债务	193	5.42±1.583		
无债务	525	5.36±1.620		
是否贫困户			1.540	0.124
是	86	5.63±1.534		
否	632	5.34±1.617		
家属中有无医务人员			2.411	0.016
有	77	4.96±1.650		
无	641	5.43±1.598		

1.家庭年收入与行为技巧干预需求

家庭年收入越高的肺结核患者对废弃物行为技巧干预的需求越低，15000元以下家庭年收入的肺结核患者需求最高，需求分数为5.61±1.545；30000元以上家庭年收入的肺结核患者需求最低，需求分数为4.84±1.662。经检验，家庭年收入不同的肺结核患者，对废弃物行为技巧干预的需求也不同，差异有统计学意义（$F=14.679$，$P=0.000$）。

2.患者有无债务与行为技巧干预需求

有债务与无债务的肺结核患者，对废弃物行为技巧干预的需求分数分别为5.42±1.583和5.36±1.620。经检验，债务情况不同的肺结核患者对废弃物行为技巧干预的需求无统计学差异（$T=0.479$，$P=0.632$）。

3.患者是否贫困户与行为技巧干预需求

贫困户与非贫困户的肺结核患者，对废弃物行为技巧干预的需求分数分别为5.63±1.534和5.34±1.617。经检验，贫困户与非贫困户的肺结核患者对废弃物行为技巧干预的需求无统计学差异（$T=1.540$，$P=0.124$）。

4. 家属中有无医务人员与行为技巧干预需求

家属中有、无医务人员的肺结核患者，对废弃物行为技巧干预的需求分数分别为 4.96±1.650 和 5.43±1.598。经检验，家属中有、无医务人员的肺结核患者对废弃物行为技巧干预的需求不同，后者高于前者，差异有统计学意义（T=2.411，P=0.016）。

（三）行为生活方式与行为技巧干预需求

分析结果如表 5-15 所示：

表 5-15　　肺结核患者行为生活方式与行为技巧干预需求分析

项目	人数	分值	T/F 检验	P 值
吸烟状况			2.334	0.098
经常吸烟	107	5.68±1.515		
偶尔吸烟	46	5.24±1.566		
不吸烟	565	5.33±1.626		
饮酒状况			0.754	0.451
饮酒	100	5.49±1.749		
不饮酒	618	5.36±1.586		
是否上网			10.793	0.000
上网	128	4.09±1.453		
不上网	590	5.66±1.502		

1. 吸烟状况与行为技巧干预需求

经常吸烟、偶尔吸烟与不吸烟的肺结核患者，对废弃物行为技巧干预的需求分数分别为 5.68±1.515、5.24±1.566 和 5.33±1.626。经检验，吸烟状况不同的肺结核患者，对废弃物行为技巧干预的需求无统计学差异（F=2.334，P=0.098）。

2. 饮酒状况与行为技巧干预需求

饮酒的肺结核患者对废弃物行为技巧干预的需求相对较高，需求分数为 5.49±1.749；而不饮酒的肺结核患者需求相对较低，需求分数为 5.36±1.586。经检验，饮酒状况不同的肺结核患者，对废弃物行为技巧干预的需求无统计学差异（T=0.754，P=0.451）。

3. 是否上网与行为技巧干预需求

不上网的肺结核患者对废弃物行为技巧干预的需求相对较高，需求分数为 5.66±1.502；上网的肺结核患者对废弃物行为技巧干预的需求相对较低，需求分数为 4.09±1.453。经检验，上网与不上网的肺结核患者，对废弃物行为技巧干预的需求不同，后者高于前者，差异有统计学意义(T=10.793，P=0.000)。

(四)其他特征与行为技巧干预需求

分析结果如表 5-16 所示：

表 5-16　　　患者其他特征与行为技巧干预需求的关系分析

项目	人数	分值	T/F 检验	P 值
健康教育			13.149	0.000
接受	484	4.88±1.440		
未接受	234	6.40±1.456		
督导与否			6.691	0.000
是	225	4.80±1.573		
否	493	5.64±1.557		

1.健康教育与行为技巧干预需求

未接受过健康教育的肺结核患者，对废弃物行为技巧干预的需求相对较高，需求分数为 6.40±1.456；而接受过健康教育的肺结核患者，对废弃物行为技巧干预的需求相对较低，需求分数为 4.88±1.440。经检验，接受与未接受过健康教育的肺结核患者，对废弃物行为技巧干预的需求不同，后者高于前者，差异有统计学意义(T=13.149，P=0.000)。

2.督导与否与行为技巧干预需求

在废弃物管理方面，有人对其进行督导的肺结核患者，对废弃物行为技巧干预的需求相对较低，需求分数为 4.80±1.573；而无人对其督导的肺结核患者，对废弃物行为技巧干预的需求相对较高，需求分数为 5.64±1.557。经检验，有人与无人督导的肺结核患者，对废弃物行为技巧干预的需求不同，后者高于前者，差异有统计学意义(T=6.691，P=0.000)。

二、多因素分析结果

(一)回归模型的构建

调查数据显示，肺结核患者对废弃物行为技巧干预需求分数的中位数为 5，由于目前缺乏相应的“金标准”，本研究将需求分数高于 5 界定为“高需求”，否则界定为“低需求”。以肺结核患者对废弃物行为技巧干预的需求为因变量，以单因素分析中差异有统计学意义的 10 个因素为自变量，建立二分类 logistic 回归模型，详见表 5-17。

表 5-17　　logistic 回归模型的变量及赋值

变量	赋值
因变量(需求水平)	0＝程度低；1＝程度高
婚姻状况	1＝已婚；2＝离异/丧偶；3＝未婚
职业类型	1＝农民；2＝其他
年龄	1＝10～24 岁；2＝25～39 岁；3＝40～54 岁；4＝55 岁及以上
受教育水平	1＝初中及以下；2＝高中/中专；3＝大专及以上
家庭年收入	1＝15000 元以下；2＝15000～30000 元；3＝30000 元及以上
家属中有无医务人员	1＝有；2＝无
上网与否	1＝上网；2＝不上网
是否接受健康教育	1＝接受；2＝未接受
督导与否	1＝无人督导；2＝有人督导

(二)回归结果分析

分析结果显示，与肺结核患者对废弃物行为技巧干预需求相关的因素有 4 个，分别为患者婚姻状况、年龄、受教育水平及健康教育，详见表 5-18。

表 5-18　　患者行为技巧干预需求的多因素分析结果

因素	*B*	S. E.	*OR*	95%CI 下限至上限	*P*
婚姻状况					0.000
未婚	1.475	0.507	4.373	1.617～11.823	0.004
已婚	1.907	0.379	6.735	3.201～14.168	0.000
农民	－0.547	0.409	0.579	0.260～1.290	0.181
年龄					0.005
10～24 岁	－0.849	0.618	0.428	0.128～1.436	0.169
25～39 岁	－1.414	0.398	0.243	0.111～0.531	0.000
40～54 岁	－0.198	0.226	0.820	0.527～1.277	0.381
受教育水平					0.121
初中及以下	1.466	0.719	4.331	1.059～17.715	0.041
高中	1.249	0.715	3.489	0.859～14.166	0.081
家庭年收入					0.977
15000 元以下	0.048	0.278	1.049	0.608～1.811	0.863
15000～30000 元	0.008	0.321	1.008	0.537～1.891	0.980
家属中有医务人员	－0.353	0.297	0.703	0.393～1.258	0.235
上网(以不上网为对照组)	－0.337	0.421	0.714	0.313～1.630	0.424

续表

因素	B	S. E.	OR	95%CI 下限至上限	P
接受健康教育	−1.691	0.214	0.184	0.121～0.280	0.000
督导管理	−0.172	0.202	0.842	0.567～1.250	0.393
常数	−2.088	0.906	0.124		0.021

1.患者婚姻状况与行为技巧干预需求

未婚(OR=4.743,P=0.004)及已婚(OR=6.735,P=0.000)的肺结核患者,与对照组即离异/丧偶的肺结核患者相比,对废弃物行为技巧干预的需求较高,差异有统计学意义。说明已婚的肺结核患者对行为技巧干预的需求最高,其次为未婚的患者。

2.年龄与行为技巧干预需求

25～39 岁的肺结核患者,与对照组即 55 岁及以上的肺结核患者相比,对废弃物行为技巧干预的需求较低,差异有统计学意义(OR=0.243,P=0.000)。

3.受教育水平与行为技巧需求

初中及以下文化水平的肺结核患者,与对照组即大专及以上文化水平的肺结核患者相比,对废弃物行为技巧干预的需求较高,差异有统计学意义(OR=4.331,P=0.041)。

4.健康教育与行为技巧干预需求

接受过健康教育的肺结核患者,与对照组即未接受过健康教育的肺结核患者相比,对废弃物行为技巧干预的需求较低,差异有统计学意义(OR=0.184,P=0.000)。

第四节　行为干预需求分析

一、行为干预需求的单因素分析

(一)社会人口学特征与行为干预需求

分析结果如表 5-19 所示:

表 5-19　　肺结核患者社会人口学特征与行为干预需求分析

项目	人数	分值	T/F 检验	P 值
性别			4.917	0.000
男性	504	3.30±0.935		

续表

项目	人数	分值	T/F 检验	P 值
女性	214	2.91±1.042		
治疗类型			2.765	0.006
初治	576	3.13±0.998		
复治	142	3.39±0.898		
菌痰化验结果			1.433	0.239
阳性	116	3.04±1.137		
阴性	242	3.20±0.940		
不知道	360	3.22±0.957		
婚姻状况			5.904	0.003
未婚	118	2.93±1.002		
已婚	550	3.21±0.983		
离异/丧偶	50	3.44±0.837		
职业类型			2.456	0.014
农民	662	3.21±0.971		
其他	56	2.88±1.080		
患者年龄			14.406	0.000
10～24 岁	69	2.77±0.987		
25～39 岁	81	2.73±1.162		
40～54 岁	139	3.17±0.990		
55 岁及以上	429	3.34±0.897		
受教育水平			15.216	0.000
初中及以下	581	3.27±0.946		
高中	94	2.91±1.012		
大专及以上	43	2.56±1.098		

1. 性别与行为干预需求

男性与女性的肺结核患者，对废弃物行为干预的需求分数分别为 3.30±0.935 和 2.91±1.042。经检验，性别不同的肺结核患者，对废弃物行为干预的需求也不同，前者高于后者，差异有统计学意义（$T=4.917$，$P=0.000$）。

2. 治疗类型与行为干预需求

初治与复治的肺结核患者，对废弃物行为干预的需求分数分别为 3.13±0.998 和 3.39±0.898。经检验，治疗类型不同的肺结核患者，对废弃物行为为干预的需求也不同,差异有统计学意义($T=2.765$,$P=0.006$)。

3. 菌痰化验结果与行为干预需求

菌痰化验结果阳性的肺结核患者,对废弃物行为干预的需求分数相对较低;而菌痰化验结果阴性及不清楚化验结果的肺结核患者需求分数均相对较高。经检验,菌痰化验结果不同的肺结核患者,对废弃物行为干预的需求并无统计学差异($F=1.433$,$P=0.239$)。

4. 婚姻状况与行为干预需求

离异/丧偶的肺结核患者对废弃物行为干预的需求最高,需求分数为 3.44±0.837;而未婚的肺结核患者对废弃物行为干预的需求最低,需求分数为 2.93±1.002。经检验,婚姻状况不同的肺结核患者,对废弃物行为干预的需求也不同,差异有统计学意义($F=5.904$,$P=0.003$)。

5. 职业类型与行为干预需求

职业为农民的肺结核患者对废弃物行为干预的需求最高,需求分数为 3.21±0.971;而其他职业的肺结核患者废弃物行为干预的需求分数为 2.88±1.080。经检验,职业类型不同的肺结核患者,对废弃物行为干预的需求也不同,差异有统计学意义($T=2.456$,$P=0.014$)。

6. 患者年龄与行为干预需求

55 岁及以上的肺结核患者对废弃物行为干预的需求最高,需求分数为 3.34±0.897;而 25～39 岁的肺结核患者对废弃物行为干预需求最低,需求分数为 2.73±1.162。经检验,不同年龄组的肺结核患者,对废弃物行为干预的需求也不同,差异有统计学意义($F=14.406$,$P=0.000$)。

7. 患者受教育水平与行为干预需求

受教育水平越高的肺结核患者对行为干预的需求越小,初中及以下文化水平的肺结核患者对废弃物行为干预的需求最高,需求分数为 3.27±0.946;而大专及以上文化水平的肺结核患者对废弃物行为干预的需求最低,需求分数为 2.56±1.098。经检验,受教育水平不同的肺结核患者,对废弃物行为干预的需求也不同,差异有统计学意义($F=15.216$,$P=0.000$)。

(二)家庭特征与行为干预需求

分析结果如表 5-20 所示:

表 5-20　　肺结核患者家庭特征与行为干预需求分析

项目	人数	分值	T/F 检验	P 值
家庭年收入			1.904	0.150
15000 元以下	471	3.22±0.953		

续表

项目	人数	分值	T/F 检验	P 值
15000～30000 元	137	3.04±1.114		
30000 元及以上	110	3.22±0.932		
有无债务			0.726	0.468
有债务	193	3.14±0.982		
无债务	525	3.20±0.985		
是否贫困户			0.957	0.339
是	86	3.28±1.048		
否	632	3.17±0.975		
家属中有无医务人员			1.862	0.063
有	77	2.99±1.153		
无	641	3.21±0.960		

1.家庭年收入与行为干预需求

15000～30000 元家庭年收入的肺结核患者需求最低，需求分数为 3.04±1.114；15000 元以下及 30000 元以上家庭年收入的肺结核患者需求相对较高。经检验，家庭年收入不同的肺结核患者，对废弃物行为干预的需求无统计学差异($F=1.904, P=0.150$)。

2.患者有无债务与行为干预需求

有债务与无债务的肺结核患者，对废弃物行为干预的需求分数分别为 3.14±0.982 和 3.20±0.985。经检验，债务情况不同的肺结核患者对废弃物行为干预的需求无统计学差异($T=0.726, P=0.468$)。

3.患者是否贫困户与行为干预需求

贫困户与非贫困户的肺结核患者，对废弃物行为干预的需求分数分别为 3.28±1.048 和 3.17±0.975。经检验，贫困户与非贫困户的肺结核患者对废弃物行为干预的需求无统计学差异($T=0.957, P=0.339$)。

4.家属中有无医务人员与行为干预需求

家属中有、无医务人员的肺结核患者，对废弃物行为干预的需求分数分别为 2.99±1.153 和 3.21±0.960。经检验，家属中有、无医务人员的肺结核患者对废弃物行为干预的需求无统计学差异($T=1.862, P=0.063$)。

(三)行为生活方式与行为干预需求

分析结果如表 5-21 所示：

表 5-21　　肺结核患者行为生活方式与行为干预需求分析

项目	人数	分值	T/F 检验	P 值
吸烟状况			4.338	0.013
经常吸烟	107	3.43±0.741		
偶尔吸烟	46	3.02±1.000		
不吸烟	565	3.15±1.016		
饮酒状况			1.603	0.109
饮酒	100	3.33±0.853		
不饮酒	618	3.16±1.002		
是否上网			6.046	0.000
上网	128	2.72±1.064		
不上网	590	3.28±0.936		

1. 吸烟状况与行为干预需求

经常吸烟、偶尔吸烟与不吸烟的肺结核患者，对废弃物行为干预的需求分数分别为 3.43±0.741、3.02±1.000 和 3.15±1.016。经检验，吸烟状况不同的肺结核患者，对废弃物行为干预的需求不同，差异有统计学意义（$F=4.338$，$P=0.013$）。

2. 饮酒状况与行为干预需求

饮酒的肺结核患者对废弃物行为干预的需求相对较高，需求分数为 3.33±0.853；而不饮酒的肺结核患者需求相对较低，需求分数为 3.16±1.002。经检验，饮酒状况不同的肺结核患者，对废弃物行为干预的需求无统计学差异（$T=1.603$，$P=0.109$）。

3. 是否上网与行为干预需求

不上网的肺结核患者对废弃物行为干预的需求相对较高，需求分数为 3.28±0.936；上网的肺结核患者对废弃物行为干预的需求相对较低，需求分数为 2.72±1.064。经检验，上网与不上网的肺结核患者，对废弃物行为干预的需求不同，后者高于前者，差异有统计学意义（$T=6.046$，$P=0.000$）。

（四）其他特征与行为干预需求

分析结果如表 5-22 所示：

表 5-22　　患者其他特征与行为干预需求的关系分析

项目	人数	分值	T/F 检验	P 值
健康教育			5.943	0.000
接受	484	3.05±1.057		
未接受	234	3.46±0.741		
督导与否			4.871	0.000
是	225	2.90±1.110		
否	493	3.31±0.892		
废弃物管理态度			7.308	0.000
积极	432	2.99±1.085		
消极	286	3.48±0.714		

1.健康教育与行为干预需求

未接受过健康教育的肺结核患者，对废弃物行为干预的需求相对较高，需求分数为 3.46±0.741；而接受过健康教育的肺结核患者，对废弃物行为干预的需求相对较低，需求分数为 3.05±1.057。经检验，接受与未接受过健康教育的肺结核患者，对废弃物行为干预的需求不同，后者高于前者，差异有统计学意义（T=5.943，P=0.000）。

2.督导与否与行为干预需求

在废弃物管理方面，有人对其进行督导的肺结核患者，对废弃物行为干预的需求相对较低，需求分数为 2.90±1.110；而无人对其督导的肺结核患者，对废弃物行为干预的需求相对较高，需求分数为 3.31±0.892。经检验，有人与无人督导的肺结核患者，对废弃物行为干预的需求不同，后者高于前者，差异有统计学意义（T=4.871，P=0.000）。

3.废弃物管理态度与行为干预需求

对废弃物管理持积极态度的肺结核患者，对废弃物行为干预的需求相对较低，需求分数为 2.99±1.085；而对废弃物管理持消极态度的肺结核患者，对废弃物行为干预的需求相对较高，需求分数为 3.48±0.714。经检验，对废弃物管理态度积极与消极的肺结核患者，对废弃物行为干预的需求不同，后者高于前者，差异有统计学意义（T=7.308，P=0.000）。

二、多因素分析结果

(一)回归模型的构建

调查数据显示，肺结核患者对废弃物行为干预需求分数的中位数为 3，由于目前缺乏相应的“金标准”，本研究将需求分数高于 3 界定为“高需求”，否则界定为“低需求”。以肺结核患者对废弃物行为干预的需求为因变量，以单因素分析中差异有统计学意义的 11 个因素为自变量，建立二分类 logistic 回归模型，详见表 5-23。

表 5-23　logistic 回归模型的变量及赋值

变量	赋值
因变量(需求水平)	0＝程度低;1＝程度高
性别	1＝男性;2＝女性
治疗类型	1＝初治;2＝复治
婚姻状况	1＝已婚;2＝离异/丧偶;3＝未婚
职业类型	1＝农民;2＝其他
年龄	1＝10～24 岁;2＝25～39 岁;3＝40～54 岁;4＝55 岁及以上
受教育水平	1＝初中及以下;2＝高中/中专;3＝大专及以上
吸烟状况	1＝经常吸烟;2＝偶尔吸烟;3＝不吸烟
是否上网	1＝上网;2＝不上网
是否接受健康教育	1＝接受;2＝未接受
督导与否	1＝无人督导;2＝有人督导
废弃物管理态度	1＝积极;2＝消极

(二)回归结果分析

分析结果显示，与肺结核患者对废弃物行为干预需求相关的因素有 5 个，分别为患者性别、治疗类型、健康教育、督导管理及对废弃物管理态度，详见表 5-24。

表 5-24　　患者行为干预需求的多因素分析结果

因素	B	S. E.	OR	95%CI 下限至上限	P 值
男性	0.940	0.195	2.559	1.746～3.752	0.000
初治	−0.562	0.207	0.570	0.380～0.855	0.007
婚姻状况					0.878
未婚	−0.162	0.446	0.851	0.355～2.037	0.716
已婚	−0.164	0.321	0.849	0.452～1.594	0.611
农民	0.053	0.346	1.054	0.535～2.077	0.879
年龄					0.884
10～24 岁	−0.299	0.556	0.742	0.250～2.203	0.591
25～39 岁	−0.282	0.358	0.754	0.374～1.520	0.430
40～54 岁	−0.028	0.214	0.972	0.640～1.478	0.895
受教育水平					0.800
初中及以下	0.094	0.504	1.098	0.409～2.951	0.852
高中	−0.097	0.503	0.907	0.338～2.431	0.846
吸烟状况					0.149
经常吸烟	0.012	0.234	1.012	0.640～1.600	0.959
偶尔吸烟	−0.668	0.349	0.513	0.259～1.015	0.055
上网(以不上网为对照组)	−0.529	0.381	0.589	0.279～1.243	0.165
接受健康教育	−0.469	0.188	0.626	0.433～0.903	0.012
督导管理	−0.415	0.188	0.661	0.457～0.955	0.027
管理态度积极	−0.517	0.172	0.596	0.425～0.836	0.003
常数	0.699	0.645	2.011		0.279

1. 患者性别与行为干预需求

男性肺结核患者与对照组相比，对废弃物行为干预的需求较高，差异有统计学意义(OR=2.559，P=0.000)。

2. 治疗类型与行为干预需求

初治肺结核患者与复治肺结核患者相比，对废弃物行为干预的需求较低，差异有统计学意义(OR=0.570，P=0.007)。

3. 健康教育与行为干预需求

接受过健康教育的肺结核患者，与对照组即未接受过健康教育的肺结核患者相比，对废弃物行为干预的需求较低，差异有统计学意义（$OR=0.626$，$P=0.012$）。

4. 督导管理与行为干预需求

在废弃物管理方面，有人对其进行督导管理肺结核患者，与对照组即无人对其进行督导管理肺结核患者相比，对废弃物行为干预的需求较低，差异有统计学意义（$OR=0.661$，$P=0.027$）。

5. 对废弃物管理态度与行为干预需求

对废弃物管理持积极态度的肺结核患者，与对照组即对废弃物管理持消极态度的患者相比，对废弃物行为干预的需求较低，差异有统计学意义（$OR=0.596$，$P=0.003$）。

第六章　IMB量表构建及干预需求研究总结

一、主要研究结果

(1)构建了IMB量表,量表包括4个维度及12个条目,分别为基本知识、废弃物分类知识、废弃物传染性知识、废弃物处置方式知识、废弃物管理态度、害怕程度、不随便扔弃废弃物、主动获取知识、与家人隔离、配备消毒设施、废弃物处置以及外出采取保护措施,共计29分。

(2)采用克朗巴赫α系数和分半信度检验IMB量表的信度,结果表明量表具有较好的信度。利用主成分分析法检验IMB量表的结构效度,共提取了4个公因子,分别命名为废弃物管理信息、废弃物管理动机、废弃物管理行为技巧以及废弃物管理行为,这与实际情况相符合,共解释了54.321%的变异,说明量表具有较好的效度。

(3)信息、动机、行为技巧和行为之间有路径效应,行为技巧对废弃物管理行为有直接效应,效应值为0.634;而信息和动机对行为技巧有直接效应,效应值分别为为0.332和0.471;信息和动机可以通过行为技巧对行为产生间接效应,效应值分别为0.210和0.299;但二者对废弃物管理行为均无直接效应。

(4)居家治疗的肺结核患者对废弃物危害干预的主观需求率为62.1%;客观需求调查结果显示,基于信息维度干预需求指数为63.0%,基于动机维度干预需求指数为56.3%,基于行为技巧维度的干预需求指数为53.8%,基于行为维度的干预需求指数为92.5%。

(5)在$\alpha=0.05$的显著水平上,与肺结核患者对废弃物危害干预有主观需求相关的因素为:菌痰化验结果、年龄、债务情况、健康教育、督导管理;与肺结核患者对废弃物危害干预无主观需求相关的因素为:年龄、债务情况。

(6)在信息维度上,与肺结核患者对废弃物危害干预的客观需求相关的因素有4个,分别为患者年龄、家庭年收入、健康教育、督导管理。即40～54岁($OR=0.574$,$P=0.011$)、15000元以下家庭年收入($OR=1.922$,$P=0.011$),

健康教育($OR=0.431, P=0.000$)、督导管理($OR=0.354, P=0.000$)。

(7)在动机维度上,与肺结核患者对废弃物危害干预客观需求相关的因素有 3 个,分别为吸烟状况、饮酒状况及健康教育。即经常吸烟($OR=4.286, P=0.000$)与偶尔吸烟($OR=3.751, P=0.000$)、饮酒($OR=4.036, P=0.000$)、健康教育($OR=0.100, P=0.000$)。

(8)在行为技巧维度上,与肺结核患者对废弃物危害干预的客观需求相关的因素有 4 个,分别为患者婚姻状况、年龄、受教育水平及健康教育。即未婚($OR=4.743, P=0.004$)及已婚($OR=6.735, P=0.000$)、年龄 25～39 岁($OR=0.243, P=0.000$)、初中及以下文化水平($OR=4.331, P=0.041$)、健康教育($OR=0.184, P=0.000$)。

(9)在行为维度上,与肺结核患者对废弃物危害干预的客观需求相关的因素有 5 个,分别为患者性别、治疗类型、健康教育、督导管理及对废弃物管理态度。即男性($OR=2.559, P=0.000$)、初治($OR=0.570, P=0.007$)、健康教育($OR=0.626, P=0.012$)、督导管理($OR=0.661, P=0.027$)、对废弃物管理持积极态度($OR=0.596, P=0.003$)。

二、结论和建议

1. 根据定性与定量分析,本研究得出若干结论如下:

(1)构建的 IMB 量表信效度较好,可加以推广使用。

(2)居家治疗的肺结核患者对废弃物危害干预的需求较高,并确定了在主观和客观上对干预有需求的重点人群。

(3)信息、动机、行为技巧与行为之间存在路径效应,可以通过对肺结核患者在信息、动机和行为技巧方面的干预,提高其对废弃物危害控制的水平。

2. 本研究提出以下政策建议和改进对策:

(1)应根据本研究确定的重点人群,常规干预与重点人群干预相结合,提高干预的效率。

(2)应以 IMB 理论为指导,提高居家治疗的肺结核患者对废弃物管理的信息、动机及行为技巧水平,从而达到提高其对废弃物管理水平的目的。

中篇

居家治疗肺结核患者废弃物管理现状研究

第七章　居家治疗肺结核患者废弃物管理现状研究概述

第一节　研究目的及意义

一、研究目的

本课题的研究背景在上篇中已详细介绍，此处不再赘述。本研究旨在了解居家治疗肺结核患者对废弃物的管理现状，从而为相关部门采取针对性的干预措施提供客观依据。具体目标为：

(1)了解居家治疗肺结核患者的基本特征。

(2)了解居家治疗肺结核患者对废弃物的管理现状、对相关知识的知晓情况、管理动机及行为技巧等。

(3)确定影响肺结核患者对废弃物的管理水平、信息、动机及行为技巧水平的主要因素。

(4)提出针对性的政策建议与措施，为相关部门采取干预措施提供依据。

二、研究意义

(一)研究的理论意义

目前无论是关于生活废弃物还是医疗废弃物管理的研究，大多以组织或机构作为研究对象，以个体为研究对象的较少。同时，居家治疗传染病患者废弃物目前处于“灰色地带”。这是因为生活废弃物虽可能携带有致病菌或病毒，但一般却没有传染性或传染性较小；医疗废弃物有大量的致病菌或病毒，致使其具有较强的传染性危害，但医疗废弃物大多存在于医疗卫生场所，以专门的机构管理为主。而居家治疗传染病患者废弃物既包括生活垃圾，也包括居家治疗过程中产生的医疗废弃物，因此具有较强的传染性，但以患者及家庭自我管理为主,可见居家治疗传染病患者废弃物不同于以上二者。因此,对居家治疗传染病患者废弃物的研究能够丰富废弃物管理科学,具有较高的理论意义。

(二)研究的实践意义

本研究致力于探索居家治疗肺结核患者对废弃物的管理水平、知识水平及动机,并明确对其造成影响的关键因素。这可以为相关部门采取针对性的干预措施提供客观依据,从而切断肺结核的传播途径,预防和控制结核病的传播。因此,本研究不仅具有较高的理论意义,更具有较高的实践意义。

第二节 研究的理论基础

任何行为的产生都是诸多因素共同作用的结果,是一个复杂的系统过程,行为一旦发生,将会产生或大或小、或好或坏的影响。因此,研究行为的影响固然重要,但确定行为产生的机制或路径则更具有现实意义。在进行相关研究之前,须对本研究的理论基础——行为产生理论、社会生态系统理论、KAP 模型等进行简单介绍,并分析这些理论或模型在本研究中的具体应用。

一、行为产生理论

行为是人的日常生活所表现出的一切动作,是人在外界环境影响下引起的内在生理、心理变化的外在反应,具有目的性、可调控性、差异性、可塑性和创造性等特点。

行为产生的机理:当一个人产生某种需要尚未得到满足时,就会处于一种紧张不安的心理状态中,此时若受到外界环境条件的刺激,就会引起寻求满足的动机。在动机的驱使下,产生满足需要的行为,向着能够满足需要的目标进行。当他的行为达到目标时,需要就得到了满足,紧张不安的心理状态就会消除,这时又会有新的需要和刺激,引起新的动机,产生新的行为。详见图 7-1。

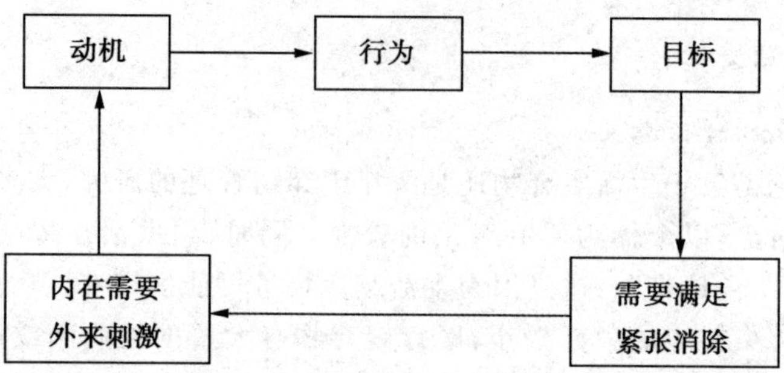

图 7-1 行为产生机理示意图

目前，关于行为产生与改变的理论较多，本书将对这些理论进行简单介绍，具体如下。

（一）需要理论

所谓需要，是指人们对某种目标的渴求或欲望，内在需要是行为产生的根本动力，人的需要具有多层次性。马斯洛据此提出了著名的“需要层次论”，他认为人类的发展和需要的满足密不可分，人类的需要划分为五个层次，并认为人类的需要是以层次的形式出现的，按照其重要性和先后顺序，由低级到高级呈梯状排列，即生理需要—安全需要—社交需要—尊重需要—自我实现的需要。

（二）动机理论

所谓动机是指人们为了某种需要，在外来刺激的作用下而进行活动的意念和想法，动机是行为产生的直接动力。一般来说，人的行为是在某种动机的驱使下达到某一目标的过程。

（三）认知、态度理论

该理论认为行为是在态度的基础上产生的，态度不同，产生的行为也将不同。同时，认知通过对态度的影响，也间接影响到行为的发生；反过来，行为也对人的认知和态度产生影响。

本研究借鉴以上行为产生的理论，主要应用认知、态度理论，探讨肺结核患者废弃物管理行为产生的路径和影响因素。

二、社会生态系统理论

社会生态系统理论由美国学者查尔斯·扎斯特罗所创立，该理论重点研究个体与环境的相互作用，强调个体存在于相互影响的一系列环境系统中，这些系统与个体相互作用，并影响着个体的行为。具体而言，这种社会生态系统按对个体影响程度的大小分为三个类型：微观系统、中观系统和宏观系统。其中，微观系统即个体系统，包括社会、心理以及其他子系统；中观系统是指对个人有影响的小群体，包括家庭、单位等社会群体；宏观系统是相对中观系统更大的一些社会系统，包括组织、社区和社会文化等。在整个社会生态系统中，个体行为不仅由自身特征所决定，同时还要受到中观和宏观系统的影响，反之亦然。目前，社会生态系统理论被广泛应用于社会学领域，但在医疗卫生领域的应用较少。

不同于一般系统论的抽象性，社会生态系统理论作为社会工作的重要理论基础，更注重解决实际问题。因此，本研究将其应用于肺结核患者废弃物管理行为的研究中。肺结核患者也存在于一系列社会系统中，其本身即微观系统，同时受到家庭、单位等中观系统的影响，也受到社区、组织和文化等宏观系统的影响。也就是说，居家治疗肺结核患者废弃物管理行为受到自身职业、性别、年龄、收入水平、婚姻状况以及行为生活习惯等因素的影响，同时也受到社会支持以及文化氛围等因素的影响。因此，本研究在构建肺结核患者废弃物管理行为决定模型时，从一般性因素、行为生活方式、家庭因素、生活状态等方面进行分析。

三、KAP理论模型

KAP（或KABP，即Knowledge，Attitude，Belief，Practice）模型，即知、信、行理论模型，该模型由美国学者所创，该理论认为行为改变是目的，为实现这一目的，必须有相关知识为基础，有积极的态度和正确的信念为动力。知识是行为改变的必要条件，但是却不是充分条件，信念（态度）反映行为倾向性，要改变行为需先转变态度及信念。

良好的废弃物管理行为的形成，也必须以充分的知识为基础，以正确的信念和积极的态度为动力。因此，本研究构建了废弃物管理KAP量表，并以此量表为调查工具来收集相关资料；在此基础上，验证了知识、态度及行为的因果关系，并确认了影响肺结核患者废弃物管理行为、态度及知识的关键因素。

第三节　资料来源与方法

一、资料来源

本研究的资料分为常规资料以及现场调查的资料，其来源分述如下：

（一）常规资料的来源

统计资料：来源于《山东省统计年鉴2014》《山东省卫生统计年鉴2014》及山东省统计信息网、山东省和样本地区结核病防治规划实施报表等。

文献资料：利用中国期刊全文数据库、中文科技期刊数据库和万方数据库等数据库，以“废弃物”“生活废弃物”“生活垃圾”“医疗废弃物”“处置行为”“管理行为”等词语为关键词进行检索；通过PubMed以及United Nations、Google等官方网站和搜索工具，以检索研究相关的国外文献资料。

(二)现场调查资料的来源

关于研究现场的选择、调查对象的确定和质量的控制,上篇中已详细介绍,此处不再赘述。下面笔者简要介绍一下本研究的调查工具和内容。

本研究的研究方法以定量调查为主,研究所采用的调查工具包括肺结核患者基本资料问卷、肺结核患者废弃物管理IMB量表等。

(1)肺结核患者基本资料问卷:此问卷主要收集肺结核患者社会人口学特征、行为生活方式资料等。其中,社会人口学资料主要包括居住地、性别、年龄、文化程度、职业、性格类型、婚姻状况、收入水平以及医疗保障情况等;生活方式资料包括患者的吸烟、饮酒、体育锻炼、睡眠以及网络利用等情况。

(2)肺结核患者废弃物管理现状调查量表:量表的主要内容包括:肺结核患者对废弃物相关知识的知晓情况、对废弃物进行管理的态度、废弃物的管理行为等。该量表测量条目的设计是以KAP理论及IMB理论模型为基础的,主要测量项目集中在知识、动机、行为技巧和废弃物管理行为四个方面。

二、资料分析方法

(一)一般描述性分析

主要用来描述肺结核患者的基本特征以及对废弃物的管理情况等。前者主要分析社会人口学特征、家庭因素、行为生活方式以及其他一些因素等;后者主要描述肺结核患者对废弃物的管理水平、知识水平及动机等。对于数值变量,如服从正态分布则采用均数进行描述,如不服从正态分布则采用中位数进行描述;对于分类变量,采用率或构成比进行描述。

(二)单因素分析

为探讨样本人群的基本特征与废弃物管理知识、动机和行为的关系,首先进行单因素分析,该部分统计分析方法包括χ^2检验 T/F 检验等。

(三)多因素分析

本研究对单因素分析结果中有显著水平的因素,进一步进行多因素logistic回归分析,分别建立这些因素与肺结核患者对废弃物管理知识、动机以及行为水平的回归模型。

以上分析过程均在统计软件SPSS17.0上进行。

三、研究技术路线

本研究的技术路线如图7-2所示。

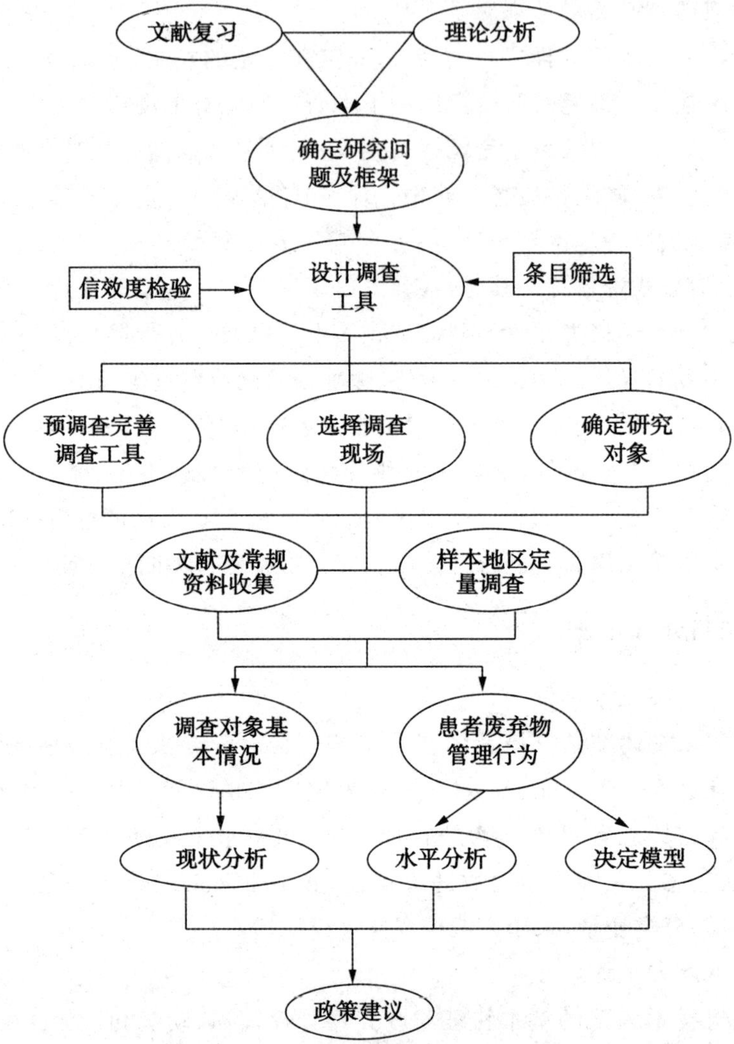

图 7-2 研究技术路线图

第四节 变量及概念界定

废弃物:本研究选择居家治疗肺结核患者产生的典型的生活废弃物、医疗废弃物以及排出物为研究对象。废弃物也因此被定义为:肺结核患者患病期间使用或接触的生活用品(痰盂、衣物、餐具、被褥、毛巾、口罩以及手帕等)、医疗废弃物(药品包装、注射器和输液器等)以及患者排出的痰液等。

废弃物处置的正确方法:痰盂中放置酒精、含氯消毒液或石灰,有条件的可以加盖处理；被褥、衣物采取暴晒处理；餐具采取熏蒸、清理处理；医疗废弃物交还给医疗机构或者专门处理机构进行消毒毁型；纸巾、一次性口罩等无利用价值的可燃性废弃物的正确处理方式为焚烧。

活动性肺结核：指痰涂片阳性者，证明有结核分枝杆菌排出，病灶属于活动期，胸片上常有斑片状阴影或是结核空洞，或者播散病灶，说明结核分枝杆菌繁殖活跃，毒力强。

第八章 国内外相关研究进展

本书的研究重点是居家治疗肺结核患者管理行为及影响因素，而目前这一领域的研究较少。因此本书从生活废弃物管理、医疗废弃物管理、患者对医疗废弃物或生活垃圾的管理以及肺结核防治知信行研究等四个方面阐述国内外的研究现状，以期达到“他山之石，可以攻玉”的效果。

一、国内外相关研究进展

（一）生活废弃物管理的相关研究

刘静对生活塑料废弃物的危害进行了论述，并对其管理政策进行了评估。结果表明，上海市基于生产者责任的废弃物管理公共政策是有效的，但同时效果也是有限的。杨凯、焦志延分别介绍了英国废弃物管理的战略框架、德国废弃物管理的经验。杨凯等人分析了城市生活废弃物环境管理的国际趋势，并构建了包装废弃物减量及回收体系。文建军等人对城区居民对生活垃圾收集的认知水平进行了调查，调查结果显示，居民整体认知水平较高，年龄段较低、人均收入在中等以上而且文化水平相对较高的居民愿意参加生活垃圾的分类收集。

周非对城市垃圾处理体系的综合评价方法进行了探索，对城市垃圾处理的四个阶段（投入、收集、运输和处置），从环境、经济、管理和社会等多个方面，采用层次分析法和生命周期评价法进行评价，并将此理论框架应用于实践。Karagiannidis 等采用 ELECTRE Ⅲ 方法对雅典地区的 5 种生活垃圾处理方案进行甄选，所使用的评价指标体系包含环境影响、环境政策、经济效益、技术和资源保护 5 个维度，共计 24 个指标。Kapepula 等采用 PROMETHEE 方法对达卡市 9 个区域废物管理的优劣进行排序，所使用的评价指标体系包含废物产生、废物收集和废物处理 3 个维度，共计 9 个指标。层次分析法也常被用于生活垃圾处理方案的选择。

张韦倩等人回顾了 2003～2010 年国内外各大城市垃圾管理体系生命周期

评价结果,比较了不同管理体系对全球变暖潜力、酸化潜力和净化能源效用的影响因子的大小,从而比较各管理体系的优劣。徐成、陶华、韦保仁等也采用了生命周期评价法进行了类似的研究。

严刚根据优化管理模型的程序结构,以经费投入最小为目标,运用线性规划方法,在垃圾处理的约束条件下,构建了模型方程,从而求出城市垃圾处理的最优方案。Clark 将线性方程运用到城市垃圾的管理,并将固定支出运用到混合整数线性方程中。Kuhner 将 MILP 模型应用到城市垃圾管理的动态投资模型中。Chapman 构造了一个定量模型,用线性方程方法确定废物处理设备的地点和规模,并评估了决策造成的影响。E. Daskalopoulos 从环境与经济两个角度,以经济投入最小、综合效益最大为目标,从 8 种城市垃圾处理方式中选择出最优方案。

(二)医疗废弃物管理相关研究

医疗废弃物是指医疗卫生机构在医疗、预防、保健以及其他相关活动中产生的具有直接或间接感染性、毒性以及其他危害性的废物。在国外,医疗废弃物被视为“顶级危险”和“致命杀手”。国内外理论界众多学者也阐述了医疗废弃物管理的重要性。例如,Blenkharn 认为医疗废弃物管理极其重要,护理时需要处理医疗废弃物,保护周围环境不被污染,并确定接触者的安全,使致病菌不以传染链的形式传染出去。徐洋认为医疗机构应建立相关的制度以加强法制管理,加强医务人员的职业道德教育;同时也要加强对医疗废弃物的消毒无害化处理和一次性医疗用品的管理。张慧依认为加强对医疗废弃物的收集、运输、储存和交接过程的监管,是做好医疗废弃物管理工作的关键。本书将从医疗废弃物管理现状的调查和对策、医疗废弃物管理的综合评价等两个方面进行综述。

1. 医疗废弃物管理现状的调查和对策研究

周宏东对浦东新区医疗废弃物管理现状进行了调查。调查结果显示,医务人员对医疗废弃物管理法律法规知识的知晓率为 81.6%,分类知识知晓率为 79%,操作要求知晓率为 95.1%;大多数医疗机构分类执行情况较好,但一次性利器盒使用率较低,仅为 38%。

张浩军等人通过问卷调查的方式,对甘肃省 47 所医疗机构进行了调查,调查内容为医疗废弃物的管理现状。结果显示,虽然所有医疗机构均制定了相关管理条例,但仅有 36.1%的机构能够规范执行;36 所医疗机构采用焚烧方式处理医疗废物,但仅有 8 所医疗机构配备了专用焚烧炉。

杨璐对安徽省各级医疗机构医疗废弃物管理情况进行了调查;潘根全对嘉兴市医疗废弃物处置现状进行了分析,并提出了相应的管理对策;盖若琰对滨州市医疗废弃物的管理情况进行了调查。

冯科民分析了医疗机构医疗废弃物管理中存在的问题，并提出了相应的对策；华洁介绍了医疗废弃物的现状以及管理策略；王显碧分析了基层医院医疗废弃物的管理策略。

熊雅等人采用PDCA循环法规范医疗废弃物的管理，护士的环境意识、法律意识、自我保护意识提高，刺伤发生率显著下降，医院感染发生率也随之显著下降。郁小红等人尝试将PDCA循环法应用于疗养院医疗废弃物的管理，实践证明，PDCA循环法能够细化医疗废弃物管理的各个环节，有助于改善处置水平。丁光超采用物联网技术构建医院医疗废弃物管理系统，从而实现了医疗废弃物的通道全程跟踪管理。

李慧娟等人选取980位来自各层次医疗机构的医务人员为调查对象，调查其对医疗废弃物管理的认知和态度。结果显示，不同科室医务人员对于医疗废弃物的一般知识的认知以及对医疗废弃物管理的态度有显著性差异，受教育程度、所属医疗机构级别是影响其对医疗废弃物管理知晓率的重要因素。周丽萍对院前急救人员医疗废弃物处置认知情况进行了调查。调查结果显示，应增加设施，加强相关知识培训，使院前急救人员充分认识到规范收集、分类处理医疗废弃物的重要性。

2.关于医疗废弃物处置水平评价的研究

邓乔丹对医疗废弃物和健康管理现状进行了分析，发现国内外关于医疗废弃物管理评价的研究较少，且评价标准不够精确，尚未形成完善的管理评价体系。徐庆华构建了医疗废弃物管理综合评价指标体系，共包含设置监控部门和人员以及规范处置医疗废弃物等9项综合性指标，并采用层次分析法确定了各指标的权重系数。邓乔丹对广东省部分医院医疗废弃物处置水平进行了调查，并尝试采用模糊综合评价法对医疗废弃物质量管理进行综合评价。

(三)患者对医疗废弃物或生活垃圾的管理

张鹤等人对糖尿病患者居家医疗废弃物的处理现状进行了调查。调查结果显示，927例患者中将医疗废弃物直接混入生活垃圾的占96.47%，仅有3.5%的患者将医疗废弃物放入容器并加盖处理，但最终也混入生活垃圾。陈晓琴等人对临安市100例糖尿病患者居家注射胰岛素废弃针头的管理情况进行了调查。高裕慧等人通过发放自制的问卷，对居家治疗的120例糖尿病患者进行调查，调查内容主要是患者对医疗废弃物的认知及处理方法，并通过跟踪指导，使得患者对废弃物的认知水平大大提高。王玲对糖尿病患者利器类医疗废弃物的自身管理情况进行了相关研究。

张海燕等人对腹膜透析患者居家医疗废弃物处置情况进行了调查，刘昶等人将吉林省腹膜透析患者居家医疗废弃物处置情况与美国进行了比较，李俐琳对现代辅助生育治疗患者居家注射后一次性预灌式注射器的处置方式进行了调查。

于小龙借助 KAP 模型对山东省居家治疗肺结核患者对痰液处置知识的知晓情况、态度以及处置行为进行了回顾性调查。夏体梦、杨亚静、张永强、张天豪等人也分别对居家治疗肺结核患者对痰液的处置情况进行了相关研究。

李珍等人对临沂市 309 例居家治疗肺结核患者进行了问卷调查。调查结果显示，患者对痰液、输液器和注射器等废弃物的实际处置办法与认为正确的处置办法之间有统计学差异，前者正确处置率明显低于后者，其原因是受到经济、环境等因素的影响。

魏萱等人对 716 例居家治疗农村肺结核患者进行调查，旨在了解其对生活废弃物的认知现状及影响因素。结果表明，患者对废弃物的认知合格率为 49.16%，上网状况、年龄、是否督导、处置态度是影响肺结核患者对生活废弃物认知程度的主要因素。

汪心海等人采用自制的问卷，对 720 例居家治疗肺结核患者进行调查。结果显示，仅 19.6%的肺结核患者能对生活废弃物正确处置；logistic 回归分析结果表明，患者对生活废弃物处置和督导的态度、督导与否是影响肺结核患者对生活废弃物处置方式的主要因素。梅林等人也进行了相似的研究。

另外，张明梅对居家化疗的肺结核患者的宣教和护理干预进行了研究，周梦雯对肺结核患者密切接触者患病情况进行了调查，这些研究也均涉及患者对生活废弃物的管理。

（四）疾病防治知信行研究

曹燕竹通过对耐多药肺结核患者实施集中收治知信行干预管理，大多数患者改掉了以往随地吐痰以及其他不利于康复的习惯，没有发生交叉感染的情况，有效控制了肺结核的传播。李小宁等人选取江苏省 3170 位 65 岁以下的农村居民为调查对象，调查其对肺结核防治知信行情况，并在此基础上分析了影响肺结核防治知信行的主要因素。结果显示，居民的文化水平、经济地位是影响肺结核防治知信行的主要因素。王维维选择 1070 名大学生作为调查对象，应用自行编制的“大学生肺结核知—信—行问卷”进行调查。调查结果显示，大学生肺结核知识总知晓率为 68.2%，单一知识知晓率为 53.7%～85.5%，；专业、父母文化程度、家庭经济水平、是否接受过结核病健康教育等是影响大学生肺结核知—信—行总得分的主要因素。

赵晓燕等人利用循证医学的方法探索认知行为干预对糖尿病患者身心健康的影响。研究结果显示，认知行为干预可以降低 SDS 评分，也可以降低患者糖化血红蛋白值。申娟茹等人对 92 例妊娠糖尿病患者进行认知干预，然后采用焦虑抑郁量表测量干预前后患者得分情况。结果显示，认知干预前后患者焦虑、抑郁等负性情绪的检出率显著下降，同时也可以显著降低患者血糖水平。

董莹等在云南省农村调查发现，虽然进行了认知干预，当地居民对疟疾防治的知识知晓率以及行为正确率仍处于较低水平。孙伟等在湖北省的调查结果显示，性别、年龄、地区是影响疟疾知识知晓率的主要因素。王丽丽对疟疾知信行现状及影响因素的研究进行了综述。她认为知识、态度和行为三者之间相互作用，知识决定态度，行为以态度为动力，以知识为基础，同时疟疾防治行为又可以促使知识和信息的收集。

二、研究存在的不足之处

通过对相关研究进展的综述，我们可以从中加以借鉴，但目前关于肺结核患者废弃物自我管理行为的研究尚存在以下不足之处：

一是目前的研究不够系统。目前关于肺结核患者废弃物自我管理行为的研究，多以痰液或其他某单一废弃物为研究对象，没有形成统一的体系，故研究不够系统。

二是目前的研究深度不够。目前关于肺结核患者废弃物自我管理行为的研究，多以现状调查为主，只是“知其然”，而不能“知其所以然”，没有进一步探索管理行为产生的根源，故研究深度略显不足。

三是研究所使用的工具值得商榷。目前关于肺结核患者废弃物自我管理行为的研究，多以自行设计的量表作为调查工具，但是却没有对量表进行信度、效度的检验，而是直接应用于实践，故研究所使用的工具值得商榷。

第九章　患者信息水平分析

第一节　患者信息知晓水平分析

根据经典的IMB理论模型以及本研究的实证结果，掌握足够的信息是行为发生改变的基础，信息水平不仅可以通过行为技巧对行为产生间接影响，而且在有些情况下可以直接对行为产生影响。因此，了解肺结核患者对废弃物管理相关信息的知晓情况，并确定主要影响因素，对于控制废弃物的危害以及肺结核疾病的蔓延具有十分重要的意义。

本次调查结果显示，样本人群信息水平较低，分数为2.54±1.428，现对影响肺结核患者信息水平的关键因素进行分析。

一、单因素分析结果

(一)社会人口学特征与信息水平

分析结果如表9-1所示：

表9-1　　肺结核患者社会人口学特征与信息水平分析

项目	人数	分值	T/F检验	P值
性别			0.459	0.646
男性	504	2.55±1.395		
女性	214	2.50±1.507		
治疗类型			0.633	0.527
初治	576	2.52±1.437		
复治	142	2.61±1.394		
菌痰化验结果			2.100	0.123

续表

项目	人数	分值	T/F 检验	P 值
阳性	116	2.32±1.536		
阴性	242	2.65±1.401		
不知道	360	2.53±1.406		
婚姻状况			0.394	0.674
未婚	118	2.59±1.434		
已婚	550	2.54±1.429		
离异/丧偶	50	2.38±1.427		
职业类型			0.108	0.914
农民	662	2.54±1.435		
其他	56	2.52±1.362		
患者年龄(岁)			5.795	0.001
10～24 岁	69	2.57±1.323		
25～39 岁	81	2.93±1.626		
40～54 岁	139	2.81±1.432		
55 岁及以上	429	2.37±1.379		
受教育水平			0.967	0.381
初中及以下	581	2.51±1.428		
高中	94	2.72±1.455		
大专及以上	43	2.44±1.368		

1. 性别与信息水平

女性肺结核患者对废弃物相关信息的知晓情况较差，信息水平分数为 2.50±1.507；男性肺结核患者信息水平相对较高，分数为 2.55±1.395。但检验结果显示，性别不同的肺结核患者，信息水平差异无统计学意义（T=0.459，P=0.646）。

2. 治疗类型与信息水平

初治肺结核患者对废弃物相关信息的知晓情况较差，信息水平分数为 2.52±1.437；复治肺结核患者信息水平则相对较高，分数为 2.61±1.394。但检验结果显示，治疗类型不同的肺结核患者，信息水平差异无统计学意义（T=0.633，P=0.527）。

3. 菌痰化验结果与信息水平

菌痰化验结果阴性的肺结核患者，对废弃物相关信息的知晓情况相对较好，信息水平分数为 2.65±1.401；其次为不清楚自己菌痰化验结果的肺结核患者；而菌痰化验结果阳性的肺结核患者，信息水平则最低，分数为 2.32±1.536（见图 9-1）。但检验结果显示，菌痰化验结果不同的肺结核患者，信息水平差异无统计学意义（$F=2.100$，$P=0.123$）。

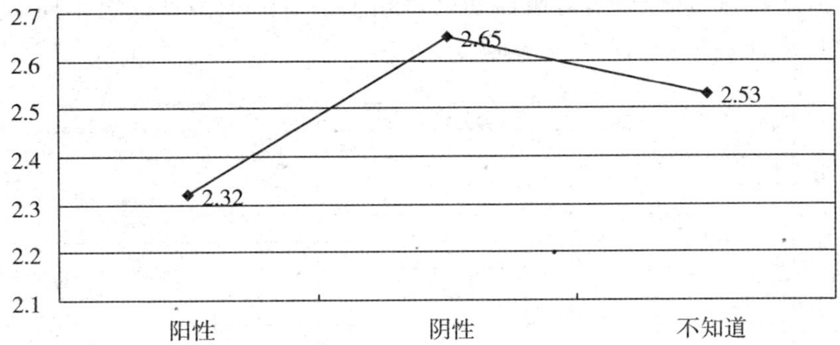

图 9-1　菌痰化验结果与信息水平

4. 婚姻状况与信息水平

未婚的肺结核患者对废弃物相关信息的知晓情况相对较好，信息水平分数为 2.59±1.434；其次为已婚的肺结核患者，分数为 2.54±1.429；而离异/丧偶的肺结核患者信息水平相对较低，分数为 2.38±1.427（见图 9-2）。经检验，婚姻状况不同的肺结核患者，信息水平差异无统计学意义（$F=0.394$，$P=0.674$）。

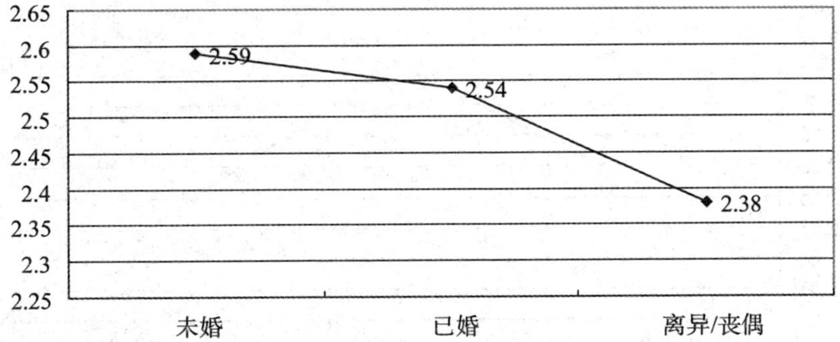

图 9-2　婚姻状况与信息水平

5. 职业类型与信息水平

职业类型为农民的肺结核患者与其他职业类型的肺结核患者相比，对废弃物相关信息的知晓情况相对较好，前者信息水平分值为 2.54±1.435，而后者分值为 2.52±1.362。但检验结果显示，职业类型不同的肺结核患者，信息水平差异无统计学意义(T=0.108，P=0.914)。

6. 患者年龄与信息水平

25～39 岁年龄组的肺结核患者，对废弃物相关信息的知晓情况相对较好，信息水平分数为 2.93±1.626；其次为 40～54 岁年龄组的肺结核患者；而 55 岁及以上的肺结核患者信息水平最低，分数为 2.37±1.379(见图 9-3)。经检验，不同年龄组的肺结核患者，对废弃物管理相关信息的知晓情况也不同，差异有统计学意义(F=5.795，P=0.001)。

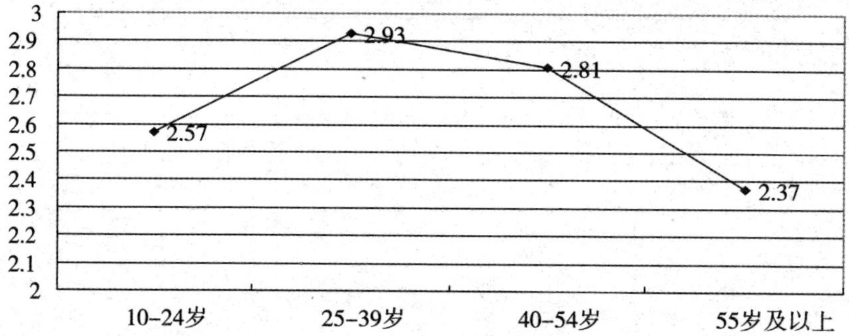

图 9-3 患者年龄与信息水平

7. 受教育水平与信息水平

大专及以上文化水平的肺结核患者信息水平最低，分数为 2.44±1.368；而高中文化水平的肺结核患者对废弃物相关信息的知晓情况相对较好，信息水平分数为 2.72±1.455(见图 9-4)。但检验结果显示，受教育水平不同的肺结核患者，信息水平差异无统计学意义(F=0.967，P=0.381)。

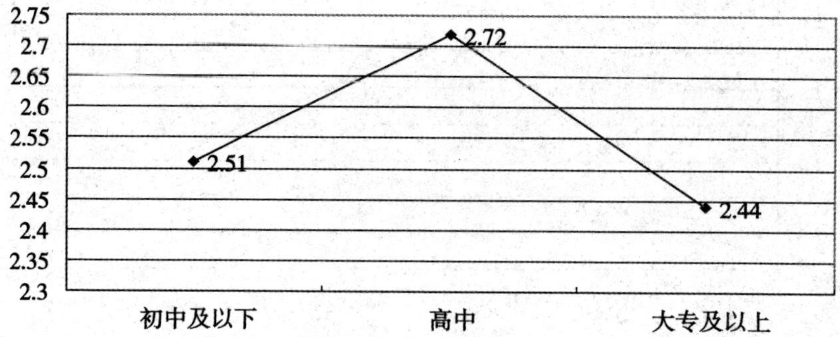

图 9-4 受教育水平与信息水平

(二)家庭特征与信息水平

分析结果如表 9-2 所示：

表 9-2　　肺结核患者家庭特征与信息水平分析

项目	人数	分值	T/F 检验	P 值
家庭年收入			1.504	0.223
15000 元以下	471	2.50±1.445		
15000～30000 元	137	2.49±1.486		
30000 元及以上	110	2.75±1.265		
有无债务			2.082	0.038
有债务	193	2.72±1.519		
无债务	525	2.47±1.389		
是否贫困户			1.512	0.131
是	86	2.76±1.354		
否	632	2.51±1.436		
家属中有无医务人员			0.878	0.380
有	77	2.40±1.462		
无	641	2.55±1.424		

1. 家庭年收入与信息水平

15000～30000 元家庭年收入的肺结核患者，对废弃物相关信息的知晓情况较差，信息水平分数为 2.49±1.486，而 30000 元以上家庭年收入的肺结核患者信息水平最高，分数为 2.75±1.265(见图 9-5)。检验结果显示，家庭年收入不同的肺结核患者，对废弃物相关信息的知晓情况无统计学差异($F=1.504$，$P=0.223$)。

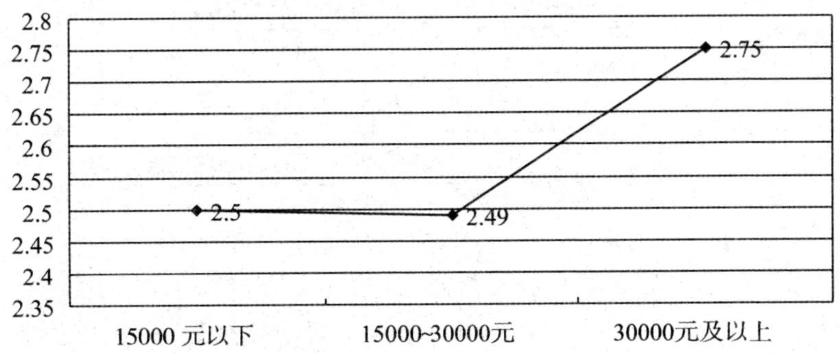

图 9-5　家庭年收入与信息水平

2. 债务情况与信息水平

有债务的肺结核患者对废弃物相关信息的知晓情况相对较好，信息水平分值为 2.72±1.519；而无债务的肺结核患者信息水平较低，分值为 2.47±1.389。检验结果显示，不同债务情况的肺结核患者，对废弃物相关信息的知晓情况也不同，差异有统计学意义（$T=2.082$，$P=0.038$）。

3. 是否贫困户与信息水平

贫困户的肺结核患者对废弃物相关信息的知晓情况相对较好，信息水平分数为 2.76±1.354；而非贫困户的肺结核患者信息水平较低，分值为 2.51±1.436。检验结果显示，贫困户与非贫困户的肺结核患者，信息水平差异无统计学意义（$T=1.512$，$P=0.131$）。

4. 家属中有无医务人员与信息水平

家属中有、无医务人员的肺结核患者，信息水平分数分布为 2.40±1.462 和 2.55±1.424，检验结果显示，家属中有、无医务人员的肺结核患者，信息水平差异无统计学意义（$T=0.878$，$P=0.380$）。

（三）行为生活方式与信息水平

分析结果如表 9-3 所示：

表 9-3 肺结核患者行为生活方式与信息水平分析

项目	人数	分值	T/F 检验	P 值
吸烟状况			0.082	0.921
经常吸烟	107	2.49±1.376		
偶尔吸烟	46	2.54±1.545		
不吸烟	565	2.55±1.430		
饮酒状况			1.796	0.073
饮酒	100	2.30±1.460		
不饮酒	618	2.58±1.420		
是否上网			1.928	0.054
上网	128	2.76±1.478		
不上网	590	2.49±1.414		

1. 吸烟状况与信息水平

不吸烟的肺结核患者信息水平最高，分数为 2.55±1.430；其次为偶尔吸烟的肺结核患者，分数为 2.54±1.545；而经常吸烟的肺结核患者信息水平最低，分数为 2.49±1.376（见图 9-6）。但检验结果显示，吸烟状况不同的肺结核患者，信息水平差异无统计学意义（$F=0.082$，$P=0.921$）。

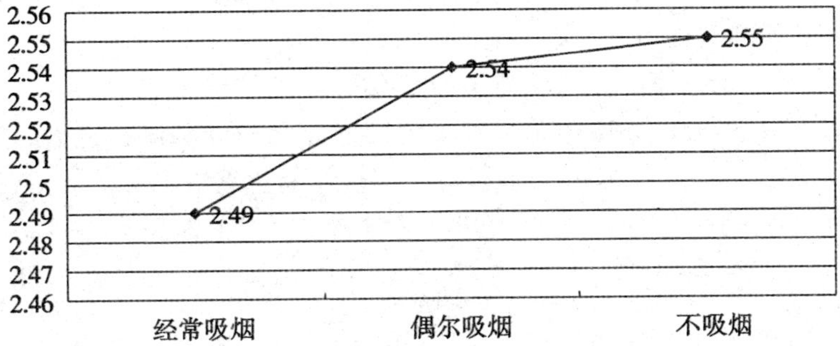

图 9-6　吸烟状况与信息水平

2. 饮酒状况与信息水平

不饮酒的肺结核患者信息水平相对较高，分数为 2.58±1.420；而饮酒的肺结核患者信息水平较低，分数为 2.30±1.460。但检验结果显示，饮酒与不饮酒的肺结核患者，信息水平差异无统计学意义(T=1.796，P=0.073)。

3. 是否上网与信息水平

上网的肺结核患者信息水平相对较高，分数为 2.76±1.478；不上网的肺结核患者患者信息水平相对较低，分数为 2.49±1.414。检验结果显示，上网与不上网的肺结核患者，对废弃物相关信息的知晓情况无统计学差异(T=1.928，P=0.054)。

(四)其他特征与信息水平

分析结果如表 9-4 所示：

表 9-4　　患者其他特征与信息水平的关系分析

项目	人数	分值	T/F 检验	P 值
健康教育			5.151	0.000
接受	484	2.73±1.404		
未接受	234	2.15±1.402		
督导与否			4.261	0.000
是	225	2.86±1.351		
否	493	2.39±1.439		

1. 健康教育与信息水平

接受过健康教育的肺结核患者，信息水平相对较高，分数为 2.73±1.404；而未接受过健康教育的肺结核患者，信息水平相对较低，分数为 2.15±1.402。检验结果显示，接受过健康教育的肺结核患者与未接受过健康教育的患者，信息水平不同，前者高于后者，差异有统计学意义（$T=5.151$，$P=0.000$）。

2. 督导管理与信息水平

在废弃物管理方面，有人对其进行督导管理的肺结核患者，信息水平相对较高，分数为2.86±1.351；而无人对其进行督导管理的肺结核患者，信息水平相对较低，分数为2.39±1.439。检验结果显示，有人督导与无人督导的肺结核患者，信息水平不同，前者高于后者，差异有统计学意义（$T=4.261$，$P=0.000$）。

二、多因素分析结果

（一）回归模型的构建

调查数据显示，肺结核患者信息水平分数的中位数为2，由于目前缺乏相应的“金标准”，因此，本研究将分数大于2的界定为信息水平高，否则界定为信息水平低。以肺结核患者信息水平为因变量，以单因素分析中差异有统计学意义的4个因素为自变量，即债务情况、年龄、健康教育及督导管理，分别编码为X_1～X_4，建立二分类logistic回归模型，详见表9-5。

表9-5　logistic回归模型的变量及赋值

变量	赋值
因变量（信息水平）	0=程度低；1=程度高
债务情况（X_1）	1=有债务；2=无债务
年龄（X_2）	1=10～24岁；2=25～39岁；3=40～54岁；4=55岁及以上
健康教育（X_3）	1=接受；2=未接受
督导管理（X_4）	1=无人督导；2=有人督导

（二）回归结果分析

分析结果显示，与肺结核患者信息水平相关的因素有两个，分别为健康教育及督导管理，详见表9-6。

表9-6　肺结核患者信息水平的多因素分析结果

因素	*B*	S. E.	*OR*	95%CI 下限至上限	*P*值
年龄					0.325
10～24岁	0.073	0.270	1.076	0.633～1.828	0.787
25～39岁	0.351	0.251	1.420	0.869～2.322	0.162

续表

因素	B	S. E.	OR	95%CI 下限至上限	P
40～54 岁	0.299	0.202	1.348	0.908～2.003	0.139
有债务	0.327	0.175	1.386	0.985～1.952	0.061
接受健康教育	0.620	0.174	1.859	1.321～2.617	0.000
督导管理	0.357	0.176	1.429	1.013～2.017	0.042
常数	−0.741	0.154	0.477		0.000

与未接受过健康教育的肺结核患者相比，接受过健康教育的肺结核患者信息水平较高，差异有统计学意义（$OR=1.859$，$P=0.000$）。说明健康教育可以有效提高肺结核患者对废弃物管理相关信息的知晓度。

在废弃物管理方面，有人对其进行督导的肺结核患者，与无人对其进行督导的肺结核患者相比，信息水平较高，差异有统计学意义（$OR=1.429$，$P=0.042$）。说明督导管理可以有效提高肺结核患者对废弃物管理相关信息的知晓度。

第二节 基本知识知晓情况分析

调查结果显示，调查的 718 名肺结核患者中仅 131 名患者知晓废弃物基本知识，知晓率为 18.2%。

一、单因素分析结果

（一）社会人口学特征与基本知识水平分析

分析结果如表 9-7 所示：

表 9-7 基本知识水平与社会人口学特征的关系分析结果

项 目	不知晓		知晓		统计值	P 值
	n	(%)	n	(%)		
地区					5.909	0.313
单县	112	78.9	30	21.1		
曹县	150	86.2	24	13.8		
奎文区	73	81.1	17	18.9		

续表

项 目	不知晓		知晓		统计值	P 值
	n	(%)	n	(%)		
寿光市	86	83.5	17	16.5		
龙口市	110	82.1	24	17.9		
莱阳市	56	74.7	19	25.3		
性别					1.583	0.208
男性	418	82.9	86	17.1		
女性	169	79.0	45	21.0		
治疗类型					7.765	0.005
初治	460	79.9	116	20.1		
复治	127	89.4	15	10.6		
菌痰化验结果					0.661	0.725
阳性	98	84.5	18	15.5		
阴性	196	81.0	46	19.0		
不知道	293	81.4	67	18.6		
婚姻状况					1.570	0.447
未婚	94	79.7	24	20.3		
已婚	449	81.6	101	18.4		
离异/丧偶	44	88.0	6	12.0		
职业类型					3.893	0.048
农民	547	82.6	115	17.4		
其他	40	71.4	16	28.6		
年龄					17.435	0.001
10~24 岁	54	78.3	15	21.7		
25~39 岁	57	70.4	24	29.6		
40~54 岁	105	75.5	34	24.5		
55 岁及以上	371	86.5	58	13.5		
受教育水平					13.318	0.001
初中及以下	490	84.3	91	15.7		
高中	65	69.1	29	30.9		
大专及以上	32	74.4	11	25.6		

1. 地区与基本知识水平分析

6 个样本地区中，莱阳市肺结核患者对废弃物基本知识知晓率最高，为

25.3%；其次为单县；而曹县肺结核患者知晓率最低，仅为13.8%。但检验结果显示，6个样本地区之间，肺结核患者对废弃物基本知识知晓水平差异无统计学意义（$\chi^2=5.909$，$P=0.313$）。

2. 患者性别与基本知识水平分析

女性肺结核患者废弃物基本知识知晓率为21.0%，而男性患者知晓率仅为17.1%。但检验结果显示，性别不同的肺结核患者，对废弃物基本知识知晓水平差异无统计学意义（$\chi^2=1.583$，$P=0.208$）。

3. 治疗类型与基本知识水平分析

初治肺结核患者废弃物基本知识知晓率为20.1%，而复治肺结核患者知晓率仅为10.6%。检验结果显示，治疗类型不同的肺结核患者，对废弃物基本知识知晓水平也不同，前者高于后者，差异有统计学意义（$\chi^2=7.765$，$P=0.005$）。

4. 菌痰化验结果与基本知识水平分析

菌痰化验结果阴性的肺结核患者，对废弃物基本知识知晓率最高，为19.0%；其次为不清楚自己菌痰是否阳性的肺结核患者；而菌痰化验结果阳性的肺结核患者对废弃物基本知识知晓率最低，仅为15.5%。但检验结果显示，菌痰化验结果不同的肺结核患者，对废弃物基本知识知晓水平差异无统计学意义（$\chi^2=0.661$，$P=0.725$）。

5. 婚姻状况与基本知识水平分析

未婚的肺结核患者对废弃物基本知识知晓率最高，为20.3%；其次为已婚的患者；而离异/丧偶的患者知晓率最低，为12.0%。但检验结果显示，婚姻状况不同的肺结核患者，对废弃物基本知识知晓水平差异无统计学意义（$\chi^2=1.570$，$P=0.447$）。

6. 职业类型与基本知识水平分析

职业为农民的肺结核患者与其他职业的患者相比，对废弃物基本知识知晓率较低，为17.4%。检验结果显示，职业类型不同的肺结核患者，对废弃物基本知识知晓水平也不同，差异有统计学意义（$\chi^2=3.893$，$P=0.048$）。

7. 患者年龄与基本知识水平分析

年龄为25～39岁的肺结核患者对废弃物基本知识知晓率最高，为29.6%；其次为40～54岁的肺结核患者；而55岁及以上的肺结核患者知晓率最低，为13.5%。检验结果显示，不同年龄组的肺结核患者，对废弃物基本知识知晓水平也不同，差异有统计学意义（$\chi^2=17.435$，$P=0.001$）。

8. 患者受教育水平与基本知识水平分析

高中文化水平的肺结核患者，对废弃物基本知识知晓率最高，为30.9%；其次为大专及以上文化水平的患者；而初中及以下文化水平的患者知晓率最低，为15.7%。检验结果显示，受教育水平不同的肺结核患者，对废弃物基本知识知晓水平也不同，差异有统计学意义($\chi^2=13.318$，$P=0.001$)。

（二）家庭特征与基本知识水平分析

分析结果如表9-8所示：

表9-8　　　　基本知识水平与家庭特征的关系分析结果

项目	不知晓		知晓		统计值	P值
	n	(%)	n	(%)		
家庭年收入					7.049	0.028
15000元以下	395	83.9	76	16.1		
15000～30000元	112	81.8	25	18.2		
30000元及以上	80	72.7	30	27.3		
有无债务					3.668	0.055
有债务	149	77.2	44	22.8		
无债务	438	83.4	87	16.6		
是否贫困户					0.458	0.499
是	68	79.1	18	20.9		
否	519	82.1	113	17.9		
家属有无医务人员					0.813	0.367
有	60	77.9	17	22.1		
无	527	82.2	114	17.8		

1. 家庭年收入与基本知识水平分析

30000元以上家庭年收入的肺结核患者，对废弃物基本知识知晓率最高，为27.3%；其次为15000～30000元家庭年收入的肺结核患者；而15000元以下家庭年收入的肺结核患者知晓率最低，为16.1%。检验结果显示，家庭年收入不同的肺结核患者，对废弃物基本知识知晓水平也不同；家庭经济状况越好的肺结核患者，对基本知识的知晓水平则越高，差异有统计学意义($\chi^2=7.049$，$P=0.028$)。

2. 债务情况与基本知识水平分析

有债务的肺结核患者对废弃物基本知识知晓率相对较高，为22.8%；而无债务的患者知晓率较低，仅为16.6%。但检验结果显示，债务情况不同的肺结核患者，对废弃物基本知识知晓水平差异无统计学意义($\chi^2=3.668$，$P=0.055$)。

3. 是否贫困户与基本知识水平分析

属于贫困户的肺结核患者对废弃物基本知识知晓率相对较高，为 20.9%；不属于贫困户的患者知晓率则较低，为 17.9%。但检验结果显示，贫困户与非贫困户的肺结核患者，对废弃物基本知识知晓水平差异无统计学意义（$\chi^2=0.458$，$P=0.499$）。

4. 家属中有无医务人员与基本知识水平分析

家属中有医务人员的肺结核患者对废弃物基本知识知晓率相对较高，为22.1%；而家属中无医务人员的肺结核患者知晓率则较低，为 17.8%。但检验结果显示，家属中有医务人员与无医务人员的肺结核患者，对废弃物基本知识知晓水平差异无统计学意义（$\chi^2=0.813$，$P=0.367$）。

（三）行为生活方式与基本知识水平分析

分析结果如表 9-9 所示：

表 9-9　基本知识水平与行为生活方式的关系分析结果

项目	不知晓		知晓		统计值	*P* 值
	n	(%)	*n*	(%)		
吸烟状况					0.602	0.749
经常吸烟	89	83.2	18	16.8		
偶尔吸烟	36	78.3	10	21.7		
不吸烟	462	81.8	103	18.2		
饮酒状况					0.044	0.834
饮酒	81	81.0	19	19.0		
不饮酒	506	81.9	112	18.1		
是否上网					12.389	0.000
上网	90	70.3	38	29.7		
不上网	497	84.2	93	15.8		

1. 吸烟状况与废弃物知晓水平分析

偶尔吸烟的肺结核患者知晓率最高，为 21.7%；其次为不吸烟的肺结核患者；而经常吸烟的肺结核患者废弃物基本知识知晓率最低，为 16.8%。但检验结果显示，吸烟状况不同的肺结核患者，对废弃物基本知识知晓水平差异无统计学意义（$\chi^2=0.602$，$P=0.749$）。

2. 饮酒状况与基本知识水平分析

饮酒的肺结核患者对废弃物基本知识知晓率为 19.0%，不饮酒的肺结核患者知晓率为 18.1%。但检验结果显示，饮酒状况不同的肺结核患者，对废弃物基本知识知晓水平差异无统计学意义(χ^2=0.044,P=0.834)。

3. 上网状况与基本知识水平分析

上网的肺结核患者对废弃物基本知识知晓率相对较高,为 29.7%;而不上网的肺结核患者知晓率则较低,为 15.8%。检验结果显示,上网与不上网的肺结核患者,对废弃物基本知识知晓水平也不同,差异有统计学意义(χ^2=12.389,P=0.000)。

(四)其他特征与基本知识水平分析

分析结果如表 9-10 所示:

表 9-10　　基本知识水平与其他特征的关系分析结果

项 目	不知晓		知晓		统计值	P 值
	n	(%)	n	(%)		
健康教育					16.111	0.000
接受	377	77.9	107	22.1		
未接受	210	89.7	24	10.3		
督导与否					15.581	0.000
是	165	73.3	60	26.7		
否	422	85.6	71	14.4		

1. 健康教育与基本知识水平分析

接受过健康教育的肺结核患者对废弃物基本知识知晓率相对较高,为22.1%;而未接受过健康教育的肺结核患者知晓率则较低,为 10.3%。经检验,接受过健康教育与未接受过健康教育的肺结核患者,对废弃物基本知识知晓水平不同,前者高于后者,差异有统计学意义(χ^2=16.111,P=0.000)。

2. 督导管理与基本知识水平分析

在废弃物处置方面,有人对其进行督导的肺结核患者,对废弃物基本知识知晓率相对较高,为 26.7%;而无人对其进行督导的肺结核患者,对废弃物基本知识知晓率较低,为 14.4%。经检验,有人督导与无人督导的肺结核患者,对废弃物基本知识知晓水平不同,前者高于后者,差异有统计学意义(χ^2=15.581,P=0.000)。

二、基本知识水平多因素分析结果

(一)回归模型的构建

本研究以肺结核患者是否知晓废弃物传染性知识为因变量,以单因素分析中差异有统计学意义的 8 个因素为自变量，分别编码为 $X_1 \sim X_8$，建立二分类 logistic 回归模型，详见表 9-11。

表 9-11　　logistic 回归模型的变量及赋值

变量	赋值
因变量(知晓情况)	1＝知晓；0＝不知晓
治疗类型(X_1)	1＝初治；2＝复治
职业类型(X_2)	1＝其他；2＝农民
年龄(X_3)	1＝10～24 岁；2＝25～39 岁；3＝40～54 岁；4＝55 岁及以上
受教育水平(X_4)	1＝初中及以下；2＝高中/中专；3＝大专及以上
家庭年收入(X_5)	1＝15000 元以下；2＝15000～30000 元；3＝30000 元及以上
上网与否(X_6)	1＝上网；2＝不上网
是否接受健康教育(X_7)	1＝接受；2＝未接受
督导与否(X_8)	1＝无人督导；2＝有人督导

（二）回归结果分析

分析结果显示，与肺结核患者对基本知识水平相关的因素有 3 个，分别为治疗类型、健康教育和督导管理，详见表 9-12。

表 9-12　　基本知识知晓情况影响因素的 logistic 回归结果

因素	*B*	S. E.	*OR*	95%CI 下限至上限	*P* 值
初治	0.716	0.303	2.047	1.130～3.707	0.018
其他职业	0.135	0.364	1.144	0.560～2.337	0.712
年龄					0.071
10～24 岁	−0.445	0.518	0.641	0.232～1.768	0.390
25～39 岁	0.318	0.400	1.374	0.627～3.011	0.427
40～54 岁	0.496	0.260	1.641	0.985～2.734	0.057
受教育水平					0.437
初中及以下	−0.113	0.492	0.893	0.341～2.341	0.818
高中	0.270	0.469	1.310	0.522～3.288	0.565
家庭年收入					0.541

续表

因素	B	S. E.	OR	95%CI 下限至上限	P 值
15000 元以下	−0.191	0.285	0.826	0.473～1.443	0.502
15000～30000 元	−0.359	0.324	0.698	0.370～1.318	0.268
上网	0.488	0.411	1.628	0.727～3.647	0.236
健康教育	0.638	0.260	1.892	1.137～3.151	0.014
督导管理	0.526	0.217	1.693	1.106～2.590	0.015
常数	−2.752	0.671	0.064		0.000

与复治的患者相比，初治患者对基本知识的知晓水平较高，差异有统计学意义（$OR=2.407$，$P=0.018$）。

与未接受过健康教育的肺结核患者相比，接受过健康教育的肺结核患者对基本知识的知晓水平较高，差异有统计学意义（$OR=1.892$，$P=0.014$）。

在废弃物处置方面，与无人对其进行督导的肺结核患者相比，有人对其进行督导的肺结核患者对基本知识的知晓水平较高，差异有统计学意义（$OR=1.693$，$P=0.015$）。

第三节　专业知识知晓情况分析

本研究通过肺结核患者对废弃物分类、传染性以及处置方式等相关知识的知晓情况，来描述其废弃物专业知识水平。调查结果显示，仅 14.8%的肺结核患者完全知晓以上三种知识。

一、单因素分析结果

（一）社会人口学特征与专业知识水平分析

分析结果如表 9-13 所示：

表 9-13　　专业知识水平与社会人口学特征的关系分析结果

项目	不知晓		知晓		统计值	P 值
	n	（%）	n	（%）		
地区					5.094	0.403
单县	118	83.1	24	16.9		

续表

项目	不知晓		知晓		统计值	P 值
	n	(%)	n	(%)		
曹县	151	86.8	23	13.2		
奎文区	77	85.6	13	14.4		
寿光市	90	87.4	13	12.6		
龙口市	108	80.6	26	19.4		
莱阳市	68	90.7	7	9.3		
性别					3.046	0.081
男性	422	83.7	82	16.3		
女性	190	88.8	24	11.2		
治疗类型					0.612	0.434
初治	488	84.7	88	15.3		
复治	124	87.3	18	12.7		
菌痰化验结果					3.851	0.147
阳性	104	89.7	12	10.3		
阴性	210	86.8	32	13.2		
不知道	298	82.8	62	17.2		
婚姻状况					1.248	0.549
未婚	98	83.1	20	16.9		
已婚	469	85.3	81	14.7		
离异/丧偶	45	90.0	5	10.0		
职业类型					0.082	0.774
农民	565	85.3	97	14.7		
其他	47	83.9	9	16.1		
年龄					0.959	0.817
10～24 岁	58	84.1	11	15.9		
25～39 岁	67	82.7	14	17.3		
40～54 岁	121	87.1	18	12.9		
55 岁及以上	366	85.3	63	14.7		

续表

项目	不知晓		知晓		统计值	P值
	n	(%)	n	(%)		
受教育水平					1.521	0.472
初中及以下	497	85.5	84	14.5		
高中	81	86.2	13	13.8		
大专及以上	34	79.1	9	20.9		

1. 地区与专业知识水平分析

6个样本地区中，龙口市肺结核患者对废弃物专业知识知晓率最高，为19.4%；其次为单县；而莱阳市肺结核患者知晓率最低，仅为9.3%。但检验结果显示，6个样本地区之间，肺结核患者对专业知识的知晓水平差异无统计学意义($\chi^2=5.094$，$P=0.403$)。

2. 患者性别与专业知识水平分析

男性肺结核患者专业知识知晓率为16.3%，而女性患者知晓率仅为11.2%。但检验结果显示，性别不同的肺结核患者，对专业知识的知晓水平差异无统计学意义($\chi^2=3.046$，$P=0.081$)。

3. 治疗类型与专业知识水平分析

初治肺结核患者专业知识知晓率为15.3%，而复治患者知晓率仅为12.7%。但检验结果显示，治疗类型不同的肺结核患者，对专业知识的知晓水平差异无统计学意义($\chi^2=0.612$，$P=0.434$)。

4. 菌痰化验结果与专业知识水平分析

不清楚自己菌痰是否阳性的肺结核患者，对废弃物知识的知晓率反而最高，为17.2%；菌痰化验结果阳性的肺结核患者对废弃物知识的知晓率最低，仅为10.3%。但检验结果显示，菌痰化验结果不同的肺结核患者，对专业知识的知晓水平差异无统计学意义($\chi^2=3.851$，$P=0.147$)。

5. 婚姻状况与专业知识水平分析

未婚的肺结核患者对废弃物知识的知晓率最高，为16.9%；其次为已婚的患者；而离异/丧偶的患者知晓率最低。但检验结果显示，婚姻状况不同的肺结核患者，对专业知识的知晓水平差异无统计学意义($\chi^2=1.248$，$P=0.549$)。

6. 职业类型与专业知识水平分析

职业为农民的肺结核患者与其他职业的患者相比，对废弃物知识的知晓率较低，为14.7%。但检验结果显示，职业类型不同的肺结核患者，对专业知识的知晓水平差异无统计学意义($\chi^2=0.082$，$P=0.774$)。

7. 患者年龄与专业知识水平分析

年龄为 25～39 岁的肺结核患者对废弃物知识的知晓率最高，为 17.3%；其次为 10～24 岁的肺结核患者；而 40～54 岁的肺结核患者知晓率最低，为 12.9%。但检验结果显示，不同年龄段的肺结核患者，对专业知识的知晓水平差异无统计学意义（$\chi^2=0.959$，$P=0.817$）。

8. 患者受教育水平与专业知识水平分析

大专及以上文化水平的肺结核患者，对废弃物知识的知晓率最高，为 20.9%；其次为初中及以下文化水平的患者；而高中文化水平的患者知晓率最低。但检验结果显示，受教育水平不同的肺结核患者，对专业知识的知晓水平差异无统计学意义（$\chi^2=1.521$，$P=0.817$）。

（二）家庭特征与专业知识水平分析

分析结果如表 9-14 所示：

表 9-14　　专业知识水平与家庭特征的关系分析结果

项目	不知晓		知晓		统计值	P 值
	n	(%)	n	(%)		
家庭年收入					4.995	0.081
15000 元以下	406	86.2	65	13.8		
15000～30000 元	120	87.6	17	12.4		
30000 元及以上	86	78.2	24	21.8		
有无债务					1.657	0.198
有债务	159	82.4	34	17.6		
无债务	453	86.2	72	13.8		
是否贫困户					0.174	0.676
是	72	83.7	14	16.3		
否	540	85.4	92	14.6		
家属有无医务人员					0.298	0.585
有	64	83.1	13	16.9		
无	548	85.5	93	14.5		

1. 家庭年收入与专业知识水平分析

30000 元以上家庭年收入的肺结核患者，对废弃物知识的知晓率最高，为 21.8%；其次为 15000 元以下家庭年收入的患者；而 15000～30000 元的患者知晓率最低。但检验结果显示，家庭年收入不同的肺结核患者，对专业知识的知晓水平差异无统计学意义($\chi^2=4.995$，$P=0.081$)。

2. 债务情况与专业知识水平分析

有债务的肺结核患者对废弃物知识的知晓率相对较高，为 17.6%；而无债务的患者知晓率较低，仅为 13.8%。但检验结果显示，债务情况不同的肺结核患者，对专业知识的知晓水平差异无统计学意义($\chi^2=1.657$，$P=0.198$)。

3. 是否贫困户与专业知识水平分析

属于贫困户的肺结核患者对废弃物知识的知晓率相对较高，为 16.3%；不属于贫困户的患者知晓率则较低。但检验结果显示，贫困户与非贫困户的肺结核患者，对专业知识的知晓水平差异无统计学意义($\chi^2=0.174$，$P=0.676$)。

4. 家属中有无医务人员与专业知识水平分析

家属中有医务人员的肺结核患者对废弃物知识的知晓率相对较高，为 16.9%；而家属中无医务人员的肺结核患者知晓率则较低，为 14.5%。但检验结果显示，家属中有医务人员与无医务人员的肺结核患者，对专业知识的知晓水平差异无统计学意义($\chi^2=0.298$，$P=0.585$)。

(三)行为生活方式与专业知识水平分析

分析结果如表 9-15 所示：

表 9-15　　基本知识水平与行为生活方式的关系分析结果

项 目	不知晓		知晓		统计值	P 值
	n	(%)	n	(%)		
吸烟状况					0.072	1.000
经常吸烟	91	85.0	16	15.0		
偶尔吸烟	40	87.0	6	13.0		
不吸烟	481	85.1	84	14.9		
饮酒状况					3.062	0.080
饮酒	91	91.0	9	9.0		
不饮酒	521	84.3	97	15.7		
是否上网					2.647	0.104
上网	103	80.5	25	19.5		
不上网	509	86.3	81	13.7		

1. 吸烟状况与废弃物知晓水平分析

经常吸烟与不吸烟的肺结核患者对废弃物知识的知晓率均相对较高，而偶尔吸烟的肺结核患者知晓率则最低。但检验结果显示，吸烟状况不同的肺结核患者，对专业知识的知晓水平差异无统计学意义（$\chi^2=0.072$，$P=1.000$）。

2. 饮酒状况与专业知识水平分析

不饮酒的肺结核患者对废弃物知识的知晓率相对较高，为15.7%；而饮酒的肺结核患者知晓率则较低，为9.0%。但检验结果显示，饮酒状况不同的肺结核患者，对专业知识的知晓水平差异无统计学意义（$\chi^2=3.062$，$P=0.080$）。

3. 上网状况与专业知识水平分析

上网的肺结核患者对废弃物知识的知晓率相对较高，为19.5%；而不上网的肺结核患者知晓率则较低，为13.7%。但检验结果显示，上网与不上网的肺结核患者，对专业知识的知晓水平差异无统计学意义（$\chi^2=2.647$，$P=0.104$）。

（四）其他特征与专业知识水平分析

分析结果如表9-16所示：

表9-16　废弃物知识水平与其他特征的关系分析结果

项目	不知晓		知晓		统计值	P值
	n	(%)	n	(%)		
健康教育					17.304	0.000
接受	394	81.4	90	18.6		
未接受	218	93.2	16	6.8		
废弃物处置态度					17.041	0.000
积极	349	80.8	83	19.2		
消极	263	92.0	23	8.0		
对督导管理态度					13.177	0.000
无必要	246	91.4	23	8.6		
有必要	366	81.5	83	18.5		
督导与否					20.131	0.000
是	172	76.4	53	23.6		
否	440	89.2	53	10.8		

1. 健康教育与专业知识水平分析

接受过健康教育的肺结核患者对废弃物知识的知晓率相对较高，为18.6%；而未接受过健康教育的肺结核患者知晓率则较低，为6.8%。经检验，接受过健康教育与未接受过健康教育的肺结核患者，对专业知识的知晓水平不同，前者高于后者，差异有统计学意义($\chi^2=17.304, P=0.000$)。

2. 废弃物处置态度与专业知识水平分析

对废弃物处置持积极主动态度的肺结核患者，对废弃物知识的知晓率相对较高，为19.2%；而持消极态度的肺结核患者，对废弃物知识的知晓率则较低，为8.0%。经检验，对废弃物处置持积极态度与消极态度的肺结核患者，对专业知识的知晓水平不同，前者高于后者，差异有统计学意义($\chi^2=17.041, P=0.000$)。

3. 对督导管理的态度与专业知识水平分析

认为专门对废弃物进行督导管理有必要的肺结核患者，对废弃物知识的知晓率相对较高，为18.5%；而认为督导管理无必要的肺结核患者，对废弃物知识的知晓率较低，为8.6%。经检验，认为督导管理有必要与无必要的肺结核患者，对专业知识的知晓水平不同，前者高于后者，差异有统计学意义($\chi^2=13.177, P=0.000$)。

4. 督导管理与专业知识水平分析

在废弃物处置方面，有人对其进行督导的肺结核患者，对废弃物知识的知晓率相对较高，为23.6%；而无人对其进行督导的肺结核患者，对废弃物知识的知晓率较低，为10.8%。经检验，有人督导与无人督导的肺结核患者，对专业知识的知晓水平不同，前者高于后者，差异有统计学意义($\chi^2=20.131, P=0.000$)。

二、知识水平多因素分析结果

以肺结核患者对废弃物知识的知晓情况为因变量，以单因素分析中有统计学意义的因素为自变量，即健康教育、废弃物处置态度、对督导管理态度、督导管理，构建logistic回归模型。回归结果显示，与肺结核患者对废弃物基本知识知晓情况相关的因素为健康教育和督导管理。详见表9-17。

表9-17　　肺结核患者废弃物知识知晓情况的多因素分析结果

因素	*B*	S. E.	*OR*	95%CI 下限至上限	*P*值
接受健康教育	0.744	0.301	2.103	1.166～3.795	0.014
废弃物处置态度积极	0.552	0.336	1.737	0.899～3.356	0.101
认为督导管理无必要	−0.282	0.335	0.754	0.391～1.455	0.400
有人督导管理	0.618	0.226	1.855	1.191～2.892	0.006
常数	−2.849	0.391	0.058	—	0.000

具体来说，接受健康教育的患者专业知识知晓率为 18.6%，未接受过健康教育的患者专业知识知晓率为 6.8%，差异有统计学意义（$OR=2.103$，$P=0.014$），前者高于后者。在废弃物处置方面有人督导的患者，专业知识知晓率为 23.6%，无人督导的患者专业知识知晓率为 10.8%，差异有统计学意义（$OR=1.855$，$P=0.006$），前者高于后者。

第四节　废弃物分类知识知晓情况分析

本研究将肺结核患者所知晓废弃物的种类数，作为废弃物分类知识水平的分数。肺结核患者废弃物分类知识水平分值为 5.82±3.321，而能够完全知晓废弃物分类的被调查者仅占 42.1%。为确定影响肺结核患者废弃物分类知识水平的关键因素，本研究从社会人口学特征、家庭特征、行为生活方式以及其他特征等方面进行单因素和多因素分析。

一、单因素分析结果

（一）社会人口学特征与分类知识水平

分析结果如表 9-18 所示：

表 9-18　　社会人口学特征与废弃物分类知识知晓情况

项目	人数	分值	T/F 检验	P 值
性别			1.282	0.200
男性	504	5.72±3.338		
女性	214	6.07±3.277		
治疗类型			1.856	0.064
初治	576	5.94±3.276		
复治	142	5.36±3.473		
菌痰化验结果			1.482	0.228
阳性	116	5.34±3.209		
阴性	242	5.90±3.229		
不知道	360	5.92±3.412		
婚姻状况			3.304	0.037
未婚	118	6.42±3.103		
已婚	550	5.76±3.318		

续表

项目	人数	分值	T/F 检验	P 值
离异/丧偶	50	5.06±3.689		
职业类型			0.385	0.701
农民	662	5.81±3.360		
其他	56	5.96±2.841		
患者年龄			6.729	0.000
10～24 岁	69	6.35±3.115		
25～39 岁	81	7.01±2.709		
40～54 岁	139	6.12±3.204		
55 岁及以上	429	5.41±3.428		
受教育水平			2.224	0.109
初中及以下	581	5.72±3.366		
高中	94	6.03±3.109		
大专及以上	43	6.77±3.046		

1. 性别与废弃物分类知识水平

女性肺结核患者废弃物分类知识水平相对较高，分值为6.07±3.277，男性肺结核患者分类知识水平分值为5.72±3.338。但检验结果显示，性别不同的肺结核患者，废弃物分类知识水平差异无统计学意义（$T=1.282$，$P=0.200$）。

2. 治疗类型与废弃物分类知识水平

初治肺结核患者废弃物分类知识水平相对较高，分值为5.94±3.276；复治肺结核患者废弃物分类知识水平略低，分值为5.36±3.473。但检验结果显示，治疗类型不同的肺结核患者，废弃物分类知识水平差异无统计学意义（$T=1.856$，$P=0.064$）。

3. 菌痰化验结果与废弃物分类知识水平

菌痰化验结果阴性及不清楚自己菌痰化验结果的肺结核患者，废弃物分类知识水平相对较高，分值分别为5.90±3.229和5.92±3.412；而菌痰化验结果阳性的肺结核患者，废弃物分类知识水平相对较低，分值为5.34±3.209。但检验结果显示，菌痰化验结果不同的肺结核患者，废弃物分类知识水平差异无统计学意义（$F=1.482$，$P=0.228$）。

4. 婚姻状况与废弃物分类知识水平

未婚的肺结核患者废弃物分类知识水平相对较高，分值为6.42±3.103；其次为已婚的肺结核患者；而离异/丧偶的肺结核患者废弃物分类知识水平相对较低，分值为 5.06±3.689。经检验，婚姻状况不同的肺结核患者，废弃物分类知识水平也不同，差异有统计学意义（$F=3.304$，$P=0.037$）。

5. 职业类型与废弃物分类知识水平

职业类型为农民的肺结核患者与其他职业类型的肺结核患者相比，废弃物分类知识水平略低，分值分别为 5.81±3.360 和 5.96±2.841。但检验结果显示，职业类型不同的肺结核患者，废弃物分类知识水平差异无统计学意义（$T=0.385$，$P=0.701$）。

6. 患者年龄与废弃物分类知识水平

年龄为 25～39 岁的肺结核患者，废弃物分类知识水平最高，分值为 7.01±2.709；其次为 25 岁以下的肺结核患者，分值为 6.35±3.115；而 55 岁及以上的肺结核患者废弃物分类知识水平最低。经检验，不同年龄组的肺结核患者，废弃物分类知识水平也不同，差异有统计学意义（$F=6.729$，$P=0.000$）。

7. 受教育水平与废弃物分类知识水平

受教育水平越高的肺结核患者，废弃物分类知识水平越高。其中，大专及以上文化水平的肺结核患者分类知识水平最高，分值为 6.77±3.046；而初中及以下文化水平的肺结核患者分类知识水平最低，分值为 5.72±3.366。但检验结果显示，受教育水平不同的肺结核患者，废弃物分类知识水平差异无统计学意义（$F=2.224$，$P=0.109$）。

（二）家庭特征与分类知识水平

分析结果如表 9-19 所示：

表 9-19 家庭特征与废弃物分类知识知晓情况

项目	人数	分值	T/F 检验	P 值
家庭年收入			2.612	0.074
15000 元以下	471	5.65±3.384		
15000～30000 元	137	5.93±3.280		
30000 元及以上	110	6.44±3.040		
有无债务			0.137	0.891
有债务	193	5.85±3.238		
无债务	525	5.81±3.354		
是否贫困户			0.023	0.982
是	86	5.81±3.252		
否	632	5.82±3.333		

续表

项目	人数	分值	T/F 检验	P 值
家属中有无医务人员			0.861	0.389
有	77	6.13±3.246		
无	641	5.78±3.331		

1. 家庭年收入与废弃物分类知识水平

家庭年收入越高的肺结核患者，废弃物分类知识水平越高，其中，15000 元以下家庭年收入的肺结核患者，废弃物分类知识水平分数为 5.65±3.384；而 30000 元以上家庭年收入的肺结核患者，废弃物分类知识水平分数为 6.44±3.040。但检验结果显示，家庭年收入不同的肺结核患者，废弃物分类知识水平差异无统计学意义（$F=2.612$，$P=0.074$）。

2. 债务情况与废弃物分类知识水平

有债务与无债务的肺结核患者，废弃物分类知识水平分值分别为 5.85±3.238 和 5.81±3.354。检验结果显示，不同债务情况的肺结核患者，废弃物分类知识水平差异无统计学意义（$T=0.137$，$P=0.891$）。

3. 是否贫困户与废弃物分类知识水平

贫困户与非贫困户的肺结核患者，废弃物分类知识水平分值分别为 5.81±3.252 和 5.82±3.333。检验结果显示，贫困户与非贫困户的肺结核患者，废弃物分类知识水平差异无统计学意义（$T=0.023$，$P=0.982$）。

4. 家属中有无医务人员与废弃物分类知识水平

家属中有医务人员的肺结核患者，废弃物分类知识水平相对较高，分值为 6.13±3.246；而家属中无医务人员的肺结核患者，废弃物分类知识水平相对较低。但检验结果显示，家属中有、无医务人员的肺结核患者，废弃物分类知识水平差异无统计学意义（$T=0.861$，$P=0.389$）。

（三）行为生活方式与分类知识水平

分析结果如表 9-20 所示：

表 9-20　　行为生活方式与废弃物分类知识知晓情况

项目	人数	分值	T/F 检验	P 值
吸烟状况			0.499	0.607
经常吸烟	107	5.70±3.374		
偶尔吸烟	46	5.41±3.297		
不吸烟	565	5.88±3.316		

续表

项目	人数	分值	T/F 检验	P 值
饮酒状况			0.784	0.433
饮酒	100	5.58±3.352		
不饮酒	618	5.86±3.317		
是否上网			4.685	0.000
上网	128	6.91±2.798		
不上网	590	5.58±3.380		

1. 吸烟状况与废弃物分类知识水平

不吸烟的肺结核患者废弃物分类知识水平最高，分值为 5.88±3.316；其次为经常吸烟的肺结核患者；而偶尔吸烟的肺结核患者废弃物分类知识水平最低，分值为 5.41±3.297。但检验结果显示，吸烟状况不同的肺结核患者，废弃物分类知识水平差异无统计学意义（$F=0.499$，$P=0.607$）。

2. 饮酒状况与废弃物分类知识水平

不饮酒的肺结核患者废弃物分类知识水平相对较高，分值为 5.86±3.317；而饮酒的肺结核患者废弃物分类知识水平较低，分值为 5.58±3.352。但检验结果显示，饮酒状况不同的肺结核患者，废弃物分类知识水平差异无统计学意义（$T=0.784$，$P=0.433$）。

3. 是否上网与废弃物分类知识水平

上网的肺结核患者废弃物分类知识水平相对较高，分值为 6.91±2.798；不上网的肺结核患者废弃物分类知识水平相对较低，分值为 5.58±3.380。检验结果显示，上网与不上网的肺结核患者，废弃物分类知识水平不同，前者高于后者，差异有统计学意义（$T=4.685$，$P=0.000$）。

（四）其他特征与分类知识水平

分析结果如表 9-21 所示：

表 9-21　　患者其他特征与废弃物分类知识知晓情况

项目	人数	分值	T/F 检验	P 值
健康教育			5.408	0.000
接受	484	6.28±3.193		
未接受	234	4.88±3.389		
废弃物处置态度			6.039	0.000

续表

项目	人数	分值	T/F 检验	P 值
积极	432	6.44±2.954		
消极	286	4.89±3.620		
对督导管理态度			4.465	0.000
无必要	269	5.09±3.627		
有必要	449	6.26±3.044		
督导与否			5.121	0.000
是	225	6.72±3.096		
否	493	5.41±3.343		

1. 健康教育与废弃物分类知识水平

接受过健康教育的肺结核患者，废弃物分类知识水平相对较高，分值为6.28±3.193；而未接受过健康教育的肺结核患者，废弃物分类知识水平相对较低，分值为4.88±3.389。检验结果显示，接受过健康教育的肺结核患者与未接受过健康教育的患者，废弃物分类知识水平不同，前者高于后者，差异有统计学意义(T=5.408，P=0.000)。

2. 废弃物处置态度与分类知识水平

对废弃物处置持积极态度的肺结核患者，废弃物分类知识水平相对较高，分值为6.44±2.954；而对废弃物处置持消极态度的肺结核患者，废弃物分类知识水平相对较低，分值为4.89±3.620。检验结果显示，对废弃物处置持积极与消极态度的肺结核患者，废弃物分类知识水平不同，前者高于后者，差异有统计学意义(T=6.039，P=0.000)。

3. 对督导管理态度与分类知识水平

认为专门对废弃物督导管理有必要的肺结核患者，废弃物分类知识水平相对较高，分值为6.26±3.044；而认为专门对废弃物督导管理无必要的肺结核患者，废弃物分类知识水平相对较低，分值为5.09±3.627。检验结果显示，对废弃物督导管理态度不同的肺结核患者，废弃物分类知识水平不同，前者高于后者，差异有统计学意义(T=4.465，P=0.000)。

4. 督导管理与分类知识水平

在废弃物管理方面，有人对其进行督导管理的肺结核患者，废弃物分类知识水平相对较高，分值为6.72±3.096；而无人对其进行督导管理的肺结核患者，废弃物分类知识水平相对较低，分值为5.41±3.343。检验结果显示，有人督导与无人督导的肺结核患者，废弃物分类知识水平不同，前者高于后者，差异有统计学意义(T=5.121,P=0.000)。

二、多因素分析结果

(一)回归模型的构建

本研究以肺结核患者是否知晓废弃物分类知识为因变量,以单因素分析中差异有统计学意义的7个因素为自变量,即婚姻状况、年龄、上网、健康教育、废弃物处置态度、对废弃物督导管理态度、督导管理,分别编码为X_1～X_7,建立二分类logistic回归模型,详见表9-22。

表9-22　logistic回归模型的变量及赋值

变量	赋值
因变量(知识水平)	1=知晓;0=不知晓
婚姻状况(X_1)	1=未婚;2=已婚;3=离异/丧偶
年龄(X_2)	1=10～24岁;2=25～39岁;3=40～54岁;4=55岁及以上
上网与否(X_3)	1=上网;2=不上网
是否接受健康教育(X_4)	1=接受;2=未接受
废弃物处置态度(X_5)	1=态度积极;2=态度消极
对督导管理态度(X_6)	1=有必要;2=无必要
督导与否(X_7)	1=无人督导;2=有人督导

(二)回归结果分析

分析结果显示,与肺结核患者废弃物分类知识水平相关的因素有两个,分别为健康教育和督导管理,详见表9-23。

表9-23　废弃物分类知识影响因素的logistic回归结果

因素	B	S.E.	OR	95%CI 下限至上限	P
婚姻状况					0.586
未婚	0.441	0.428	1.555	0.672～3.595	0.302
已婚	0.215	0.318	1.240	0.665～2.312	0.499
年龄					0.376
10～24岁	−0.555	0.495	0.574	0.217～1.515	0.262
25～39岁	0.122	0.328	1.129	0.593～2.150	0.711

续表

因素	B	S. E.	OR	95%CI 下限至上限	P
40～54岁	0.126	0.207	1.135	0.756～1.703	0.542
上网	0.355	0.333	1.426	0.742～2.739	0.287
健康教育	0.529	0.184	1.698	1.184～2.433	0.004
处置态度积极	0.310	0.229	1.363	0.870～2.137	0.177
认为督导有必要	0.374	0.229	1.454	0.928～2.280	0.103
督导管理	0.540	0.177	1.715	1.212～2.428	0.002
常数	−1.475	0.384	0.229		0.000

1. 健康教育与分类知识水平

与对照组即未接受过健康教育的肺结核患者相比，接受过健康教育的肺结核患者，废弃物分类知识水平相对较高，差异有统计学意义($OR=1.698$，$P=0.004$)。这说明健康教育可以显著提高肺结核患者对废弃物分类知识的知晓水平。

2. 督导管理与分类知识水平

与对照组即在废弃物管理方面无人对其进行督导的肺结核患者相比，有人对其进行督导管理的肺结核患者，废弃物分类知识水平相对较高，差异有统计学意义($OR=1.715$，$P=0.002$)。这说明督导管理可以显著提高肺结核患者对废弃物分类知识的知晓水平。

第五节　废弃物传染性知识知晓情况分析

本研究将肺结核患者所知晓废弃物传染性的种类数，作为废弃物传染性知识水平的分数。肺结核患者废弃物传染性知识水平分值为4.70±3.585，而能够全部知晓9种废弃物传染性的比例仅为27.7%，为确定影响肺结核患者废弃物传染性知识水平的关键因素，本研究从社会人口学特征、家庭特征、行为生活方式以及其他特征等方面，进行单因素和多因素分析。

一、单因素分析结果

(一)社会人口学特征与传染性知识水平

分析结果如表9-24所示：

表 9-24　　社会人口学特征与废弃物传染性知识知晓情况

项目	人数	分值	T/F 检验	P 值
性别			0.229	0.819
男性	504	4.68±3.604		
女性	214	4.75±3.550		
治疗类型			0.822	0.411
初治	576	4.76±3.572		
复治	142	4.48±3.643		
菌痰化验结果			1.773	0.171
阳性	116	5.21±3.400		
阴性	242	4.76±3.520		
不知道	360	4.50±3.678		
婚姻状况			1.971	0.140
未婚	118	5.20±3.381		
已婚	550	4.65±3.613		
离异/丧偶	50	4.08±3.675		
职业类型			2.131	0.033
农民	662	4.62±3.616		
其他	56	5.68±3.064		
患者年龄			9.335	0.000
10～24 岁	69	5.45±3.183		
25～39 岁	81	6.11±3.114		
40～54 岁	139	5.14±3.463		
55 岁及以上	429	4.17±3.665		
受教育水平			8.884	0.000
初中及以下	581	4.43±3.646		
高中	94	5.79±3.117		
大专及以上	43	5.98±3.012		

1．性别与废弃物传染性知识水平

女性肺结核患者废弃物传染性知识水平相对较高，分值为 4.75±3.550；男性肺结核患者传染性知识水平分值为 4.68±3.604。但检验结果显示，性别不同的肺结核患者，废弃物传染性知识水平差异无统计学意义（$T=0.229$，$P=0.819$）。

2. 治疗类型与废弃物传染性知识水平

初治肺结核患者废弃物传染性知识水平相对较高，分值为 4.76±3.572；复治肺结核患者废弃物传染性知识水平略低，分值为 4.48±3.643。但检验结果显示，治疗类型不同的肺结核患者，废弃物传染性知识水平差异无统计学意义（$T=0.822$，$P=0.411$）。

3. 菌痰化验结果与废弃物传染性知识水平

菌痰化验结果阳性的肺结核患者，废弃物传染性知识水平相对最高，分值为 5.21±3.400；其次为菌痰化验结果阴性的肺结核患者，分值为 4.76±3.520；而不清楚自己菌痰化验结果的肺结核患者，废弃物传染性知识水平最低，分值为 4.50±3.678。但检验结果显示，菌痰化验结果不同的肺结核患者，废弃物传染性知识水平差异无统计学意义（$F=1.773$，$P=0.171$）。

4. 婚姻状况与废弃物传染性知识水平

未婚的肺结核患者废弃物传染性知识水平相对较高，分值为 5.20±3.381；其次为已婚的肺结核患者；而离异/丧偶的肺结核患者废弃物传染性知识水平相对较低，分值为 4.08±3.675。但检验结果显示，婚姻状况不同的肺结核患者，废弃物传染性知识水平差异无统计学意义（$F=1.971$，$P=0.140$）。

5. 职业类型与废弃物传染性知识水平

职业类型为农民的肺结核患者与其他职业类型的肺结核患者相比，废弃物传染性知识水平略低，分值分别为 4.62±3.616 和 5.68±3.064。检验结果显示，职业类型不同的肺结核患者，废弃物传染性知识水平也不同，差异有统计学意义（$T=2.131$，$P=0.033$）。

6. 患者年龄与废弃物传染性知识水平

年龄为 25～39 岁的肺结核患者，废弃物传染性知识水平最高，分值为 6.11±3.114；其次为 25 岁以下的肺结核患者，分值为 5.45±3.183；而 55 岁及以上的肺结核患者废弃物传染性知识水平最低，分值为 4.17±3.665。经检验，不同年龄组的肺结核患者，废弃物传染性知识水平也不同，差异有统计学意义（$F=9.335$，$P=0.000$）。

7. 受教育水平与废弃物传染性知识水平

受教育水平越高的肺结核患者，废弃物传染性知识水平越高。其中，大专及以上文化水平的肺结核患者传染性知识水平最高，分值为 5.98±3.012；而初中及以下文化水平的肺结核患者传染性知识水平最低，分值为 4.43±3.646。但检验结果显示，受教育水平不同的肺结核患者，废弃物传染性知识水平也不同，差异有统计学意义（$F=8.884$，$P=0.000$）。

（二）家庭特征与传染性知识水平

分析结果如表9-25所示：

表9-25　　家庭特征与废弃物传染性知识知晓情况

项目	人数	分值	T/F 检验	P 值
家庭年收入			11.382	0.000
15000元以下	471	4.30±3.640		
15000～30000元	137	5.02±3.497		
30000元及以上	110	6.03±3.093		
有无债务			1.287	0.198
有债务	193	4.98±3.589		
无债务	525	4.60±3.582		
是否贫困户			1.130	0.259
是	86	4.29±3.694		
否	632	4.76±3.570		
家中有无医务人员			0.200	0.842
有	77	4.62±3.742		
无	641	4.71±3.569		

1. 家庭年收入与废弃物传染性知识水平

家庭年收入越高的肺结核患者，废弃物传染性知识水平越高。其中，15000元以下家庭年收入的肺结核患者，废弃物传染性知识水平分数为4.30±3.640；而30000元以上家庭年收入的肺结核患者，废弃物传染性知识水平分数为6.03±3.093。但检验结果显示，家庭年收入不同的肺结核患者，废弃物传染性知识水平也不同，差异有统计学意义（$F=11.382$，$P=0.000$）。

2. 债务情况与废弃物传染性知识水平

有债务与无债务的肺结核患者，废弃物传染性知识水平分值分别为4.98±3.589和4.60±3.582。检验结果显示，不同债务情况的肺结核患者，废弃物传染性知识水平差异无统计学意义（$T=1.287$，$P=0.198$）。

3. 是否贫困户与废弃物传染性知识水平

贫困户与非贫困户的肺结核患者，废弃物传染性知识水平分值分别为4.29±3.694和4.76±3.570。检验结果显示，贫困户与非贫困户的肺结核患者，废弃物传染性知识水平差异无统计学意义（$T=1.130$，$P=0.259$）。

4. 家属中有无医务人员与废弃物传染性知识水平

家属中有医务人员的肺结核患者，废弃物传染性知识水平相对较低，分值为4.62±3.742；而家属中无医务人员的肺结核患者，废弃物传染性知识水平相对较低。但检验结果显示，家属中有、无医务人员的肺结核患者，废弃物传染性知识水平差异无统计学意义（$T=0.200$，$P=0.842$）。

（三）行为生活方式与传染性知识水平

分析结果如表9-26所示：

表9-26　　行为生活方式与废弃物传染性知识知晓情况

项目	人数	分值	T/F 检验	P 值
吸烟状况			0.082	0.921
经常吸烟	107	4.79±3.581		
偶尔吸烟	46	4.83±3.536		
不吸烟	565	4.67±3.596		
饮酒状况			0.422	0.673
饮酒	100	4.56±3.661		
不饮酒	618	4.72±3.575		
是否上网			4.837	0.000
上网	128	5.93±3.062		
不上网	590	4.43±3.637		

1. 吸烟状况与废弃物传染性知识水平

不吸烟的肺结核患者废弃物传染性知识水平最低，分值为4.67±3.596；其次为经常吸烟的肺结核患者；而偶尔吸烟的肺结核患者废弃物传染性知识水平最高，分值为4.83±3.536。但检验结果显示，吸烟状况不同的肺结核患者，废弃物传染性知识水平差异无统计学意义（$F=0.082$，$P=0.921$）。

2. 饮酒状况与废弃物传染性知识水平

不饮酒的肺结核患者废弃物传染性知识水平相对较高，分值为4.72±3.575；而饮酒的肺结核患者废弃物传染性知识水平较低，分值为4.56±3.661。但检验结果显示，饮酒状况不同的肺结核患者，废弃物传染性知识水平差异无统计学意义（$T=0.422$，$P=0.673$）。

3. 是否上网与废弃物传染性知识水平

上网的肺结核患者废弃物传染性知识水平相对较高，分值为5.93±3.062；不上网的肺结核患者废弃物传染性知识水平相对较低，分值为4.43±3.637。

检验结果显示，上网与不上网的肺结核患者，废弃物传染性知识水平不同，前者高于后者，差异有统计学意义（$T=4.837,P=0.000$）。

（四）其他特征与传染性知识水平

分析结果如表 9-27 所示：

表 9-27 患者其他特征与废弃物传染性知识知晓情况

项目	人数	分值	T/F 检验	P 值
健康教育			5.860	0.000
接受	484	5.23±3.509		
未接受	234	3.60±3.496		
废弃物处置态度			11.613	0.000
积极	432	5.86±3.202		
消极	286	2.95±3.422		
对督导管理态度			12.027	0.000
无必要	269	2.80±3.353		
有必要	449	5.84±3.223		
督导与否			5.313	0.000
是	225	5.73±3.406		
否	493	4.23±3.570		

1. 健康教育与废弃物传染性知识水平

接受过健康教育的肺结核患者，废弃物传染性知识水平相对较高，分值为5.23±3.509；而未接受过健康教育的肺结核患者，废弃物传染性知识水平相对较低，分值为 3.60±3.496。检验结果显示，接受过健康教育的肺结核患者与未接受过健康教育的患者，废弃物传染性知识水平不同，前者高于后者，差异有统计学意义（$T=5.860,P=0.000$）。

2. 废弃物处置态度与传染性知识水平

对废弃物处置持积极态度的肺结核患者，废弃物传染性知识水平相对较高，分值为 5.86±3.202；而对废弃物处置持消极态度的肺结核患者，废弃物传染性知识水平相对较低，分值为 2.95±3.422。检验结果显示，对废弃物处置持积极与消极态度的肺结核患者，废弃物传染性知识水平不同，前者高于后者，差异有统计学意义（$T=11.613,P=0.000$）。

3. 对督导管理态度与传染性知识水平

认为专门对废弃物督导管理有必要的肺结核患者，废弃物传染性知识水平相对较高，分值为 5.84±3.223；而认为专门对废弃物督导管理无必要的肺结核患者，废弃物传染性知识水平相对较低，分值为 2.80±3.353。检验结果显示，对废弃物督导管理态度不同的肺结核患者，废弃物传染性知识水平不同，前者高于后者，差异有统计学意义（$T=12.027$，$P=0.000$）。

4. 督导管理与传染性知识水平

在废弃物管理方面，有人对其进行督导管理的肺结核患者，废弃物传染性知识水平相对较高，分值为 5.73±3.406；而无人对其进行督导管理的肺结核患者，废弃物传染性知识水平相对较低，分值为 4.23±3.570。检验结果显示，有人督导与无人督导的肺结核患者，废弃物传染性知识水平不同，前者高于后者，差异有统计学意义（$T=5.313$，$P=0.000$）。

二、多因素分析结果

（一）回归模型的构建

本研究以肺结核患者是否知晓废弃物传染性知识为因变量，以单因素分析中差异有统计学意义的 9 个因素为自变量，即职业类型、年龄、受教育水平、家庭年收入、上网、健康教育、废弃物处置态度、对废弃物督导管理态度、督导管理，分别编码为 $X_1 \sim X_9$，建立二分类 logistic 回归模型，详见表 9-28。

表 9-28　logistic 回归模型的变量及赋值

变量	赋值
因变量（干预需求）	1＝知晓；0＝不知晓
职业类型（X_1）	1＝农民；2＝其他
年龄（X_2）	1＝10～24 岁；2＝25～39 岁；3＝40～54 岁；4—55 岁及以上
受教育水平（X_3）	1＝初中及以下；2＝高中/中专；3＝大专及以上
家庭年收入（X_4）	1＝15000 元以下；2＝15000～30000 元；3＝30000 元及以上
上网与否（X_5）	1＝上网；2＝不上网
是否接受健康教育（X_6）	1＝接受；2＝未接受
废弃物处置态度（X_7）	1＝态度积极；2＝态度消极
对督导管理态度（X_8）	1＝无必要；2＝有必要
督导与否（X_9）	1＝无人督导；2＝有人督导

（二）回归结果分析

分析结果显示，与肺结核患者废弃物传染性知识水平相关的因素有 3 个，分别为健康教育、对督导管理的态度和督导管理。详见表 9-29。

表 9-29　　废弃物传染性知识影响因素的 logistic 回归结果

因素	B	S. E.	OR	95%CI 下限至上限	P 值
农民	−0.127	0.344	0.881	0.449～1.728	0.712
年龄					0.732
10～24 岁	0.112	0.461	1.119	0.453～2.763	0.808
25～39 岁	0.366	0.349	1.442	0.728～2.859	0.294
40～54 岁	0.030	0.235	1.031	0.650～1.635	0.897
受教育水平					0.608
初中及以下	0.352	0.455	1.421	0.583～3.466	0.440
高中	0.098	0.445	1.103	0.462～2.637	0.825
家庭年收入					0.262
15000 元以下	−0.412	0.256	0.662	0.401～1.093	0.107
15000～30000 元	−0.228	0.286	0.796	0.454～1.395	0.426
上网	−0.117	0.380	0.889	0.423～1.871	0.757
健康教育	0.497	0.218	1.644	1.073～2.518	0.022
处置态度积极	0.343	0.260	1.409	0.847～2.347	0.187
认为督导无必要	−0.876	0.269	0.416	0.246～0.705	0.001
督导管理	0.401	0.192	1.494	1.026～2.176	0.036
常数	−1.434	0.588	0.238		0.015

1. 健康教育与传染性知识水平

与对照组即未接受过健康教育的肺结核患者相比，接受过健康教育的肺结核患者的废弃物传染性知识水平相对较高，差异有统计学意义（$OR=1.644$，$P=0.022$）。这说明健康教育可以显著提高肺结核患者对废弃物传染性知识的知晓水平。

2. 对督导管理态度与传染性知识水平

与对照组即认为专门对废弃物进行督导管理有必要的肺结核患者相比，认为专门的督导管理无必要的肺结核患者的废弃物传染性知识水平相对较低，差异有统计学意义（$OR=0.416$，$P=0.001$）。这说明对督导管理的积极态度可以显著提高肺结核患者对废弃物传染性知识的知晓水平。

3. 督导管理与传染性知识水平

与对照组即在废弃物管理方面无人对其进行督导的肺结核患者相比，有人对其进行督导管理的肺结核患者的废弃物传染性知识水平相对较高，差异有统计学意义（$OR=1.494$，$P=0.036$）。这说明督导管理可以显著提高肺结核患者对废弃物传染性知识的知晓水平。

第六节　废弃物处置知识知晓情况分析

本研究将肺结核患者所知晓废弃物处置方法的种类数，作为废弃物处置知识水平的分数。肺结核患者废弃物处置知识水平分值为7.79±1.871，而能够完全知晓9种废弃物正确处置方式的比例仅为52.6%。为确定影响肺结核患者废弃物处置知识水平的关键因素，本研究从社会人口学特征、家庭特征、行为生活方式以及其他特征等方面，进行单因素和多因素分析。

一、单因素分析结果

（一）社会人口学特征与废弃物处置知识水平

分析结果如表9-30所示：

表9-30　社会人口学特征与废弃物处置知识知晓情况

项目	人数	分值	T/F检验	P值
性别			1.378	0.169
男性	504	7.86±1.831		
女性	214	7.64±1.959		
治疗类型			1.559	0.121
初治	576	7.85±1.796		
复治	142	7.55±2.139		
菌痰化验结果			1.387	0.250
阳性	116	8.04±1.568		
阴性	242	7.69±1.923		
不知道	360	7.78±1.922		
婚姻状况			1.212	0.298

续表

项目	人数	分值	T/F 检验	P 值
未婚	118	7.97±1.617		
已婚	550	7.78±1.895		
离异/丧偶	50	7.48±2.140		
职业类型			5.121	0.000
农民	662	7.74±1.926		
其他	56	8.41±0.804		
患者年龄			2.629	0.049
10～24 岁	69	8.14±1.478		
25～39 岁	81	8.06±1.519		
40～54 岁	139	7.94±1.834		
55 岁及以上	429	7.64±1.984		
受教育水平			5.073	0.000
初中及以下	581	7.69±1.954		
高中	94	8.18±1.524		
大专及以上	43	8.37±1.024		

1. 性别与废弃物处置知识水平

女性肺结核患者废弃物处置知识水平相对较低，分值为 7.64±1.959；男性肺结核患者处置知识水平分值为 7.86±1.831。但检验结果显示，性别不同的肺结核患者，废弃物处置知识水平差异无统计学意义（T=1.378，P=0.169）。

2. 治疗类型与废弃物处置知识水平

初治肺结核患者废弃物处置知识水平相对较高，分值为 7.85±1.796；复治肺结核患者废弃物处置知识水平略低，分值为 7.55±2.139。但检验结果显示，治疗类型不同的肺结核患者，废弃物处置知识水平差异无统计学意义（T=1.559，P=0.121）。

3. 菌痰化验结果与废弃物处置知识水平

菌痰化验结果阳性的肺结核患者，废弃物处置知识水平相对最高，分值为 8.04±1.568；其次为不清楚自己菌痰化验结果的肺结核患者；而菌痰化验结果阴性的肺结核患者废弃物处置知识水平最低，分值为 7.69±1.923。但检验结果显示，菌痰化验结果不同的肺结核患者，废弃物处置知识水平差异无统计学意义（F=1.387，P=0.250）。

4. 婚姻状况与废弃物处置知识水平

未婚的肺结核患者废弃物处置知识水平相对较高，分值为7.97±1.617；其次为已婚的肺结核患者；而离异/丧偶的肺结核患者废弃物处置知识水平相对较低，分值为7.48±2.140。但检验结果显示，婚姻状况不同的肺结核患者，废弃物处置知识水平差异无统计学意义（$F=1.212$，$P=0.298$）。

5. 职业类型与废弃物处置知识水平

职业类型为农民的肺结核患者与其他职业类型的肺结核患者相比，废弃物处置知识水平较低，分值分别为7.74±1.926和8.41±0.804。检验结果显示，职业类型不同的肺结核患者，废弃物处置知识水平也不同，差异有统计学意义（$T=5.121$，$P=0.000$）。

6. 患者年龄与废弃物处置知识水平

年龄在25岁以下的肺结核患者废弃物处置知识水平最高，分值为8.14±1.478；其次为年龄为25～39岁的肺结核患者，分值为8.06±1.519；而55岁及以上的肺结核患者废弃物处置知识水平最低，分值为7.64±1.984。经检验，不同年龄组的肺结核患者，废弃物处置知识水平也不同，差异有统计学意义（$F=2.629$，$P=0.049$）。

7. 受教育水平与废弃物处置知识水平

受教育水平越高的肺结核患者，废弃物处置知识水平越高。其中，大专及以上文化水平的肺结核患者处置知识水平最高，分值为8.37±1.024；而初中及以下文化水平的肺结核患者处置知识水平最低，分值为7.69±1.954。但检验结果显示，受教育水平不同的肺结核患者，废弃物处置知识水平也不同，差异有统计学意义（$F=5.073$，$P=0.000$）。

（二）家庭特征与处置知识水平

分析结果如表9-31所示：

表9-31　家庭特征与废弃物处置知识知晓情况

项目	人数	分值	T/F 检验	P 值
家庭年收入			2.859	0.058
15000元以下	471	7.69±1.947		
15000～30000元	137	7.83±1.780		
30000元及以上	110	8.16±1.594		
有无债务			0.402	0.688
有债务	193	7.75±1.910		
无债务	525	7.81±1.858		

续表

项目	人数	分值	T/F 检验	P 值
是否贫困户			0.623	0.533
是	86	7.67±1.888		
否	632	7.81±1.870		
家中有无医务人员			0.514	0.607
有	77	7.90±1.651		
无	641	7.78±1.897		

1. 家庭年收入与废弃物处置知识水平

家庭年收入越高的肺结核患者，废弃物处置知识水平越高。其中，15000 元以下家庭年收入的肺结核患者，废弃物处置知识水平分数为 7.69±1.947；而 30000 元以上家庭年收入的肺结核患者，废弃物处置知识水平分数为 8.16±1.594。但检验结果显示，家庭年收入不同的肺结核患者，废弃物处置知识水平差异无统计学意义（F=2.859，P=0.058）。

2. 债务情况与废弃物处置知识水平

有债务与无债务的肺结核患者，废弃物处置知识水平分值分别为 7.75±1.910 和 7.81±1.858。检验结果显示，不同债务情况的肺结核患者，废弃物处置知识水平差异无统计学意义（T=0.402，P=0.688）。

3. 是否贫困户与废弃物处置知识水平

贫困户与非贫困户的肺结核患者，废弃物处置知识水平分值分别为 7.67±1.888 和 7.81±1.870。检验结果显示，贫困户与非贫困户的肺结核患者，废弃物处置知识水平差异无统计学意义（T=0.623，P=0.533）。

4. 家属中有无医务人员与废弃物处置知识水平

家属中有医务人员的肺结核患者，废弃物处置知识水平相对较高，分值为 7.90±1.651；而家属中无医务人员的肺结核患者，废弃物处置知识水平相对较低。但检验结果显示，家属中有、无医务人员的肺结核患者，废弃物处置知识水平差异无统计学意义（T=0.514，P=0.607）。

（三）行为生活方式与废弃物处置知识水平

分析结果如表 9-32 所示：

表 9-32　　行为生活方式与废弃物处置知识知晓情况

项目	人数	分值	T/F 检验	P 值
吸烟状况			0.194	0.823
经常吸烟	107	7.73±1.886		
偶尔吸烟	46	7.93±1.855		
不吸烟	565	7.79±1.872		
饮酒状况			0.936	0.350
饮酒	100	7.63±1.998		
不饮酒	618	7.82±1.650		
是否上网			4.028	0.000
上网	128	8.27±1.337		
不上网	590	7.69±1.954		

1. 吸烟状况与废弃物处置知识水平

偶尔的肺结核患者废弃物处置知识水平最高，分值为 7.93±1.855；其次为不吸烟的肺结核患者；而经常吸烟的肺结核患者废弃物处置知识水平最低，分值为 7.73±1.886。但检验结果显示，吸烟状况不同的肺结核患者，废弃物处置知识水平差异无统计学意义（F=0.194，P=0.823）。

2. 饮酒状况与废弃物处置知识水平

不饮酒的肺结核患者废弃物处置知识水平相对较高，分值为 7.82±1.650；而饮酒的肺结核患者废弃物处置知识水平较低，分值为 7.63±1.998。但检验结果显示，饮酒状况不同的肺结核患者，废弃物处置知识水平差异无统计学意义（T=0.936，P=0.350）。

3. 是否上网与废弃物处置知识水平

上网的肺结核患者患者废弃物处置知识水平相对较高，分值为 8.27±1.337；不上网的肺结核患者患者废弃物处置知识水平相对较低，分值为 7.69±1.954。检验结果显示，上网与不上网的肺结核患者，废弃物处置知识水平不同，前者高于后者，差异有统计学意义（T=4.028，P=0.000）。

（四）其他特征与废弃物处置知识水平

分析结果如表 9-33 所示：

表 9-33　　　　患者其他特征与废弃物处置知识知晓情况

项目	人数	分值	T/F 检验	P 值
健康教育			5.258	0.000
接受	484	8.07±1.612		
未接受	234	7.22±2.212		
废弃物处置态度			3.809	0.000
积极	432	8.01±1.769		
消极	286	7.46±1.973		
对督导管理态度			3.323	0.001
无必要	269	7.49±1.979		
有必要	449	7.98±1.781		
督导与否			7.585	0.000
是	225	8.43±1.220		
否	493	7.50±2.038		

1. 健康教育与废弃物处置知识水平

接受过健康教育的肺结核患者，废弃物处置知识水平相对较高，分值为8.07±1.612；而未接受过健康教育的肺结核患者，废弃物处置知识水平相对较低，分值为7.22±2.212。检验结果显示，接受过健康教育的肺结核患者与未接受过健康教育的患者，废弃物处置知识水平不同，前者高于后者，差异有统计学意义（$T=5.258$，$P=0.000$）。

2. 废弃物处置态度与处置知识水平

对废弃物处置持积极态度的肺结核患者，废弃物处置知识水平相对较高，分值为8.01±1.769；而对废弃物处置持消极态度的肺结核患者，废弃物处置知识水平相对较低，分值为7.46±1.973。检验结果显示，对废弃物处置持积极与消极态度的肺结核患者，废弃物处置知识水平不同，前者高于后者，差异有统计学意义（$T=3.809$，$P=0.000$）。

3. 对督导管理态度与处置知识水平

认为专门对废弃物督导管理有必要的肺结核患者，废弃物处置知识水平相对较高，分值为7.98±1.781；而认为专门对废弃物督导管理无必要的肺结核患者，废弃物处置知识水平相对较低，分值为7.49±1.979。检验结果显示，对废弃物督导管理态度不同的肺结核患者，废弃物处置知识水平不同，前者高于后者，差异有统计学意义（$T=3.323$，$P=0.001$）。

4. 督导管理与处置知识水平

在废弃物管理方面，有人对其进行督导管理的肺结核患者，废弃物处置知识水平相对较高，分值为8.43±1.220；而无人对其进行督导管理的肺结核患者，废弃物处置知识水平相对较低，分值为 7.50±2.038。检验结果显示，有人督导与无人督导的肺结核患者，废弃物处置知识水平不同，前者高于后者，差异有统计学意义（T=7.585，P=0.000）。

二、多因素分析结果

（一）回归模型的构建

本研究以肺结核患者是否知晓废弃物处置知识为因变量，以单因素分析中差异有统计学意义的 8 个因素为自变量，分别为职业类型、年龄、受教育水平、上网、健康教育、废弃物处置态度、对废弃物督导管理态度、督导管理，分别编码为 $X_1 \sim X_8$，建立二分类 logistic 回归模型，详见表 9-34。

表 9-34　　logistic 回归模型的变量及赋值情况

变量	赋值
因变量（知识水平）	1=知晓；0=不知晓
职业类型（X_1）	1=农民；2=其他
年龄（X_2）	1=10～24 岁；2=25～39 岁；3=40～54 岁；4=55 岁及以上
受教育水平（X_3）	1=初中及以下；2=高中/中专；3=大专及以上
上网与否（X_4）	1=上网；2=不上网
是否接受健康教育（X_5）	1=接受；2=未接受
废弃物处置态度（X_6）	1=态度积极；2=态度消极
对督导管理态度（X_7）	1=无必要；2=有必要
督导与否（X_8）	1=无人督导；2=有人督导

（二）回归结果分析

分析结果显示，与肺结核患者废弃物处置知识水平相关的因素有 2 个，分别为健康教育和督导管理，详见表 9-35。

表 9-35　　废弃物处置知识影响因素的 logistic 回归结果

因素	B	S. E.	OR	95%CI 下限至上限	P
农民	−0.044	0.319	0.957	0.512～1.789	0.890
年龄					0.647
10～24 岁	−0.573	0.448	0.564	0.234～1.355	0.200
25～39 岁	−0.197	0.334	0.821	0.426～1.582	0.556

续表

因素	B	S. E.	OR	95%CI 下限至上限	P
40～54 岁	−0.054	0.212	0.947	0.625～1.435	0.797
受教育水平					0.466
初中及以下	−0.034	0.443	0.967	0.406～2.304	0.939
高中	0.296	0.435	1.345	0.573～3.157	0.496
上网	0.372	0.366	1.451	0.707～2.975	0.310
健康教育	0.394	0.179	1.483	1.044～2.106	0.028
处置态度积极	0.157	0.227	1.170	0.750～1.826	0.489
认为督导无必要	−0.343	0.226	0.710	0.455～1.105	0.129
督导管理	1.014	0.187	2.757	1.910～3.980	0.000
常数	−0.409	0.498	0.664		0.412

1. 健康教育与废弃物处置知识水平

与对照组即未接受过健康教育的肺结核患者相比，接受过健康教育的肺结核患者，废弃物处置知识水平相对较高，差异有统计学意义（$OR=1.483$，$P=0.028$）。说明健康教育可以显著提高肺结核患者对废弃物处置知识的知晓水平。

2. 督导管理与废弃物处置知识水平

与对照组即在废弃物管理方面无人对其进行督导的肺结核患者相比，有人对其进行督导管理的肺结核患者，废弃物处置知识水平相对较高，差异有统计学意义（$OR=2.757$，$P=0.000$）。说明督导管理可以显著提高肺结核患者对废弃物处置知识的知晓水平。

第十章　患者动机水平分析

按照经典的IMB理论，动机是行为发生改变的内在动力，本研究从管理态度及害怕程度两方面描述肺结核患者对废弃物管理的动机，其中前者分值为0～1分，后者为0～6分。调查结果显示，动机水平总体分值为2.56±1.566。本章主要对影响总体动机水平、管理态度及害怕程度的关键因素进行分析，从而为进一步采取针对性的干预措施提供依据。

第一节　总体动机水平分析

一、单因素分析结果

（一）社会人口学特征与动机水平

分析结果如表10-1所示：

表10-1　　肺结核患者社会人口学特征与动机水平的关系分析

项目	人数	分值	T/F检验	P值
性别			3.374	0.001
男性	504	2.44±1.559		
女性	214	2.86±1.546		
治疗类型			0.066	0.948
初治	576	2.57±1.577		
复治	142	2.56±1.528		
菌痰化验结果			1.332	0.265
阳性	116	2.73±1.511		
阴性	242	2.61±1.577		

续表

项目	人数	分值	T/F 检验	P 值
不知道	360	2.48±1.574		
婚姻状况			6.396	0.002
未婚	118	2.97±1.574		
已婚	550	2.52±1.543		
离异/丧偶	50	2.10±1.632		
职业类型			1.452	0.151
农民	662	2.54±1.589		
其他	56	2.80±1.257		
患者年龄			12.157	0.000
10～24 岁	69	3.23±1.535		
25～39 岁	81	3.14±1.447		
40～54 岁	139	2.67±1.548		
55 岁及以上	429	2.31±1.540		
受教育水平			5.340	0.005
初中及以下	581	2.49±1.586		
高中	94	2.74±1.414		
大专及以上	43	3.23±1.445		

1. 性别与动机水平

女性肺结核患者对废弃物管理的动机水平相对较高，分数为 2.86±1.546，男性肺结核患者动机水平分数为 2.44±1.559。检验结果显示，性别不同的肺结核患者，对废弃物管理的动机水平也不同，女性高于男性，差异有统计学意义（$T=3.374$，$P=0.001$）。

2. 治疗类型与动机水平

初治与复治的肺结核患者，对废弃物管理的动机水平相差无几，分数分别为 2.57±1.577 和 2.56±1.528。但检验结果显示，治疗类型不同的肺结核患者，对废弃物管理的动机水平差异无统计学意义（$T=0.066$，$P=0.948$）。

3. 菌痰化验结果与动机水平

菌痰化验结果阳性的肺结核患者，对废弃物管理的动机水平最高，分数为 2.73±1.511；其次为菌痰化验结果阴性的患者，分数为 2.61±1.577；而不清楚自己菌痰化验结果的患者，对废弃物管理的动机水平最低，分数为 2.48±

1.574。检验结果显示，菌痰化验结果不同的肺结核患者，对废弃物管理的动机水平差异无统计学意义（F=1.332，P=0.265）。

4. 婚姻状况与动机水平

未婚的肺结核患者对废弃物管理的动机水平最高，分数为 2.97±1.574；其次为已婚的肺结核患者，分数为 2.52±1.543；而离异/丧偶的肺结核患者动机水平相对较低，分数为 2.10±1.632。经检验，婚姻状况不同的肺结核患者，对废弃物管理的动机水平也不同，差异有统计学意义（F=6.396，P=0.002）。

5. 职业类型与动机水平

职业类型为农民的肺结核患者与其他职业类型的肺结核患者相比，对废弃物管理的动机水平略低，分值分别为 2.54±1.589 和 2.80±1.257。检验结果显示，职业类型不同的肺结核患者，对废弃物管理的动机水平差异无统计学意义（T=1.452，P=0.151）。

6. 患者年龄与动机水平

年龄越高的肺结核患者，对废弃物管理的动机水平越小，25 岁以下的肺结核患者动机水平最高，分数为 3.23±1.535；而 55 岁以上的肺结核患者动机水平最低，分数为 2.31±1.540。经检验，不同年龄组的肺结核患者，对废弃物管理的动机水平也不同，差异有统计学意义（F=12.157，P=0.000）。

7. 受教育水平与动机水平

受教育水平越高的肺结核患者，对废弃物管理的动机水平越高.其中，大专及以上文化水平的肺结核患者动机水平最高，分数为 3.23±1.445；而初中及以下文化水平的肺结核患者动机水平最低，分数为 2.49±1.586。检验结果显示，受教育水平不同的肺结核患者，对废弃物管理的动机水平也不同，差异有统计学意义（F=5.340，P=0.005）。

（二）家庭特征与动机水平

分析结果如表 10-2 所示：

表 10-2　肺结核患者家庭特征与动机水平分析

项目	人数	分值	T/F 检验	P 值
家庭年收入			7.074	0.001
15000 元以下	471	2.43±1.561		
15000～30000 元	137	2.63±1.505		
30000 元及以上	110	3.05±1.576		
有无债务			1.135	0.257
有债务	193	2.68±1.683		

续表

项目	人数	分值	T/F 检验	P 值
无债务	525	2.52±1.520		
是否贫困户			1.654	0.099
是	86	2.30±1.638		
否	632	2.60±1.554		
家属中有无医务人员			0.198	0.843
有	77	2.60±1.498		
无	641	2.56±1.575		

1. 家庭年收入与动机水平

患者家庭年收入水平越高，对废弃物管理的动机水平越高。其中，15000 元以下家庭年收入的肺结核患者，动机水平最低，分数为 2.43±1.561；而 30000 元以上家庭年收入的肺结核患者动机水平最高，分数为 3.05±1.576。检验结果显示，家庭年收入不同的肺结核患者，对废弃物管理的动机水平也不同，差异有统计学意义（$F=7.074$，$P=0.001$）。

2. 债务情况与动机水平

有债务与无债务的肺结核患者，对废弃物管理的动机水平分值分别为 2.68±1.683 和 2.52±1.520。检验结果显示，不同债务情况的肺结核患者，对废弃物管理的动机水平差异无统计学意义（$T=1.135$，$P=0.257$）。

3. 是否贫困户与动机水平

贫困户与非贫困户的肺结核患者，对废弃物管理的动机水平分数分别为 2.30±1.638 和 2.60±1.554。检验结果显示，贫困户与非贫困户的肺结核患者，对废弃物管理的动机水平差异无统计学意义（$T=1.654$，$P=0.099$）。

4. 家属中有无医务人员与动机水平

家属中有、无医务人员的肺结核患者，对废弃物管理的动机水平分数分布为 2.60±1.498 和 2.56±1.575，检验结果显示，家属中有、无医务人员的肺结核患者，对废弃物管理的动机水平差异无统计学意义（$T=0.198$，$P=0.843$）。

（三）行为生活方式与动机水平

分析结果如表 10-3 所示：

表 10-3　　肺结核患者行为生活方式与动机水平的关系分析

项目	人数	分值	T/F 检验	P 值
吸烟状况			44.648	0.000
经常吸烟	107	1.55±1.230		
偶尔吸烟	46	1.59±1.292		
不吸烟	565	2.84±1.534		
饮酒状况			8.994	0.000
饮酒	100	1.51±1.210		
不饮酒	618	2.73±1.551		
是否上网			4.791	0.000
上网	128	3.16±1.508		
不上网	590	2.44±1.550		

1. 吸烟状况与动机水平

不吸烟的肺结核患者对废弃物管理的动机水平最高，分数为 2.84±1.534；其次为偶尔吸烟的肺结核患者，分数为 1.59±1.292；而经常吸烟的肺结核患者动机水平最低，分数为 1.55±1.230。但检验结果显示，吸烟状况不同的肺结核患者，对废弃物管理的动机水平也不同，差异有统计学意义（$F=44.648, P=0.000$）。

2. 饮酒状况与动机水平

不饮酒的肺结核患者对废弃物管理的动机水平相对较高，分数为 2.73±1.551；而饮酒的肺结核患者动机水平较低，分数为 1.51±1.210。检验结果显示，不饮酒与饮酒的肺结核患者，对废弃物管理的动机水平不同，前者高于后者，差异有统计学意义（$T=8.994, P=0.000$）。

3. 是否上网与动机水平

上网的肺结核患者对废弃物管理的动机水平相对较高，分数为 3.16±1.508；不上网的肺结核患者动机水平相对较低，分数为 2.44±1.550。检验结果显示，上网与不上网的肺结核患者，对废弃物管理的动机水平不同，前者高于后者，差异有统计学意义（$T=4.791, P=0.000$）。

（四）其他特征与动机水平

分析结果如表 10-4 所示：

表 10-4 患者其他特征与动机水平的关系分析

项目	人数	分值	T/F 检验	P 值
健康教育			17.124	0.000
接受	484	3.10±1.505		
未接受	234	1.46±1.019		
督导与否			7.639	0.000
是	225	3.20±1.604		
否	493	2.27±1.461		
废弃物知识知晓度			18.085	0.000
不知晓	612	2.20±1.324		
知晓	106	4.67±1.136		

1. 健康教育与动机水平

接受过健康教育的肺结核患者，动机水平相对较高，分数为 3.10±1.505；而未接受过健康教育的肺结核患者，动机水平相对较低，分数为 1.46±1.019。检验结果显示，接受过健康教育的肺结核患者与未接受过健康教育的患者，对废弃物管理的动机水平不同，前者高于后者，差异有统计学意义（$T=17.124$，$P=0.000$）。

2. 督导管理与动机水平

在废弃物管理方面，有人对其进行督导管理的肺结核患者，对废弃物管理的动机水平相对较高，分数为 3.20±1.604；而无人对其进行督导管理的肺结核患者，动机水平相对较低，分数为 2.27±1.461。检验结果显示，有人督导与无人督导的肺结核患者，对废弃物管理的动机水平不同，前者高于后者，差异有统计学意义（$T=7.639$，$P=0.000$）。

3. 废弃物相关知识知晓情况与动机水平

知晓废弃物相关知识的肺结核患者，对废弃物管理的动机水平较高，分数为 4.67±1.136；而不知晓废弃物相关知识的肺结核患者，动机水平较低，分数为 2.20±1.324。检验结果显示，知晓与不知晓废弃物相关知识的肺结核患者，对废弃物管理的动机水平不同，前者高于后者，差异有统计学意义（$T=18.085$，$P=0.000$）。

二、多因素分析结果

（一）回归模型的构建

调查数据显示，肺结核患者对废弃物管理的动机分数的中位数为 3，由于目前缺乏相应的“金标准”，因此，本研究将分数高于 3 的界定为行为动机高，等于或小于 3 的界定为动机低。

以肺结核患者对废弃物危害管理的动机为因变量，以单因素分析中差异有统计学意义的 11 个因素为自变量，即性别、婚姻状况、年龄、受教育水平、家庭年收入、吸烟状况、饮酒、上网、健康教育、督导管理及废弃物知识知晓情况，分别编码为 $X_1 \sim X_{11}$，建立二分类 logistic 回归模型，详见表 10-5。

表 10-5　　Logistic 回归模型的变量及赋值

变量	赋值
因变量(动机水平)	0＝水平低；1＝水平高
性别(X_1)	1＝男性；2＝女性
婚姻状况(X_2)	1＝已婚；2＝离异/丧偶；3＝未婚
年龄(X_3)	1＝10～24 岁；2＝25～39 岁；3＝40～54 岁；4＝55 岁及以上
受教育水平(X_4)	1＝初中及以下；2＝高中/中专；3＝大专及以上
家庭年收入(X_5)	1＝15000 元以下；2＝15000～30000 元；3＝30000 元及以上
吸烟状况(X_6)	1＝经常吸烟；2＝偶尔吸烟；3＝不吸烟
饮酒(X_7)	1＝饮酒；2＝不饮酒
上网与否(X_8)	1＝上网；2＝不上网
是否接受健康教育(X_9)	1＝接受；2＝未接受
督导与否(X_{10})	1＝无人督导；2＝有人督导
废弃物知识知晓情况(X_{11})	1＝不知晓；2＝知晓

(二)回归结果分析

分析结果显示，与肺结核患者对废弃物管理的动机相关的因素有 4 个，分别为吸烟、饮酒、健康教育及废弃物知识知晓情况。详见表 10-6。

表 10-6　　肺结核患者动机水平的多因素分析结果

因素	*B*	S. E.	*OR*	95%CI 下限至上限	*P*
男性	0.088	0.240	1.092	0.682～1.748	0.714
婚姻状况					0.825
已婚	0.245	0.584	1.277	0.407～4.014	0.675
离异/丧偶	0.258	0.416	1.294	0.573～2.922	0.535

续表

因素	B	S. E.	OR	95%CI 下限至上限	P
年龄					0.253
10～24 岁	0.895	0.684	2.447	0.640～9.351	0.191
25～39 岁	0.586	0.430	1.796	0.774～4.168	0.173
40～54 岁	−0.226	0.282	0.798	0.459～1.385	0.422
受教育水平					0.583
初中及以下	−0.215	0.576	0.807	0.261～2.496	0.709
高中	0.169	0.570	1.184	0.387～3.620	0.767
家庭年收入					0.173
15000 元以下	−0.514	0.330	0.598	0.313～1.143	0.120
15000～30000 元	−0.117	0.374	0.889	0.428～1.849	0.753
吸烟状况					0.000
经常吸烟	−1.812	0.372	0.163	0.079～0.339	0.000
偶尔吸烟	−1.632	0.485	0.195	0.076～0.506	0.001
饮酒	−1.767	0.369	0.171	0.083～0.352	0.000
上网	−0.056	0.451	0.945	0.390～2.289	0.901
接受健康教育	2.711	0.281	15.052	8.671～26.126	0.000
督导管理	0.394	0.237	1.483	0.932～2.357	0.096
不知晓废弃物相关知识	−4.737	0.633	0.009	0.003～0.030	0.000
常数	2.768	0.984	15.933		0.005

1. 吸烟状况与管理动机

与对照组即不吸烟的肺结核患者相比，经常吸烟（$OR=0.163$，$P=0.000$）与偶尔吸烟（$OR=0.195$，$P=0.001$）的肺结核患者对废弃物管理动机较小，差异有统计学意义。说明吸烟状况越严重，对废弃物管理动机越小。

2. 饮酒状况与管理动机

与对照组即不饮酒的肺结核患者相比，饮酒的肺结核患者对废弃物管理动机较小，差异均有统计学意义（$OR=0.171$，$P=0.000$）。

3. 健康教育与管理动机

与对照组即未接受过健康教育的肺结核患者相比，接受过健康教育的肺结核患者对废弃物管理动机较高，差异均有统计学意义（$OR=15.052$，$P=0.000$）。说明健康教育可以有效提高肺结核患者对废弃物管理的动机。

4. 废弃物知识知晓情况与管理动机

与对照组即知晓废弃物相关知识的肺结核患者相比，不知晓废弃物分类、传染性以及处置方式等知识的肺结核患者对废弃物管理动机较小，差异有统计学意义（$OR=0.009$，$P=0.000$）。

第二节　废弃物管理态度分析

样本人群中有 432 名患者对废弃物管理持积极态度，所占比例为 60.2%，现对影响肺结核患者对废弃物管理态度的关键因素进行分析。

一、单因素分析结果

（一）社会人口学特征与废弃物管理态度分析

分析结果如表 10-7 所示：

表 10-7　　废弃物管理态度与社会人口学特征的关系分析结果

项目	态度积极		态度消极		统计值	P 值
	n	(%)	n	(%)		
地区					6.678	0.246
单县	80	56.3	62	43.7		
曹县	101	58.0	73	42.0		
奎文区	61	67.8	29	32.2		
寿光市	66	64.1	37	35.9		
龙口市	74	55.2	60	44.8		
莱阳市	50	66.7	25	33.3		
性别					2.373	0.123
男性	294	58.3	210	41.7		
女性	138	64.5	76	35.5		
治疗类型					0.433	0.511
初治	350	60.8	226	39.2		
复治	82	57.7	60	42.3		
菌痰化验结果					10.881	0.004

续表

项目	态度积极		态度消极		统计值	P 值
	n	(%)	n	(%)		
阳性	76	65.5	40	34.5		
阴性	161	66.5	81	33.5		
不知道	195	54.2	165	45.8		
婚姻状况					12.709	0.002
未婚	85	72.0	33	28.0		
已婚	325	59.1	225	40.9		
离异/丧偶	22	44.0	28	56.0		
职业类型					11.290	0.001
农民	45	80.4	11	19.6		
其他	387	58.4	275	41.6		
年龄					47.573	0.000
10～24 岁	58	84.1	11	15.9		
25～39 岁	62	76.5	19	23.5		
40～54 岁	95	68.3	44	31.7		
55 岁及以上	217	50.6	212	49.4		
受教育水平					33.399	0.000
初中及以下	321	55.2	260	44.8		
高中	74	78.7	20	21.3		
大专及以上	37	86.0	6	14.0		

1. 地区与废弃物管理态度分析

6 个样本地区中，奎文区肺结核患者对废弃物管理持积极态度的比例最高，为 67.8%；其次为莱阳市的患者；而龙口市肺结核患者持积极态度的比例最低，仅为 55.2%。但检验结果显示，六个样本地区之间，肺结核患者对废弃物的管理态度差异无统计学意义（$\chi^2=6.678, P=0.246$）。

2. 患者性别与废弃物管理态度分析

女性肺结核患者对废弃物管理持积极态度的比例较高，为 64.5%；而男性患者持积极态度的比例较低，为 58.3%。但检验结果显示，性别不同的肺结核患者，对废弃物的管理态度差异无统计学意义（$\chi^2=2.373, P=0.123$）。

3. 治疗类型与废弃物管理态度分析

初治肺结核患者对废弃物管理持积极态度的比例较高，为60.8%；而复治患者持积极态度的比例为57.7%。但检验结果显示，治疗类型不同的肺结核患者，对废弃物的管理态度差异无统计学意义($\chi^2=0.433$，$P=0.511$)。

4. 菌痰化验结果与废弃物管理态度分析

菌痰化验结果阴性的肺结核患者，对废弃物管理持积极态度的比例最高，为66.5%；其次为化验结果阳性的肺结核患者；而不清楚自己菌痰是否阳性的肺结核患者态度积极者所占的比例最低，为54.2%。检验结果显示，菌痰化验结果不同的肺结核患者，对废弃物的管理态度也不同，差异有统计学意义($\chi^2=10.881$，$P=0.004$)。

5. 婚姻状况与废弃物管理态度分析

未婚的肺结核患者对废弃物管理持积极态度的比例最高，为72.0%；其次为已婚的肺结核患者；而离异/丧偶的肺结核患者持积极态度的比例最低，为44.0%。检验结果显示，婚姻状况不同的肺结核患者，对废弃物的管理态度也不同，差异有统计学意义($\chi^2=12.709$，$P=0.002$)。

6. 职业类型与废弃物管理态度分析

职业为农民的肺结核患者与其他职业的患者相比，对废弃物管理持积极态度的比例较高，为80.4%。检验结果显示，职业类型不同的肺结核患者，对废弃物的管理态度也不同，前者较后者更为积极，差异有统计学意义($\chi^2=11.290$，$P=0.001$)。

7. 患者年龄与废弃物管理水态度分析

患者年龄越大，对废弃物管理的态度越消极，10～24岁的肺结核患者对废弃物管理持积极态度的比例最高，为84.1%；而55岁及以上年龄的肺结核患者对废弃物管理持积极态度的比例最低，为50.6%。检验结果显示，不同年龄段的肺结核患者，对废弃物的管理态度也不同，差异有统计学意义($\chi^2=47.573$，$P=0.000$)。

8. 患者受教育水平与废弃物管理态度分析

患者受教育水平越高，对废弃物的管理态度越积极。其中，大专及以上文化水平的肺结核患者，对废弃物管理持积极态度的比例最高，为86.0%；而初中及以下文化水平的肺结核患者，对废弃物管理持积极态度的比例最低，为55.2%。检验结果显示，受教育水平不同的肺结核患者，对废弃物的管理态度也不同，差异有统计学意义($\chi^2=33.399$，$P=0.000$)。

(二)家庭特征与废弃物管理态度分析

分析结果如表10-8所示：

表 10-8　　废弃物管理态度与家庭特征的关系分析结果

项目	态度积极		态度消极		统计值	P 值
	n	(%)	n	(%)		
家庭年收入					16.880	0.000
15000 元以下	258	54.8	213	45.2		
15000～30000 元	95	69.3	42	30.7		
30000 元及以上	79	71.8	31	28.2		
有无债务					0.023	0.880
有债务	117	60.6	76	39.4		
无债务	315	60.0	210	40.0		
是否贫困户					3.305	0.069
是	44	51.2	42	48.8		
否	388	61.4	244	38.6		
家中有无医务人员					0.829	0.362
有	50	64.9	27	35.1		
无	382	59.6	259	40.4		

1. 家庭年收入与废弃物管理态度分析

家庭年收入越高的肺结核患者，对废弃物管理的态度越积极。其中，15000 元以下年收入的肺结核患者，对废弃物管理持积极态度的比例最低，为 54.8%；而 30000 元以上家庭年收入的肺结核患者，对废弃物管理持积极态度的比例最高，为 71.8%。检验结果显示，家庭年收入不同的肺结核患者，对废弃物的管理态度也不同，差异有统计学意义（$\chi^2=16.880$，$P=0.000$）。

2. 债务情况与废弃物管理态度分析

有债务与无债务的肺结核患者对废弃物管理持积极态度的比例相差无几，分别为 60.6%和 60.0%。检验结果显示，债务情况不同的肺结核患者，对废弃物的管理态度差异无统计学意义（$\chi^2=0.023$，$P=0.880$）。

3. 是否贫困户与废弃物管理态度分析

不属于贫困户的肺结核患者对废弃物管理持积极态度的比例相对较高，为 61.4%；而属于贫困户的患者持积极态度的比例则较低，为 51.2%。但检验结果显示，贫困户与非贫困户的肺结核患者，对废弃物的处置水平差异无统计学意义（$\chi^2=3.305$，$P=0.069$）。

4. 家属中有无医务人员与废弃物管理态度分析

家属中有医务人员的肺结核患者与家属中无医务人员的肺结核患者相比，对废弃物管理持积极态度的比例相差无几，分别为 64.9%和 59.6%。检验结果显示，家属中有医务人员与无医务人员的肺结核患者，对废弃物的管理态度差异无统计学意义($\chi^2=0.829$，$P=0.362$)。

(三)行为生活方式与废弃物管理态度分析

分析结果如表 10-9 所示：

表 10-9　　废弃物管理态度与行为生活方式的关系分析结果

项目	态度积极		态度消极		统计值	P 值
	n	(%)	n	(%)		
吸烟状况					0.370	0.835
经常吸烟	62	57.9	45	42.1		
偶尔吸烟	27	58.7	19	41.3		
不吸烟	343	60.7	222	39.3		
饮酒状况					0.228	0.633
饮酒	58	58.0	42	42.0		
不饮酒	374	60.5	244	39.5		
是否上网					31.408	0.000
上网	104	81.3	24	18.7		
不上网	328	55.6	262	44.4		

1. 吸烟状况与废弃物管理态度分析

不吸烟的肺结核患者对废弃物管理持积极态度的比例最高，为 60.7%；其次为偶尔吸烟的患者；而经常吸烟的患者持积极态度的比例最低，为 57.9%。但检验结果显示，吸烟状况不同的肺结核患者，对废弃物的管理态度差异无统计学意义($\chi^2=0.370$，$P=0.835$)。

2. 饮酒状况与废弃物管理态度分析

不饮酒的肺结核患者对废弃物管理持积极态度的比例为 60.5%，而饮酒的肺结核患者对废弃物管理持积极态度的比例为 58.0%。检验结果显示，饮酒状况不同的肺结核患者，对废弃物的管理态度差异无统计学意义($\chi^2=0.228$，$P=0.633$)。

3. 上网状况与废弃物管理态度分析

上网的肺结核患者对废弃物管理持积极态度的比例最高，为 81.3%；而不上网的肺结核患者持积极态度的比例相对较低，为 55.6%。检验结果显示，上网与不上网的肺结核患者，对废弃物的管理态度不同，前者较后者更为积极，差异有统计学意义($\chi^2=31.408$，$P=0.000$)。

(四)其他特征与废弃物管理态度分析

分析结果如表 10-10 所示：

表 10-10　　废弃物管理态度与其他特征的关系分析结果

项目	态度积极		态度消极		统计值	P 值
	n	(%)	n	(%)		
健康教育					50.726	0.000
接受	335	69.2	149	30.8		
未接受	97	41.5	137	58.5		
督导与否					25.329	0.000
是	166	73.8	59	26.2		
否	266	54.0	227	46.0		

1. 健康教育与废弃物管理态度分析

接受过健康教育的肺结核患者对废弃物管理持积极态度的比例最高，为 69.2%；而未接受过健康教育的肺结核患者对废弃物管理持积极态度的比例则较低，为 41.5%。经检验，接受过健康教育与未接受过健康教育的肺结核患者，对废弃物的管理态度不同，前者较后者更为积极主动，差异有统计学意义($\chi^2=50.726$，$P=0.000$)。

2. 督导管理与废弃物管理态度分析

在废弃物管理方面，有人对其进行督导的肺结核患者，对废弃物管理持积极态度的比例相对较高，为 73.8%；而无人对其进行督导的肺结核患者，对废弃物管理持积极态度的比例较低，为 54.0%。经检验，有人督导与无人督导的肺结核患者，对废弃物的管理态度不同，前者较后者更为积极主动，差异有统计学意义($\chi^2=25.329$，$P=0.000$)。

二、多因素分析结果

(一)回归模型的构建

以肺结核患者对废弃物管理的态度为因变量，以单因素分析中差异有统计学意义的 9 个因素为自变量，建立二分类 logistic 回归模型，详见表 10-11。

表 10-11　　Logistic 回归模型的变量及赋值

变量	赋值
因变量(管理态度)	0=消极被动;1=积极主动
菌痰化验结果	1=阳性;2=阴性;3=不清楚
婚姻状况	1=未婚;2=已婚;3=离异/丧偶;
职业类型	1=农民;2=其他
年龄	1=10～24岁;2=25～39岁;3=40～54岁;4=55岁及以上
受教育水平	1=初中及以下;2=高中/中专;3=大专及以上
家庭年收入	1=15000元以下;2=15000～30000元;3=30000元及以上
上网与否	1=上网;2=不上网
是否接受健康教育	1=接受;2=未接受
督导与否	1=无人督导;2=有人督导

（二）回归结果分析

多因素分析结果显示，与肺结核患者对废弃物管理态度相关的因素有4个，分别为患者菌痰化验结果、年龄、健康教育及督导管理，详见表10-12，现分述如下。

表 10-12　　肺结核患者对废弃物管理态度的多因素分析结果

因素	*B*	S. E.	*OR*	95%CI 下限至上限	*P* 值
菌痰化验结果					0.096
阳性	0.307	0.246	1.359	0.839～2.202	0.213
阴性	0.398	0.192	1.489	1.023～2.167	0.038
婚姻状况					0.186
未婚	−0.070	0.442	0.933	0.392～2.219	0.875
已婚	0.396	0.314	1.486	0.803～2.752	0.208
农民	0.438	0.395	1.549	0.714～3.362	0.268
年龄					0.052
10～24岁	1.218	0.588	3.379	1.067～10.704	0.038
25～39岁	0.671	0.374	1.955	0.940～4.069	0.073
40～54岁	0.460	0.225	1.584	1.020～2.460	0.041
受教育水平					0.170
初中及以下	−0.580	0.571	0.560	0.183～1.716	0.310
高中	−0.019	0.577	0.981	0.317～3.039	0.973

续表

因素	*B*	S. E.	*OR*	95%CI 下限至上限	P
家庭年收入					0.318
15000 元以下	−0.179	0.266	0.836	0.496～1.409	0.501
15000～30000 元	0.161	0.309	1.174	0.641～2.151	0.603
上网	−0.049	0.408	0.952	0.428～2.119	0.904
接受健康教育	0.890	0.181	2.435	1.709～3.471	0.000
督导管理	0.530	0.201	1.699	1.147～2.516	0.008
常数	−0.488	0.702	0.614		0.487

1. 菌痰化验结果与废弃物管理态度

与不清楚自己菌痰化验结果的肺结核患者相比，菌痰化验结果阴性的肺结核患者对废弃物管理的态度更为积极主动，差异有统计学意义（*OR*＝1.489，*P*＝0.038）。

2. 年龄与废弃物管理态度

与55岁及以上的肺结核患者相比，10～24岁（*OR*＝3.379，*P*＝0.038）以及40～54岁（*OR*＝1.584，*P*＝0.041）的肺结核患者对废弃物管理的态度更为积极主动，差异有统计学意义。10～24岁的患者对废弃物管理的态度最为积极，其次为40～54岁的肺结核患者。

3. 健康教育与废弃物管理态度

与未接受过健康教育的肺结核患者相比，接受过健康教育的肺结核患者对废弃物管理的态度更为积极主动，差异有统计学意义（*OR*＝2.435，*P*＝0.000）。

4. 督导管理与废弃物管理态度

在废弃物管理方面，与无人对其进行督导管理的肺结核患者相比，有人对其进行督导管理的肺结核患者对废弃物管理的态度更为积极主动，差异有统计学意义（*OR*＝1.699，*P*＝0.008）。

第三节　患者害怕程度分析

害怕程度是肺结核患者对废弃物管理动机的重要组成部分，只有对废弃物危害有畏惧之心，才会有可能对其进行妥善管理。调查结果显示，样本人群对废弃物危害的害怕程度较低，分数为1.96±1.380，现对影响肺结核患者对废弃物危害害怕程度的关键因素进行分析。

一、单因素分析结果

(一)社会人口学特征与害怕程度

分析结果如表10-13所示：

表10-13　　肺结核患者社会人口学特征与害怕程度分析

项目	人数	分值	*T*/*F*检验	*P*值
性别			3.276	0.001
男性	504	1.85±1.381		
女性	214	2.22±1.347		
治疗类型			0.159	0.874
初治	576	1.96±1.393		
复治	142	1.98±1.334		
菌痰化验结果			0.485	0.616
阳性	116	2.08±1.313		
阴性	242	1.95±1.403		
不知道	360	1.94±1.388		
婚姻状况			3.878	0.021
未婚	118	2.25±1.432		
已婚	550	1.93±1.362		
离异/丧偶	50	1.66±1.379		
职业类型			0.254	0.800
农民	662	1.96±1.400		
其他	56	2.00±1.128		
患者年龄			6.509	0.000
10～24岁	69	2.39±1.437		
25～39岁	81	2.37±1.355		
40～54岁	139	1.99±1.429		
55岁及以上	429	1.81±1.333		
受教育水平			2.034	0.132
初中及以下	581	1.93±1.391		
高中	94	1.96±1.311		
大专及以上	43	2.37±1.346		

1. 性别与害怕程度

女性肺结核患者对废弃物危害的害怕程度相对较高，分数为 2.22±1.347；男性肺结核患者对废弃物危害的害怕程度分数为 1.85±1.381。检验结果显示，性别不同的肺结核患者，对废弃物危害的害怕程度也不同，女性高于男性，差异有统计学意义（$T=3.276$，$P=0.001$）。

2. 治疗类型与害怕程度

复治肺结核患者对废弃物危害的害怕程度相对较高，分数为 1.98±1.334；初治肺结核患者对废弃物危害的害怕程度略低，分数为 1.96±1.39。但检验结果显示，治疗类型不同的肺结核患者，对废弃物危害的害怕程度差异无统计学意义（$T=0.159$，$P=0.874$）。

3. 菌痰化验结果与害怕程度

菌痰化验结果阳性的肺结核患者，对废弃物危害的害怕程度最高，分数为 2.08±1.313；而菌痰化验结果阴性及不清楚自己菌痰化验结果的患者，对废弃物危害的害怕程度相差无几，分数分别为 1.95±1.403 和 1.94±1.388。检验结果显示，菌痰化验结果不同的肺结核患者，对废弃物危害的害怕程度差异无统计学意义（$F=0.485$，$P=0.616$）。

4. 婚姻状况与害怕程度

未婚的肺结核患者对废弃物危害的害怕程度最高，分数为 2.25±1.432；其次为已婚的肺结核患者，分数为 1.93±1.362；而离异/丧偶的肺结核患者，对废弃物危害的害怕程度相对较低，分数为 1.66±1.379。经检验，婚姻状况不同的肺结核患者，对废弃物危害的害怕程度也不同，差异有统计学意义（$F=3.878$，$P=0.021$）。

5. 职业类型与害怕程度

职业类型为农民的肺结核患者与其他职业类型的肺结核患者相比，对废弃物危害的害怕程度略低，分值分别为 1.96±1.400 和 2.00±1.128。检验结果显示，职业类型不同的肺结核患者，对废弃物危害的害怕程度差异无统计学意义（$T=0.254$，$P=0.800$）。

6. 患者年龄与害怕程度

年龄越大的肺结核患者，对废弃物危害的害怕程度越小。25 岁以下的肺结核患者害怕程度最高，分数为 2.39±1.437；而 55 岁以上的肺结核患者害怕程度最低，分数为 1.81±1.333。经检验，不同年龄组的肺结核患者，对废弃物危害的害怕程度也不同，差异有统计学意义（$F=6.509$，$P=0.000$）。

7. 受教育水平与害怕程度

受教育水平越高的肺结核患者，对废弃物危害的害怕程度越高。其中，大专及以上文化水平的肺结核患者，对废弃物危害的害怕程度最高，分数为 2.37

±1.346；而初中及以下文化水平的肺结核患者，对废弃物危害的害怕程度最低，分数为1.93±1.391。检验结果显示，受教育水平不同的肺结核患者，对废弃物危害的害怕程度也不同，差异有统计学意义（$F=2.034$，$P=0.132$）。

（二）家庭特征与害怕程度

分析结果如表10-14所示：

表10-14　　肺结核患者家庭特征与害怕程度的关系分析

项目	人数	分值	T/F检验	P值
家庭年收入			4.653	0.010
15000元以下	471	1.89±1.370		
15000～30000元	137	1.93±1.324		
30000元及以上	110	2.33±1.447		
有无债务			1.218	0.224
有债务	193	2.07±1.519		
无债务	525	1.92±1.325		
是否贫困户			1.230	0.219
是	86	1.79±1.407		
否	632	1.99±1.376		
家属中有无医务人员			0.096	0.923
有	77	1.96±1.245		
无	641	1.96±1.397		

1. 家庭年收入与害怕程度

15000元以下家庭年收入的肺结核患者，对废弃物危害的害怕程度最低，分数为1.89±1.370；而30000元以上家庭年收入的肺结核患者，对废弃物危害的害怕程度最高，分数为2.33±1.447。检验结果显示，家庭年收入不同的肺结核患者，对废弃物危害的害怕程度也不同，差异有统计学意义（$F=4.653$，$P=0.010$）。总体趋势为肺结核患者家庭年收入越高，对废弃物危害的害怕程度就越高。

2. 债务情况与害怕程度

有债务的肺结核患者，对废弃物危害的害怕程度相对较高，分值为2.07±1.519；而无债务的肺结核患者害怕程度较低，分值为1.92±1.325。检验结果显示，不同债务情况的肺结核患者，对废弃物危害的害怕程度无统计学差异（$T=1.218$，$P=0.224$）。

3. 是否贫困户与害怕程度

非贫困户的肺结核患者，对废弃物危害的害怕程度相对较高，分数为 1.79±1.407；而贫困户的肺结核患者害怕程度较低，分数为 1.99±1.376。检验结果显示，贫困户与非贫困户的肺结核患者，对废弃物危害的害怕程度差异无统计学意义（T=1.230，P=0.219）。

4. 家属中有无医务人员与害怕程度

家属中有、无医务人员的肺结核患者，害怕程度分数分别为 1.96±1.245 和 1.96±1.397。检验结果显示，家属中有、无医务人员的肺结核患者，害怕程度差异无统计学意义（T=0.096，P=0.923）。

（三）行为生活方式与害怕程度

分析结果如表 10-15 所示：

表 10-15　肺结核患者行为生活方式与害怕程度分析

项目	人数	分值	T/F 检验	P 值
吸烟状况			56.887	0.000
经常吸烟	107	0.97±1.041		
偶尔吸烟	46	1.00±1.095		
不吸烟	565	2.23±1.338		
饮酒状况			10.161	0.000
饮酒	100	0.93±1.047		
不饮酒	618	2.13±1.355		
是否上网			3.475	0.001
上网	128	2.34±1.405		
不上网	590	1.88±1.362		

1. 吸烟状况与害怕程度

不吸烟的肺结核患者害怕程度最高，分数为 2.23±1.338；其次为偶尔吸烟的肺结核患者，分数为 1.00±1.095；而经常吸烟的肺结核患者害怕程度最低，分数为 0.97±1.041。但检验结果显示，吸烟状况不同的肺结核患者，害怕程度也不同，差异有统计学意义（F=56.887，P=0.000）。

2. 饮酒状况与害怕程度

不饮酒的肺结核患者害怕程度相对较高，分数为 2.13±1.355；而饮酒的肺结核患者害怕程度较低，分数为 0.93±1.047。检验结果显示，饮酒与不饮酒的肺结核患者，对废弃物危害的害怕程度不同，前者高于后者，差异有统计学意义

(T=10.161,P=0.000)。

3. 是否上网与害怕程度

上网的肺结核患者害怕程度相对较高,分数为2.34±1.405;不上网的肺结核患者害怕程度相对较低,分数为1.88±1.362。检验结果显示,上网与不上网的肺结核患者,害怕程度不同,前者高于后者,差异有统计学意义(T=3.475,P=0.001)。

(四)其他特征与害怕程度

分析结果如表10-16所示:

表10-16　患者其他特征与害怕程度的关系分析

项目	人数	分值	T/F检验	P值
健康教育			16.434	0.000
接受	484	2.40±1.378		
未接受	234	1.05±0.825		
督导与否			6.363	0.000
是	225	2.46±1.488		
否	493	1.73±1.266		
废弃物知识知晓度			19.084	0.000
不知晓		1.63±1.143		
知晓		3.89±1.008		

1. 健康教育与害怕程度

接受过健康教育的肺结核患者,害怕程度相对较高,分数为2.40±1.378;而未接受过健康教育的肺结核患者,害怕程度相对较低,分数为1.05±0.825。检验结果显示,接受过健康教育的肺结核患者与未接受过健康教育的患者,害怕程度不同,前者高于后者,差异有统计学意义(T=16.434,P=0.000)。

2. 督导管理与害怕程度

在废弃物管理方面,有人对其进行督导管理的肺结核患者,害怕程度相对较高,分数为2.46±1.488;而无人对其进行督导管理的肺结核患者,害怕程度相对较低,分数为1.73±1.266。检验结果显示,有人督导与无人督导的肺结核患者,对废弃物危害的害怕程度不同,前者高于后者,差异有统计学意义(T=6.363,P=0.000)。

3.废弃物相关知识知晓情况与害怕程度

知晓废弃物相关知识的肺结核患者，害怕程度较高，分数为 3.89±1.008；而不知晓废弃物相关知识的肺结核患者，害怕程度较低，分数为 1.63±1.143。检验结果显示，知晓与不知晓废弃物相关知识的肺结核患者，对废弃物危害的害怕程度不同，前者高于后者，差异有统计学意义（$T=19.084$，$P=0.000$）。

二、多因素分析结果

（一）回归模型的构建

调查数据显示，肺结核患者害怕程度分数的中位数为 2，由于目前缺乏相应的"金标准"，因此，本研究将分数高于 2 的界定为行为害怕程度高，等于或小于 2 的界定为害怕程度低。

以肺结核患者对废弃物危害的害怕程度为因变量，以单因素分析中差异有统计学意义的 10 个因素为自变量，即性别、婚姻状况、年龄、家庭年收入、吸烟状况、饮酒、上网、健康教育、督导管理及废弃物知识知晓情况，分别编码为 $X_1 \sim X_{10}$，建立二分类 logistic 回归模型，详见表 10-17。

表 10-17　　logistic 回归模型的变量及赋值

变量	赋值
因变量（害怕程度）	0＝程度低；1＝程度高
性别（X_1）	1＝男性；2＝女性
婚姻状况（X_2）	1＝已婚；2＝离异/丧偶；3＝未婚
年龄（X_3）	1＝10～24 岁；2＝25～39 岁；3＝40～54 岁；4＝55 岁及以上
家庭年收入（X_4）	1＝15000 元以下；2＝15000～30000 元；3＝30000 元及以上
吸烟状况（X_5）	1＝经常吸烟；2＝偶尔吸烟；3＝不吸烟
饮酒（X_6）	1＝饮酒；2＝不饮酒
上网与否（X_7）	1＝上网；2＝不上网
是否接受健康教育（X_8）	1＝接受；2＝未接受
督导与否（X_9）	1＝无人督导；2＝有人督导
废弃物知识知晓情况（X_{10}）	1＝不知晓；2＝知晓

（二）回归结果分析

分析结果显示，与肺结核患者对废弃物危害的害怕程度相关的因素有4 个，分别为吸烟、饮酒、健康教育及废弃物知识知晓情况，详见表 10-18。

表10-18　　肺结核患者害怕程度的多因素分析结果

因素	B	S.E.	OR	95%CI 下限至上限	P值
男性	−0.419	0.252	0.657	0.401～1.077	0.096
婚姻状况					0.880
已婚	−0.253	0.680	0.776	0.205～2.943	0.710
离异/丧偶	−0.004	0.489	0.996	0.382～2.600	0.994
年龄					0.569
10～24岁	0.204	0.730	1.226	0.293～5.126	0.780
25～39岁	0.188	0.441	1.207	0.508～2.865	0.670
40～54岁	0.440	0.310	1.552	0.845～2.851	0.156
家庭年收入					0.370
15000元以下	−0.328	0.339	0.721	0.371～1.400	0.333
15000～30000元	−0.549	0.391	0.577	0.269～1.241	0.160
吸烟状况					0.000
经常吸烟	−2.032	0.564	0.131	0.043～0.396	0.000
偶尔吸烟	−1.723	0.751	0.178	0.041～0.778	0.022
饮酒	−1.913	0.581	0.148	0.047～0.461	0.001
上网	−0.101	0.465	0.904	0.364～2.249	0.829
接受健康教育	2.680	0.422	14.584	6.381～33.333	0.000
督导管理	0.145	0.254	1.156	0.703～1.902	0.567
不知晓废弃物相关知识	−5.091	0.537	0.006	0.002～0.018	0.000
常数	2.102	0.794	8.184		0.008

1. 吸烟状况与害怕程度

与对照组即不吸烟的肺结核患者相比，经常吸烟（OR=0.131，P=0.000）与偶尔吸烟（OR=0.178，P=0.022）的肺结核患者对废弃物危害的害怕程度较小，差异均有统计学意义。说明吸烟状况越严重，对废弃物危害的害怕程度越低。

2. 饮酒状况与害怕程度

与对照组即不饮酒的肺结核患者相比，饮酒的肺结核患者对废弃物危害的害怕程度较小，差异均有统计学意义（OR=0.148，P=0.001）。

3. 健康教育与害怕程度

与对照组即未接受过健康教育的肺结核患者相比，接受过健康教育的肺结核患者对废弃物危害的害怕程度较高，差异均有统计学意义（$OR=14.584$，$P=0.000$）。

4. 废弃物知识知晓情况与害怕程度

不知晓废弃物分类、传染性以及处置方式等知识的肺结核患者，与对照组即知晓废弃物相关知识的肺结核患者，对废弃物危害的害怕程度较低，差异均有统计学意义（$OR=0.006$，$P=0.000$）。

第十一章　患者行为技巧水平分析

第一节　患者行为技巧情况分析

根据经典的IMB理论模型以及本研究的实证结果，行为技巧不仅可以直接对行为造成影响，而且还可以成为信息与动机对行为发生间接影响的纽带。因此，了解肺结核患者对废弃物管理的行为技巧，并确定主要影响因素，对于控制废弃物的危害以及肺结核疾病的蔓延具有十分重要的意义。

本次调查结果显示，样本人群行为技巧水平较低，分数为4.62±1.609，现对影响肺结核患者行为技巧水平的关键因素进行分析。

一、单因素分析结果

(一)社会人口学特征与行为技巧

分析结果如表11-1所示：

表11-1　　肺结核患者社会人口学特征与行为技巧的关系分析

项目	人数	分值	T/F 检验	P 值
性别			0.444	0.657
男性	504	4.61±1.584		
女性	214	4.66±1.670		
治疗类型			0.256	0.798
初治	576	4.63±1.629		
复治	142	4.59±1.531		
菌痰化验结果			0.433	0.649
阳性	116	4.75±1.604		

续表

项目	人数	分值	T/F 检验	P 值
阴性	242	4.60±1.622		
不知道	360	4.60±1.605		
婚姻状况			36.372	0.000
未婚	118	5.53±1.454		
已婚	550	4.35±1.573		
离异/丧偶	50	5.44±1.280		
职业类型			3.676	0.000
农民	662	4.56±1.605		
其他	56	5.38±1.472		
患者年龄			43.843	0.000
10～24 岁	69	5.90±1.395		
25～39 岁	81	5.80±1.561		
40～54 岁	139	4.45±1.461		
55 岁及以上	429	4.25±1.487		
受教育水平			36.960	0.000
初中及以下	581	4.40±1.542		
高中	94	5.32±1.581		
大专及以上	43	6.14±1.302		

1. 性别与行为技巧

女性肺结核患者行为技巧水平相对较高，分数为 4.66±1.670；男性肺结核患者行为技巧水平分数为 4.61±1.584。但检验结果显示，性别不同的肺结核患者，行为技巧水平差异无统计学意义（$T=0.444, P=0.657$）。

2. 治疗类型与行为技巧

初治肺结核患者行为技巧水平相对较高，分数为 4.63±1.629；复治肺结核患者行为技巧水平略低，分数为 4.59±1.531。但检验结果显示，治疗类型不同的肺结核患者，行为技巧水平差异无统计学意义（$T=0.256, P=0.798$）。

3. 菌痰化验结果与行为技巧

菌痰化验结果阳性的肺结核患者，行为技巧水平最高，分数为4.75±1.604；而菌痰化验结果阴性及不清楚自己菌痰化验结果的患者，行为技巧水平相差无几，分数分别为4.60±1.622和4.60±1.605。检验结果显示，菌痰化验结果不同的肺结核患者，行为技巧水平差异无统计学意义（$F=0.433$，$P=0.649$）。

4. 婚姻状况与行为技巧

未婚的肺结核患者行为技巧水平最高，分数为5.53±1.454；其次为离异/丧偶的肺结核患者，分数为5.44±1.280；而已婚的肺结核患者行为技巧水平相对较低，分数为4.35±1.573。经检验，婚姻状况不同的肺结核患者，行为技巧水平也不同，差异有统计学意义（$F=36.372$，$P=0.000$）。

5. 职业类型与行为技巧

职业类型为农民的肺结核患者与其他职业类型的肺结核患者相比，行为技巧水平略低，前者分值为4.56±1.605，而后者分值为5.38±1.472。检验结果显示，职业类型不同的肺结核患者，行为技巧水平也不同，差异有统计学意义（$T=3.676$，$P=0.000$）。

6. 患者年龄与行为技巧

年龄越高的肺结核患者，行为技巧水平越小。25岁以下的肺结核患者行为技巧水平最高，分数为5.90±1.395；而55岁以上的肺结核患者行为技巧水平最低，分数为4.25±1.487。经检验，不同年龄组的肺结核患者，行为技巧水平也不同，差异有统计学意义（$F=43.843$，$P=0.000$）。

7. 受教育水平与行为技巧

受教育水平越高的肺结核患者，行为技巧水平越高。其中，大专及以上文化水平的肺结核患者行为技巧水平最高，分数为6.14±1.302；而初中及以下文化水平的肺结核患者行为技巧水平最低，分数为4.40±1.542。检验结果显示，受教育水平不同的肺结核患者，行为技巧水平也不同，差异有统计学意义（$F=36.960$，$P=0.000$）。

（二）家庭特征与行为技巧

分析结果如表11-2所示：

表11-2　　肺结核患者家庭特征与行为技巧的关系分析

项目	人数	分值	T/F检验	P值
家庭年收入			14.679	0.000
15000元以下	471	4.39±1.545		
15000～30000元	137	4.97±1.627		

续表

项目	人数	分值	T/F 检验	P 值
30000 元及以上	110	5.16±1.662		
有无债务			0.479	0.632
有债务	193	4.58±1.583		
无债务	525	4.64±1.620		
是否贫困户			1.540	0.124
是	86	4.37±1.534		
否	632	4.66±1.617		
家属中有无医务人员			2.411	0.016
有	77	5.04±1.650		
无	641	4.57±1.598		

1. 家庭年收入与行为技巧

患者家庭年收入水平越高，行为技巧水平越高。其中，15000 元以下家庭年收入的肺结核患者，行为技巧水平最低，分数为 4.39±1.545；而 30000 元以上家庭年收入的肺结核患者行为技巧水平最高，分数为 5.16±1.662。检验结果显示，家庭年收入不同的肺结核患者，行为技巧水平也不同，差异有统计学意义（$F=14.679$，$P=0.000$）。

2. 债务情况与行为技巧

有债务与无债务的肺结核患者，行为技巧水平分值分别为 4.58±1.583 和 4.64±1.620。检验结果显示，不同债务情况的肺结核患者，行为技巧水平差异无统计学意义（$T=0.479$，$P=0.632$）。

3. 是否贫困户与行为技巧

贫困户与非贫困户的肺结核患者，行为技巧水平分数分别为 4.37±1.534 和 4.66±1.617。检验结果显示，贫困户与非贫困户的肺结核患者，行为技巧水平差异无统计学意义（$T=1.540$，$P=0.124$）。

4. 家属中有无医务人员与行为技巧

家属中有、无医务人员的肺结核患者，行为技巧水平分数分布为 5.04±1.650 和 4.57±1.598。检验结果显示，家属中有、无医务人员的肺结核患者，行为技巧水平差异无统计学意义（$T=2.411$，$P=0.016$）。

（三）行为生活方式与行为技巧

分析结果如表 11-3 所示：

表 11-3　　肺结核患者行为生活方式与行为技巧分析

项目	人数	分值	T/F 检验	P 值
吸烟状况			2.334	0.098
经常吸烟	107	4.32±1.515		
偶尔吸烟	46	4.76±1.566		
不吸烟	565	4.67±1.626		
饮酒状况			0.754	0.451
饮酒	100	4.51±1.749		
不饮酒	618	4.64±1.586		
是否上网			10.793	0.000
上网	128	5.91±1.453		
不上网	590	4.34±1.502		

1. 吸烟状况与行为技巧

偶尔吸烟的肺结核患者行为技巧水平最高，分数为 4.76±1.566；其次为不吸烟的肺结核患者，分数为 4.67±1.626；而经常吸烟的肺结核患者行为技巧水平最低，分数为 4.32±1.515。但检验结果显示，吸烟状况不同的肺结核患者，行为技巧水平差异无统计学意义（$F=2.334$，$P=0.098$）。

2. 饮酒状况与行为技巧

不饮酒的肺结核患者行为技巧水平相对较高，分数为 4.64±1.586；而饮酒的肺结核患者行为技巧水平较低，分数为 4.51±1.749。但检验结果显示，饮酒与不饮酒的肺结核患者，行为技巧水平差异无统计学意义（$T=0.754$，$P=0.451$）。

3. 是否上网与行为技巧

上网的肺结核患者患者行为技巧水平相对较高，分数为 5.91±1.453；不上网的肺结核患者患者行为技巧水平相对较低，分数为 4.34±1.502。检验结果显示，上网与不上网的肺结核患者，行为技巧水平不同，前者高于后者，差异有统计学意义（$T=10.793$，$P=0.000$）。

（四）其他特征与行为技巧

分析结果如表 11-4 所示：

表 11-4　　　　患者其他特征与行为技巧的关系分析

项目	人数	分值	T/F 检验	P 值
健康教育			13.149	0.000
接受	484	5.12±1.440		
未接受	234	3.60±1.456		
督导与否			6.691	0.000
是	225	5.20±1.573		
否	493	4.36±1.557		

1. 健康教育与行为技巧

接受过健康教育的肺结核患者，行为技巧水平相对较高，分数为 5.12±1.440；而未接受过健康教育的肺结核患者，行为技巧水平相对较低，分数为 3.60±1.456。检验结果显示，接受过健康教育的肺结核患者与未接受过健康教育的患者，行为技巧水平不同，前者高于后者，差异有统计学意义（$T=13.149$，$P=0.000$）。

2. 督导管理与行为技巧

在废弃物管理方面，有人对其进行督导管理的肺结核患者，行为技巧水平相对较高，分数为 5.20±1.573；而无人对其进行督导管理的肺结核患者，行为技巧水平相对较低，分数为 4.36±1.557。检验结果显示，有人督导与无人督导的肺结核患者，行为技巧水平不同，前者高于后者，差异有统计学意义（$T=6.691$，$P=0.000$）。

二、多因素分析结果

（一）回归模型的构建

调查数据显示，肺结核患者行为技巧水平分数的中位数为 5，由于目前缺乏相应的“金标准”，因此，本研究将分数不低于 5 的界定为行为技巧水平高，小于 5 的界定为行为技巧水平低。

以肺结核患者行为技巧水平为因变量，以单因素分析中差异有统计学意义的 9 个因素为自变量，分别为婚姻状况、职业、年龄、受教育水平、家庭年收入、家属中有无医务人员、上网、健康教育及督导管理，分别编码为 $X_1 \sim X_9$，建立二分类 logistic 回归模型，详见表 11-5。

表 11-5 logistic 回归模型的变量及赋值

变量	赋值
因变量(行为技巧水平)	0＝水平低;1＝水平高
婚姻状况(X_1)	1＝未婚;2＝已婚;3＝离异/丧偶
职业类型(X_2)	1＝其他;2＝农民
年龄(X_3)	1＝10～24 岁;2＝25～39 岁 ;3＝40～54 岁;4＝55 岁及以上
受教育水平(X_4)	1＝初中及以下;2＝高中;3＝大专及以上
家庭年收入(X_5)	1＝15000 元以下;2＝15000～30000 元;3＝30000 元及以上
家属中有无医务人员(X_6)	1＝有;2＝无
上网与否(X_7)	1＝上网;2＝不上网
健康教育(X_8)	1＝接受;2＝未接受
督导管理(X_9)	1＝无人督导;2＝有人督导

(二)回归结果分析

分析结果显示,与肺结核患者行为技巧水平相关的因素有 4 个,分别为婚姻状况、年龄、受教育水平及健康教育,详见表 11-6。

表 11-6 肺结核患者行为技巧水平的多因素分析结果

因素	B	S. E.	OR	95%CI 下限至上限	*P* 值
婚姻状况					0.000
未婚	0.360	0.301	1.389	0.802～2.576	0.321
已婚	－1.860	0.378	0.156	0.074～0.326	0.000
其他职业	0.507	0.411	1.660	0.742～3.715	0.217
年龄					0.007
10～24 岁	0.847	0.613	2.333	0.701～7.761	0.167
25～39 岁	1.382	0.398	3.982	1.825～8.690	0.001
40～54 岁	0.163	0.224	1.178	0.759～1.827	0.466
受教育水平					0.121
初中及以下	－1.473	0.719	0.229	0.056～0.939	0.041
高中	－1.279	0.716	0.278	0.068～1.134	0.074

续表

因素	B	S. E.	OR	95%CI 下限至上限	P
家庭年收入					0.918
15000元以下	−0.113	0.276	0.893	0.520～1.534	0.683
15000～30000元	−0.073	0.319	0.930	0.497～1.738	0.819
家属中有医务人员	0.359	0.297	1.431	0.800～2.651	0.227
上网	0.376	0.423	1.456	0.635～3.337	0.374
接受健康教育	1.746	0.210	5.729	3.794～8.651	0.000
督导管理	0.243	0.197	1.275	0.866～1.877	0.218
常数	1.521	0.853	4.578		0.074

与离异/丧偶的肺结核患者相比，已婚的肺结核患者行为技巧水平较低，差异有统计学意义（$OR=0.156$，$P=0.000$）。

与55岁及以上的肺结核患者相比，25～39岁的肺结核患者行为技巧水平较高，差异有统计学意义（$OR=3.982$，$P=0.001$）。

与大专及以上文化水平的肺结核患者相比，初中及以下文化水平的肺结核患者行为技巧水平较低，差异有统计学意义（$OR=0.229$，$P=0.041$）。

与未接受过健康教育的肺结核患者相比，接受过健康教育的肺结核患者行为技巧水平较高，差异有统计学意义（$OR=5.729$，$P=0.000$）。

第二节　主动获取知识情况分析

主动获取相关知识是肺结核患者对废弃物管理行为技巧的重要环节，也是肺结核患者获得废弃物相关知识的重要来源，因此，肺结核患者能否主动获取相关知识，对于废弃物危害的控制具有十分重要的意义。本研究对主动获取相关知识的界定为：肺结核患者在就诊时，能够主动向医务人员咨询废弃物的相关知识，居家治疗时能通过网络及媒体等方式获取相关知识。按照这一原则，仅106名肺结核患者主动获取相关知识，主动率仅为14.8%。

一、单因素分析结果

（一）社会人口学特征与主动获取知识情况分析

分析结果如表11-7所示：

表 11-7　　社会人口学特征与主动获取知识的关系分析结果

项目	不主动		主动		统计值	P值
	n	(%)	n	(%)		
性别					7.749	0.005
男性	442	87.7	62	12.3		
女性	170	79.4	44	20.6		
治疗类型					16.701	0.000
初治	477	82.8	99	17.2		
复治	135	95.1	7	4.9		
菌痰化验结果					18.404	0.000
阳性	88	75.9	28	24.1		
阴性	198	81.8	44	18.2		
不知道	326	90.6	34	9.4		
婚姻状况					124.699	0.000
未婚	56	47.5	62	52.5		
已婚	507	92.2	43	7.8		
离异/丧偶	49	98.0	1	2.0		
职业类型					51.805	0.000
农民	586	88.5	76	11.5		
其他	26	46.4	30	53.6		
年龄					299.706	0.000
10～24岁	18	26.1	51	73.9		
25～39岁	39	48.1	42	51.9		
40～54岁	129	92.8	10	7.2		
55岁以及上	426	99.3	3	0.7		
受教育水平					178.086	0.000
初中及以下	549	94.5	32	5.5		
高中	53	56.4	41	43.6		
大专及以上	10	23.3	33	76.7		

1. 患者性别与主动获取知识情况分析

女性肺结核患者相关知识主动获取率相对较高，为20.6%；而男性肺结核患者相关知识主动获取率仅为12.3%。检验结果显示，性别不同的肺结核患者，主动获取知识情况也不同，前者优于后者，差异有统计学意义（$\chi^2=7.749$，$P=0.005$）。

2. 治疗类型与主动获取知识情况分析

初治肺结核患者相关知识主动获取率相对较高，为17.2%；而复治肺结核患者相关知识主动获取率仅为4.9%。检验结果显示，治疗类型不同的肺结核患者，主动获取知识情况也不同，前者优于后者，差异有统计学意义（$\chi^2=16.701$，$P=0.000$）。

3. 菌痰化验结果与主动获取知识情况分析

菌痰化验结果阳性的肺结核患者相关知识主动获取率最高，为24.1%；其次为菌痰化验结果阴性的肺结核患者，为18.2%；而不清楚自己菌痰是否阳性的肺结核患者相关知识主动获取率最低，仅为9.4%。检验结果显示，菌痰化验结果不同的肺结核患者，主动获取知识情况也不同，差异有统计学意义（$\chi^2=18.404$，$P=0.000$）。

4. 婚姻状况与主动获取知识情况分析

未婚的肺结核患者相关知识主动获取率最高，为52.5%；其次为已婚的肺结核患者，为7.8%；而离异/丧偶的患者相关知识主动获取率最低，仅为2.0%。检验结果显示，婚姻状况不同的肺结核患者，主动获取知识情况也不同，差异有统计学意义（$\chi^2=124.699$，$P=0.000$）。

5. 职业类型与主动获取知识情况分析

职业为农民的肺结核患者与其他职业的患者相比，相关知识主动获取率较低，为11.5%；而其他职业的患者相关知识主动获取率相对较高，为53.6%。检验结果显示，职业类型不同的肺结核患者，主动获取知识情况也不同，差异有统计学意义（$\chi^2=51.805$，$P=0.000$）。

6. 患者年龄与主动获取知识情况分析

肺结核患者年龄越大，相关知识主动获取率越低。其中，年龄为10～24岁的肺结核患者相关知识主动获取率最高，为73.9%；而55岁及以上的肺结核患者相关知识主动获取率最低，为0.7%。检验结果显示，不同年龄组的肺结核患者，主动获取知识情况也不同，年龄越低的患者主动获取知识情况越好，差异有统计学意义（$\chi^2=299.706$，$P=0.000$）。

7. 患者受教育水平与主动获取知识情况分析

大专及以上文化水平的肺结核患者相关知识主动获取率最高，为76.7%；其次为高中文化水平的患者；而初中及以下文化水平的患者相关知识主动获取率最低，仅为5.5%。检验结果显示，受教育水平不同的肺结核患者，主动获取知识情况也不同，受教育水平越高的肺结核患者，主动获取知识情况越好，差异有统计学意义($\chi^2=178.086, P=0.000$)。

（二）家庭特征与主动获取知识情况分析

分析结果如表11-8所示：

表11-8　　家庭特征与主动获取知识的关系分析结果

项目	不主动		主动		统计值	P值
	n	(%)	n	(%)		
家庭年收入					72.882	0.000
15000元以下	440	93.4	31	6.6		
15000～30000元	102	74.5	35	25.5		
30000元及以上	70	63.6	40	36.4		
有无债务					3.335	0.068
有债务	172	89.1	21	10.9		
无债务	440	83.8	85	16.2		
是否贫困户					16.886	0.000
是	84	97.7	2	2.3		
否	528	83.5	104	16.5		
家属有无医务人员					9.185	0.002
有	56	72.7	21	27.3		
无	556	86.7	85	13.3		

1. 家庭年收入与主动获取知识情况分析

30000元以上家庭年收入的肺结核患者，相关知识主动获取率最高，为36.4%；其次为15000～30000元家庭年收入的患者；而15000元以下家庭年收入的患者相关知识主动获取率最低，为6.6%。检验结果显示，家庭年收入不同的肺结核患者，主动获取知识情况也不同，家庭年收入越高的肺结核患者，越倾向于主动获取废弃物相关知识，差异有统计学意义($\chi^2=72.882, P=0.000$)。

2. 债务情况与主动获取知识情况分析

有债务的肺结核患者相关知识主动获取率较低，为10.9%；而无债务的肺结核患者相关知识主动获取率相对较高，为16.2%。但检验结果显示，债务情况不同的肺结核患者，主动获取相关知识情况差异有统计学意义($\chi^2=3.335$,

P=0.068)。

3. 是否贫困户与主动获取知识情况分析

属于贫困户的肺结核患者相关知识主动获取率较低，仅为2.3%；不属于贫困户的肺结核患者相关知识主动获取率则相对较高，为16.5%。检验结果显示，贫困户与非贫困户的肺结核患者，主动获取知识情况也不同，后者优于前者，差异有统计学意义(χ^2=16.886，P=0.000)。

4. 家属中有无医务人员与主动获取知识情况分析

家属中有医务人员的肺结核患者相关知识主动获取率相对较高，为27.3%；而家属中无医务人员的肺结核患者相关知识主动获取率则较低，仅为13.3%。检验结果显示，家属中有医务人员与无医务人员的肺结核患者，主动获取知识情况也不同，前者优于后者，差异有统计学意义(χ^2=9.185，P=0.002)。

(三)行为生活方式与主动获取知识情况分析

分析结果如表11-9所示：

表11-9 行为生活方式与主动获取知识的关系分析结果

项目	不主动		主动		统计值	P值
	n	(%)	n	(%)		
吸烟状况					0.711	0.695
经常吸烟	94	87.9	13	12.1		
偶尔吸烟	40	87.0	6	13.0		
不吸烟	478	84.6	87	15.4		
饮酒状况					0.054	0.816
饮酒	86	86.0	14	14.0		
不饮酒	526	85.1	92	14.9		

1. 吸烟状况与废弃物知晓水平分析

不吸烟的肺结核患者相关知识主动获取率最高，为15.4%；其次为偶尔吸烟的肺结核患者，相关知识主动获取率为13.0%；而经常吸烟的肺结核患者相关知识主动获取率则最低，为12.1%。检验结果显示，吸烟状况不同的肺结核患者，主动获取知识情况差异无统计学意义(χ^2=0.711，P=0.695)。

2. 饮酒状况与主动获取知识情况分析

不饮酒的肺结核患者相关知识主动获取率相对较高，为14.9%；而饮酒的肺结核患者相关知识主动获取率为14.0%。但检验结果显示，饮酒状况不同的肺结核患者，主动获取知识情况差异无统计学意义(χ^2=0.054，P=0.816)。

二、多因素分析结果

(一)回归模型的构建

本研究以肺结核患者是否主动获取相关知识为因变量,以单因素分析中差异有统计学意义的10个因素为自变量,即性别、治疗类型、菌痰化验结果、婚姻状况、职业、年龄、受教育水平、家庭年收入、是否贫困户、家属中有无医务人员,分别编码为 $X_1 \sim X_{10}$,建立二分类logistic回归模型,详见表11-10。

表11-10　logistic回归模型的变量及赋值

变量	赋值
因变量(主动获取知识)	1=主动;0=不主动
性别(X_1)	1=男性;2=女性
治疗类型(X_2)	1=初治;2=复治
菌痰化验结果(X_3)	1=阳性;2=阴性;3=不清楚
婚姻状况(X_4)	1=未婚;2=已婚;3=离异/丧偶
职业(X_5)	1=农民;2=其他
年龄(X_6)	1=10~24岁;2=25~39岁;3=40~54岁;4=55岁及以上
受教育水平(X_7)	1=初中及以下;2=高中;3=大专及以上
家庭年收入(X_8)	1=15000元以下;2=15000~30000元;3=30000元及以上
是否贫困户(X_9)	1=是;2=否
家属中有无医务人员(X_{10})	1=有;2=无

(二)回归结果分析

多因素分析结果显示,与肺结核患者是否主动获取相关知识相关的因素有5个,分别为职业、年龄、受教育水平、家庭年收入及家属中有无医务人员,详见表11-11。

表11-11　肺结核患者主动获取知识的多因素分析结果

因素	*B*	S. E.	*OR*	95%CI 下限至上限	*P* 值
男性	0.380	0.372	1.462	0.705~3.032	0.307
初治	0.704	0.578	2.022	0.652~6.273	0.223
菌痰化验结果					0.197

续表

因素	B	S. E.	OR	95%CI 下限至上限	P 值
阳性	0.828	0.467	2.290	0.917～5.718	0.076
阴性	0.177	0.409	1.194	0.535～2.662	0.665
婚姻状况					0.731
未婚	0.150	1.415	1.162	0.073～18.584	0.916
已婚	−0.274	1.307	0.761	0.059～9.852	0.834
其他职业	1.539	0.521	4.660	1.679～12.936	0.003
患者年龄					0.000
10～24 岁	4.919	0.868	136.802	24.973～749.386	0.000
25～39 岁	4.304	0.699	73.967	18.805～290.938	0.000
40～54 岁	1.730	0.725	5.641	1.361～23.380	0.017
受教育水平					0.011
初中及以下	−1.118	0.546	0.327	0.112～0.953	0.041
高中	−0.020	0.559	0.980	0.328～2.931	0.972
家庭年收入					0.011
15000 元以下	−1.340	0.449	0.262	0.109～0.631	0.003
15000～30000 元	−0.819	0.456	0.441	0.180～1.078	0.073
贫困户	−1.839	0.990	0.159	0.023～1.107	0.063
家属中有医务人员	1.118	0.498	3.059	1.153～8.115	0.025
常数	−4.109	1.574	0.016		0.009

1. 职业与是否主动获取知识

相较于农民，其他职业的肺结核患者，更倾向于主动获取废弃物相关知识，差异有统计学意义（$OR=4.660$，$P=0.003$）。

2. 年龄与是否主动获取知识

以 55 岁以上的肺结核患者为对照组，其他年龄组的肺结核患者更倾向于主动获取废弃物相关知识，差异均有统计学意义。其中，10～24 岁、25～39 岁及 40～54 岁年龄组的 OR 值分别为 136.802、73.967 和 5.641，说明年龄越小的肺结核患者，越倾向于主动获取废弃物相关知识。

3. 受教育程度与是否主动获取知识

与大专及以上文化水平的肺结核患者相比，初中及以下文化水平的不倾向于主动获取废弃物相关知识，差异有统计学意义（OR=0.327，P=0.041）。

4. 家庭年收入与是否主动获取知识

与30000元以上家庭年收入的肺结核患者相比，15000元以下家庭年收入的肺结核患者不倾向于主动获取废弃物相关知识，差异有统计学意义（OR=0.262，P=0.003）。

5. 家属中有无医务人员与是否主动获取知识

与家属中无医务人员的肺结核患者相比，家属中有医务人员的肺结核患者更倾向于主动获取废弃物相关知识，差异有统计学意义（OR=3.059，P=0.025）。

第三节　消毒设施配置情况分析

在家中配置消毒设施是肺结核患者对废弃物管理行为技巧的重要环节，也是肺结核患者实施废弃物危害控制行为的基础。因此，肺结核患者能否配置消毒设施，对于废弃物危害的控制具有十分重要的意义。

本研究对配置消毒设施的界定为：肺结核患者在居家治疗期间，配置相应的消毒剂和消毒工具。按照这一原则，在本调查中，仅284名肺结核患者配置消毒设施，配置率仅为39.6%。

一、单因素分析结果

（一）社会人口学特征与消毒设施配置情况分析

分析结果如表11-12所示：

表11-12　社会人口学特征与消毒设施配置情况的关系分析结果

项目	不配置		配置		统计值	P值
	n	(%)	n	(%)		
性别					2.985	0.084
男性	315	62.5	189	37.5		
女性	119	55.6	95	44.4		
治疗类型					4.579	0.032
初治	337	58.5	239	41.5		
复治	97	68.3	45	31.7		

续表

项目	不配置		配置		统计值	P 值
	n	(%)	n	(%)		
菌痰化验结果						
阳性	63	54.3	53	45.7	5.150	0.076
阴性	139	57.4	103	42.6		
不知道	232	64.4	128	35.6		
婚姻状况					8.601	0.013
未婚	58	49.2	60	50.8		
已婚	341	62.0	209	38.0		
离异/丧偶	35	70.0	15	3.0		
职业类型					13.023	0.000
农民	413	62.4	249	37.6		
其他	21	37.5	35	62.5		
年龄					72.504	0.000
10～24 岁	22	31.9	47	68.1		
25～39 岁	26	32.1	55	67.9		
40～54 岁	80	57.6	59	42.4		
55 岁以及上	306	71.3	123	28.7		
受教育水平					48.601	0.000
初中及以下	384	66.1	197	33.9		
高中	42	44.7	52	55.3		
大专及以上	8	18.6	35	81.4		

1. 患者性别与消毒设施配置情况分析

女性肺结核患者消毒设施配置率为 44.4%，而男性患者配置率仅为 37.5%。但检验结果显示，性别不同的肺结核患者，消毒设施配置情况差异无统计学意义($\chi^2=2.985$，$P=0.084$)。

2. 治疗类型与消毒设施配置情况分析

初治肺结核患者消毒设施配置率为 41.5%，而复治患者配置率仅为 31.7%。检验结果显示，治疗类型不同的肺结核患者，消毒设施配置情况也不同，前者高于后者，差异有统计学意义($\chi^2=4.579$，$P=0.032$)。

3. 菌痰化验结果与消毒设施配置情况分析

菌痰化验结果阳性的肺结核患者，消毒设施配置率最高，为 45.7%；其次为菌痰化验结果阴性的肺结核患者，消毒设施配置率为 42.6%；而不清楚自己菌痰化验结果是否阳性的患者配置率最低，仅为 35.6%。但检验结果显示，菌痰化验结果不同的肺结核患者，消毒设施配置情况差异无统计学意义（$\chi^2=5.150$，$P=0.076$）。

4. 婚姻状况与消毒设施配置情况分析

未婚的肺结核患者消毒设施配置率最高，为 50.8%；其次为已婚的肺结核患者；而离异/丧偶的患者消毒设施配置率最低，仅为 3.0%。检验结果显示，婚姻状况不同的肺结核患者，消毒设施配置情况也不同，差异有统计学意义（$\chi^2=8.601$，$P=0.013$）。

5. 职业类型与消毒设施配置情况分析

职业为农民的肺结核患者与其他职业的患者相比，消毒设施配置率较低，为 37.6%；而其他职业的患者消毒设施配置率相对较高，为 62.5%。检验结果显示，职业类型不同的肺结核患者，消毒设施配置情况也不同，差异有统计学意义（$\chi^2=13.023$，$P=0.000$）。

6. 患者年龄与消毒设施配置情况分析

年龄为 10～24 岁的肺结核患者消毒设施配置率最高，为 68.1%；其次为 25～39 岁的肺结核患者，配置率为 67.9%；而 55 岁及以上的肺结核患者配置率最低，为 28.7%。检验结果显示，不同年龄段的肺结核患者，消毒设施配置情况也不同，年龄越大的肺结核患者消毒设施配置情况越差，差异有统计学意义（$\chi^2=72.504$，$P=0.000$）。

7. 患者受教育水平与消毒设施配置情况分析

大专及以上文化水平的肺结核患者消毒设施配置率最高，为 81.4%；其次为高中文化水平的肺结核患者，消毒设施配置率为 55.3%；而初中及以下文化水平的肺结核患者消毒设施配置率最低，仅为 33.9%。检验结果显示，受教育水平不同的肺结核患者，消毒设施配置情况也不同，受教育水平越高的肺结核患者消毒设施配置情况越好，差异有统计学意义（$\chi^2=48.601$，$P=0.000$）。

（二）家庭特征与消毒设施配置情况分析

分析结果如表 11-13 所示：

表 11-13　　家庭特征与消毒设施配置情况的关系分析结果

项目	不配置		配置		统计值	P 值
	n	(%)	n	(%)		
家庭年收入					29.199	0.000
15000 元以下	316	67.1	155	32.9		

续表

项目	不配置		配置		统计值	P 值
	n	(%)	n	(%)		
15000～30000 元	73	53.3	64	46.7		
30000 元及以上	45	40.9	65	59.1		
有无债务					1.191	0.275
有债务	123	63.7	70	36.3		
无债务	311	59.2	214	40.8		
是否贫困户					3.659	0.056
是	60	69.8	26	30.2		
否	374	59.2	258	40.8		
家属有无医务人员					4.351	0.037
有	38	49.4	39	50.6		
无	396	61.8	245	38.2		

1. 家庭年收入与消毒设施配置情况分析

30000 元以上家庭年收入的肺结核患者，消毒设施配置率最高，为 59.1%；其次为 15000～30000 元家庭年收入的患者，消毒设施配置率为 46.7%；而 15000 元以下家庭年收入的患者消毒设施配置率最低，为 32.9%。检验结果显示，家庭年收入不同的肺结核患者，消毒设施配置情况也不同，家庭经济状况越好的肺结核患者，消毒设施配置情况越好，差异有统计学意义（$\chi^2=29.199$，$P=0.000$）。

2. 债务情况与消毒设施配置情况分析

有债务的肺结核患者消毒设施配置率较低，为 36.3%；而无债务的肺结核患者消毒设施配置率相对较高，仅为 40.8%。但检验结果显示，债务情况不同的肺结核患者，消毒设施配置情况差异无统计学意义（$\chi^2=1.191$，$P=0.275$）。

3. 是否贫困户与消毒设施配置情况分析

属于贫困户的肺结核患者消毒设施配置率较低，仅为 30.2%；不属于贫困户的肺结核患者消毒设施配置率则相对较高，为 40.8%。但检验结果显示，贫困户与非贫困户的肺结核患者，消毒设施配置情况差异无统计学意义（$\chi^2=3.659$，$P=0.056$）。

4. 家属中有无医务人员与消毒设施配置情况分析

家属中有医务人员的肺结核患者消毒设施配置率相对较高，为 50.6%；而家属中无医务人员的肺结核患者消毒设施配置率则较低，仅为 38.2%。检验结果显示，家属中有医务人员与无医务人员的肺结核患者，消毒设施配置情况也不同，前者优于后者，差异有统计学意义（$\chi^2=4.351, P=0.037$）。

（三）行为生活方式与消毒设施配置情况分析

分析结果如表 11-14 所示：

表 11-14　行为生活方式与消毒设施配置情况的关系分析结果

项目	不配置		配置		统计值	P 值
	n	(%)	n	(%)		
吸烟状况					0.871	0.654
经常吸烟	69	64.5	38	35.5		
偶尔吸烟	28	60.9	18	39.1		
不吸烟	337	59.6	228	40.4		
饮酒状况					0.015	0.903
饮酒	61	61.0	39	39.0		
不饮酒	373	60.4	245	39.6		
是否上网					55.534	0.000
上网	40	31.3	88	68.7		
不上网	394	66.8	196	33.2		

1. 吸烟状况与废弃物知晓水平分析

不吸烟的肺结核患者消毒设施配置率最高，为 40.4%；其次为偶尔吸烟的肺结核患者，配置率为 39.1%；经常吸烟的肺结核患者消毒设施配置率则最低，为 35.5%。但检验结果显示，吸烟状况不同的肺结核患者，消毒设施配置情况差异无统计学意义（$\chi^2=0.871, P=0.654$）。

2. 饮酒状况与消毒设施配置情况分析

不饮酒的肺结核患者消毒设施配置率相对较高，为 39.6%；而饮酒的肺结核患者消毒设施配置率为 39.0%。但检验结果显示，饮酒状况不同的肺结核患者，消毒设施配置情况差异无统计学意义（$\chi^2=0.015, P=0.903$）。

3. 上网状况与消毒设施配置情况分析

上网的肺结核患者消毒设施配置率相对较高，为 68.7%；而不上网的肺结核患者消毒设施配置率则较低，为 33.2%。检验结果显示，上网与不上网的肺结核患者，消毒设施配置情况也不同，前者优于后者，差异有统计学意义（$\chi^2=55.534, P=0.000$）。

(四)其他特征与消毒设施配置情况分析

分析结果如表 11-15 所示：

表 11-15 其他特征与消毒设施配置情况的关系分析结果

项目	不配置		配置		统计值	P 值
	n	(%)	n	(%)		
健康教育					32.873	0.000
接受	258	53.3	226	46.7		
未接受	176	75.2	58	24.8		
督导与否					24.102	0.000
是	106	47.1	119	52.9		
否	328	66.5	165	33.5		

1. 健康教育与消毒设施配置情况分析

接受过健康教育的肺结核患者消毒设施配置率相对较高，为 46.7%；而未接受过健康教育的肺结核患者消毒设施配置率则较低，为 24.8%。经检验，接受过健康教育与未接受过健康教育的肺结核患者，消毒设施配置情况不同，前者优于后者，差异有统计学意义($\chi^2=32.873, P=0.000$)。

2. 督导管理与消毒设施配置情况分析

在废弃物处置方面，有人对其进行督导的肺结核患者，消毒设施配置率相对较高，为 52.9%；而无人对其进行督导的肺结核患者，消毒设施配置率则较低，为 33.5%。经检验，有人督导与无人督导的肺结核患者，消毒设施配置情况不同，前者优于后者，差异有统计学意义($\chi^2=24.102, P=0.000$)。

二、多因素分析结果

(一)回归模型的构建

本研究以肺结核患者是否配置消毒设施为因变量，以单因素分析中差异有统计学意义的 10 个因素为自变量，分别编码为 $X_1 \sim X_{10}$，建立二分类 logistic 回归模型，详见表 11-16。

表 11-16 logistic 回归模型的变量及赋值

变量	赋值
因变量(配置消毒设施)	1=配置；0=不配置
治疗类型(X_1)	1=初治；2=复治
婚姻状况(X_2)	1=未婚；2=已婚；3=离异/丧偶

续表

变量	赋值
职业(X_3)	1=农民;2=其他
年龄(X_4)	1=10～24 岁;2=25～39 岁;3=40～54 岁;4=55 岁及以上
受教育水平(X_5)	1=初中及以下;2=高中;3=大专及以上
家庭年收入(X_6)	1=15000 元以下;2=15000～30000 元;3=30000 元及以上
家属中有无医务人员(X_7)	1=有;2=无
上网状况(X_8)	1=上网;2=不上网
健康教育(X_9)	1=接受;2=未接受
督导管理(X_{10})	1=无人督导;2=有人督导

(二)回归结果分析

多因素分析结果显示,与肺结核患者是否主动获取相关知识相关的因素有 6 个,分别为婚姻状况、年龄、受教育水平、家庭年收入、健康教育及督导管理,详见表 11-17。

表 11-17　　肺结核患者是否配置消毒设施的多因素分析结果

因素	*B*	S. E.	*OR*	95%CI 下限至上限	*P* 值
初治	0.240	0.218	1.272	0.829～1.950	0.270
婚姻状况					0.008
离异/丧偶	−1.123	0.507	0.325	0.120～0.878	0.027
已婚	0.090	0.337	1.094	0.566～2.118	0.789
其他职业	0.149	0.348	1.161	0.587～2.296	0.668
患者年龄					0.001
10～24 岁	1.759	0.564	5.804	1.923～17.517	0.002
25～39 岁	1.380	0.356	3.976	1.980～7.986	0.000
40～54 岁	0.382	0.220	1.465	0.952～2.256	0.083
受教育水平					0.057
初中及以下	−1.215	0.510	0.297	0.109～0.806	0.017
高中	−1.074	0.501	0.342	0.128～0.912	0.032

续表

因素	B	S. E.	OR	95%CI 下限至上限	P 值
家庭年收入					0.102
15000元以下	−0.531	0.252	0.588	0.359～0.963	0.035
15000～30000元	−0.323	0.287	0.724	0.413～1.270	0.260
家属中有医务人员	0.296	0.272	1.344	0.789～2.289	0.276
上网	0.160	0.372	1.173	0.566～2.431	0.668
健康教育	0.677	0.197	1.969	1.338～2.896	0.001
督导管理	0.454	0.188	1.574	1.090～2.274	0.016
常数	−0.079	0.690	0.924		0.908

1. 婚姻状况与是否配置消毒设施

与已婚的肺结核患者相比，离异/丧偶的肺结核患者消毒设施的配置情况较差，差异有统计学意义（OR=0.325，P=0.027）。

2. 年龄与是否配置消毒设施

与55岁以上的肺结核患者相比，10～24岁（OR=5.804，P=0.002）和25～39岁（OR=3.976，P=0.000）的肺结核患者消毒设施的配置情况较好，差异有统计学意义。说明10～24岁的肺结核患者消毒设施配置情况最好，其次为25～39岁的肺结核患者。

3. 受教育水平与是否配置消毒设施

与大专及以上文化水平的肺结核患者相比，初中及以下文化水平（OR=0.297，P=0.017）和高中文化水平的肺结核患者（OR=0.342，P=0.032）废弃物配置情况较差，差异有统计学意义。说明受教育水平越高的肺结核患者，消毒设施配置情况越好。

4. 家庭年收入与是否配置消毒设施

与30000元及以上家庭年收入的肺结核患者相比，15000元及以下家庭年收入的肺结核患者消毒设施配置情况较差，差异有统计学意义（OR=0.588，P=0.035）。

5. 健康教育与是否配置消毒设施

与未接受过健康教育的肺结核患者相比，接受过健康教育的肺结核患者消毒设施配置情况较好，差异有统计学意义（OR=1.969，P=0.001）。

6. 督导管理与是否配置消毒设施

在废弃物处置方面，与无人对其进行督导的肺结核患者相比，有人对其进行督导的肺结核患者消毒设施配置情况较好，差异有统计学意义（$OR=1.574$，$P=0.016$）。

第四节　患者行为自律水平分析

调查结果显示，肺结核患者行为自律的分数为3.94±1.523。其中，6.5%的肺结核患者扔弃过用过的衣物，8.2%的肺结核患者扔弃过用过的毛巾等日用品，68.7%的肺结核患者扔弃过用过的药品包装等物品。67.0%的患者与家人一起用餐，31.2%的患者与家人分开居住，52.6%的患者将生活与个人用品同家人分开搁置。仅13.2%的患者出行时戴口罩，10.7%的患者出行时携带盛痰物品，36.5%的患者出行时携带纸巾或手帕。

一、单因素分析结果

（一）社会人口学特征与行为自律水平

分析结果如表11-18所示：

表11-18　　社会人口学特征与行为自律情况分析

项目	人数	分值	T/F检验	P值
性别			2.425	0.016
男性	504	3.85±1.481		
女性	214	4.15±1.603		
治疗类型			0.326	0.745
初治	576	3.95±1.514		
复治	142	3.90±1.563		
菌痰化验结果			1.258	0.285
阳性	116	4.03±1.652		
阴性	242	3.81±1.568		
不知道	360	3.99±1.446		
婚姻状况			16.999	0.000
未婚	118	4.80±1.385		
已婚	550	3.77±1.517		
离异/丧偶	50	4.37±1.401		
职业类型			1.870	0.062
农民	662	3.91±1.510		

续表

项目	人数	分值	T/F 检验	P 值
其他	56	4.30±1.640		
患者年龄			7.980	0.000
10～24 岁	69	4.38±1.456		
25～39 岁	81	4.54±1.651		
40～54 岁	139	3.82±1.490		
55 岁及以上	429	3.79±1.482		
受教育水平			6.372	0.002
初中及以下	581	3.85±1.518		
高中	94	4.18±1.495		
大专及以上	43	4.60±1.466		

1. 性别与行为自律水平

女性肺结核患者行为自律水平相对较高，分数为 4.15±1.603；男性肺结核患者行为自律水平分数为 3.85±1.481。检验结果显示，性别不同的肺结核患者，行为自律水平也不同，前者高于后者，差异有统计学意义（T=2.425，P=0.016）。

2. 治疗类型与行为自律水平

初治肺结核患者行为自律水平相对较高，分数为 3.95±1.514；复治肺结核患者行为自律水平略低，分数为 3.90±1.563。但检验结果显示，治疗类型不同的肺结核患者，行为自律水平差异无统计学意义（T=0.326，P=0.745）。

3. 菌痰化验结果与行为自律水平

菌痰化验结果阳性的肺结核患者，行为自律水平最高，分数为 4.03±1.652；其次为不清楚自己菌痰化验结果的患者，分数为 3.99±1.446；而菌痰化验结果阴性的肺结核患者，行为自律水平最低，分数为 3.81±1.568。但检验结果显示，菌痰化验结果不同的肺结核患者，行为自律水平差异无统计学意义（F=1.258，P=0.285）。

4. 婚姻状况与行为自律水平

未婚的肺结核患者行为自律水平最高，分数为 4.80±1.385；其次为离异/丧偶的肺结核患者，分数为 4.37±1.401；而已婚的肺结核患者行为自律水平相对较低，分数为 3.77±1.517。经检验，婚姻状况不同的肺结核患者，行为自律水平也不同，差异有统计学意义（F=16.999，P=0.000）。

5. 职业类型与行为自律水平

职业类型为农民的肺结核患者与其他职业类型的肺结核患者相比，行为自律水平略低，分值分别为 3.91±1.510 和 4.30±1.640。检验结果显示，职业类型不同的肺结核患者，行为自律水平差异无统计学意义（$T=1.870$，$P=0.062$）。

6. 患者年龄与行为自律水平

年龄为 25～39 岁的肺结核患者，行为自律水平最高，分数为 4.54±1.651；其次为 25 岁以下的肺结核患者，分数为 4.38±1.456；而 55 岁以上的肺结核患者行为自律水平最低，分数为 3.79±1.482。经检验，不同年龄组的肺结核患者，行为自律水平也不同，差异有统计学意义（$F=7.980$，$P=0.000$）。

7. 受教育水平与行为自律水平

受教育水平越高的肺结核患者，行为自律水平越高。其中，大专及以上文化水平的肺结核患者行为自律水平最高，分数为 4.60±1.466；而初中及以下文化水平的肺结核患者行为自律水平最低，分数为 3.85±1.518。检验结果显示，受教育水平不同的肺结核患者，行为自律水平也不同，差异有统计学意义（$F=6.372$，$P=0.002$）。

（二）家庭特征与行为自律水平

分析结果如表 11-19 所示：

表 11-19　　家庭特征与行为自律情况分析

项目	人数	分值	T/F 检验	P 值
家庭年收入			2.334	0.098
15000 元以下	471	3.87±1.509		
15000～30000 元	137	4.19±1.579		
30000 元及以上	110	3.91±1.493		
有无债务			0.930	0.716
有债务	193	4.03±1.546		
无债务	525	3.91±1.515		
是否贫困户			0.247	0.805
是	86	3.98±1.701		
否	632	3.93±1.499		
家属中有无医务人员			1.722	0.085
有	77	4.22±1.578		
无	641	3.90±1.514		

1. 家庭年收入与行为自律水平

15000～30000 元家庭年收入的肺结核患者，行为自律水平最高，分数为 4.19±1.579；其次为 30000 元以上家庭年收入的肺结核患者，分数为 3.91±1.493；而 15000 元以下家庭年收入的肺结核患者，行为自律水平最低，分数为 3.87±1.509。检验结果显示，家庭年收入不同的肺结核患者，行为自律水平差异无统计学意义（$F=2.334$，$P=0.098$）。

2. 债务情况与行为自律水平

有债务的肺结核患者行为自律水平相对较高，自律水平分数为 4.03±1.546；而无债务的肺结核患者行为自律水平则较低，自律水平分数为 3.91±1.515。但检验结果显示，不同债务情况的肺结核患者，行为自律水平差异无统计学意义（$T=0.930$，$P=0.716$）。

3. 是否贫困户与行为自律水平

贫困户的肺结核患者行为自律水平相对较高，自律水平分数为 3.98±1.701；而非贫困户的肺结核患者，行为自律水平则较低，自律水平分值为 3.93±1.499。但检验结果显示，贫困户与非贫困户的肺结核患者，行为自律水平差异无统计学意义（$T=0.247$，$P=0.805$）。

4. 家属中有无医务人员与行为自律水平

家属中有医务人员的肺结核患者，行为自律水平相对较高，自律水平分数为 4.22±1.578；而家属中无医务人员的肺结核患者，行为自律水平相对较低，自律水平分数为 3.90±1.514。但检验结果显示，家属中有、无医务人员的肺结核患者，行为自律水平差异无统计学意义（$T=1.722$，$P=0.085$）。

（三）行为生活方式与行为自律水平

分析结果如表 11-20 所示：

表 11-20　　　　行为生活方式与行为自律情况分析

项目	人数	分值	T/F 检验	P 值
吸烟状况			4.397	0.013
经常吸烟	107	3.56±1.368		
偶尔吸烟	46	4.22±1.548		
不吸烟	565	3.99±1.540		
饮酒状况			1.620	0.106
饮酒	100	3.71±1.452		
不饮酒	618	3.98±1.532		
是否上网			2.951	0.003

续表

项目	人数	分值	T/F 检验	P 值
上网	128	4.30±1.534		
不上网	590	3.86±1.511		

1. 吸烟状况与行为自律水平

偶尔吸烟的肺结核患者行为自律水平最高，分数为 4.22±1.548；其次为不吸烟的肺结核患者，分数为 3.99±1.540；而经常吸烟的肺结核患者行为自律水平最低，分数为 3.56±1.368。但检验结果显示，吸烟状况不同的肺结核患者，行为自律水平也不同，差异有统计学意义（$F=4.397$，$P=0.013$）。

2. 饮酒状况与行为自律水平

不饮酒的肺结核患者行为自律水平相对较高，分数为 3.98±1.532；而饮酒的肺结核患者行为自律水平较低，分数为 3.71±1.452。但检验结果显示，饮酒状况不同的肺结核患者，行为自律水平差异无统计学意义（$T=1.620$，$P=0.106$）。

3. 是否上网与行为自律水平

上网的肺结核患者行为自律水平相对较高，分数为 4.30±1.534；不上网的肺结核患者行为自律水平相对较低，分数为 3.86±1.511。检验结果显示，上网与不上网的肺结核患者，行为自律水平不同，前者高于后者，差异有统计学意义（$T=2.951$，$P=0.003$）。

（四）其他特征与行为自律水平

分析结果如表 11-21 所示：

表 11-21　　患者其他特征与行为自律的关系分析

项目	人数	分值	T/F 检验	P 值
健康教育			3.405	0.001
接受	484	4.07±1.553		
未接受	234	3.66±1.424		
废弃物处置态度			2.384	0.017
积极	432	4.05±1.565		
消极	286	3.77±1.444		
对督导管理态度			0.735	0.463
无必要	269	3.88±1.528		

续表

项目	人数	分值	T/F 检验	P 值
有必要	449	3.97±1.521		
督导与否			3.017	0.003
是	225	4.19±1.568		
否	493	3.82±1.490		
废弃物传染性知晓度			2.760	0.006
知晓	199	4.19±1.615		
不知晓	519	3.84±1.476		
废弃物处置知识知晓度			1.482	0.139
知晓	378	4.02±1.532		
不知晓	340	3.85±1.510		
废弃物分类知识知晓度			2.717	0.007
知晓	302	4.12±1.561		
不知晓	416	3.81±1.483		

1. 健康教育与行为自律水平

接受过健康教育的肺结核患者，行为自律水平相对较高，分数为4.07±1.553；而未接受过健康教育的肺结核患者，行为自律水平相对较低，分数为3.66±1.424。检验结果显示，接受过健康教育的肺结核患者与未接受过健康教育的患者，行为自律水平不同，前者高于后者，差异有统计学意义（$T=3.405$，$P=0.001$）。

2. 废弃物处置态度与行为自律水平

对废弃物处置持积极态度的肺结核患者，行为自律水平相对较高，分数为4.05±1.565；而对废弃物处置持消极态度的肺结核患者，行为自律水平相对较低，分数为3.77±1.444。检验结果显示，对废弃物处置持积极与消极态度的肺结核患者，行为自律水平不同，前者高于后者，差异有统计学意义（$T=2.384$，$P=0.017$）。

3. 对督导管理态度与行为自律水平

认为专门对废弃物督导管理有必要的肺结核患者，行为自律水平相对较高，分数为3.97±1.521；而认为专门对废弃物督导管理无必要的肺结核患者，行为自律水平相对较低，分数为3.88±1.528。检验结果显示，对废弃物督导管理态度不同的肺结核患者，行为自律水平差异无统计学意义（$T=0.735$，$P=0.463$）。

4. 督导管理与行为自律水平

在废弃物管理方面，有人对其进行督导管理的肺结核患者，行为自律水平相对较高，分数为 4.19±1.568；而无人对其进行督导管理的肺结核患者，行为自律水平相对较低，分数为 3.82±1.490。检验结果显示，有人督导与无人督导的肺结核患者，行为自律水平不同，前者高于后者，差异有统计学意义（$T=3.017$，$P=0.003$）。

5. 废弃物传染性知晓情况与行为自律水平

知晓废弃物传染性的肺结核患者，行为自律水平较高，分数为 4.19±1.615；而不知晓废弃物传染性的肺结核患者，行为自律水平较低，分数为 3.84±1.476。检验结果显示，知晓与不知晓废弃物传染性的肺结核患者，行为自律水平不同，前者高于后者，差异有统计学意义（$T=2.760$，$P=0.006$）。

6. 废弃物处置知识知晓情况与行为自律水平

知晓废弃物正确处置方式的肺结核患者，行为自律水平较高，分数为 4.02±1.532；而不知晓废弃物正确处置方式的肺结核患者，行为自律水平较低，分数为 3.85±1.510。但检验结果显示，知晓与不知晓废弃物正确处置方式的肺结核患者，行为自律水平差异无统计学意义（$T=1.482$，$P=0.139$）。

7. 废弃物分类知识知晓情况与行为自律水平

知晓废弃物分类的肺结核患者，行为自律水平较高，分数为 4.12±1.561；而不知晓废弃物分类知识的肺结核患者，行为自律水平较低，分数为 3.81±1.483。检验结果显示，知晓与不知晓废弃物分类知识的肺结核患者，行为自律水平差异有统计学意义（$T=2.717$，$P=0.007$）。

二、多因素分析结果

（一）回归模型的构建

调查数据显示，肺结核患者行为自律水平分数的中位数为 4，由于目前缺乏相应的“金标准”，因此，本研究将分数高于 4 的界定为行为自律水平高，等于或小于 4 的界定为行为自律水平低。

以肺结核患者行为自律水平为因变量，以单因素分析中差异有统计学意义的 11 个因素为自变量，分别为性别、婚姻状况、年龄、受教育水平、吸烟状况、上网、健康教育、废弃物处置态度、督导管理、传染性知晓情况及分类知识知晓情况，分别编码为 $X_1 \sim X_{11}$，建立二分类 logistic 回归模型，详见表 11-22。

表 11-22　　　　logistic 回归模型的变量及赋值

变量	赋值
因变量(自律水平)	0＝自律水平低;1＝自律水平高
性别(X_1)	1＝男性;2＝女性
婚姻状况(X_2)	1＝已婚;2＝离异/丧偶;3＝未婚
年龄(X_3)	1＝10～24 岁;2＝25～39 岁;3＝40～54 岁;4＝55 岁及以上
受教育水平(X_4)	1＝初中及以下;2＝高中/中专;3＝大专及以上
吸烟状况(X_5)	1＝经常吸烟;2＝偶尔吸烟;3＝不吸烟
上网与否(X_6)	1＝上网;2＝不上网
是否接受健康教育(X_7)	1＝接受;2＝未接受
废弃物处置态度(X_8)	1＝态度积极;2＝态度消极
督导与否(X_9)	1＝无人督导;2＝有人督导
传染性知晓情况(X_{10})	1＝知晓;2＝不知晓
分类知识知晓情况(X_{11})	1＝知晓;2＝不知晓

(二)回归结果分析

分析结果显示,与肺结核患者行为自律水平相关的因素有 3 个,分别为婚姻状况、年龄及健康教育,详见表 11-23。

表 11-23　　　　肺结核患者行为自律水平的多因素分析结果

因素	*B*	S. E.	*OR*	95%CI 下限及上限	*P* 值
男性	−0.369	0.192	0.692	0.474～1.008	0.055
婚姻状况					0.000
已婚	−1.494	0.321	0.224	0.120～0.421	0.000
离异/丧偶	−1.277	0.441	0.279	0.118～0.662	0.004
年龄					0.077
10～24 岁	0.364	0.530	1.440	0.510～4.067	0.492
25～39 岁	0.824	0.346	2.279	1.156～4.494	0.017
40～54 岁	−0.028	0.228	0.972	0.622～1.520	0.902
受教育水平					0.091
初中及以下	−0.718	0.427	0.488	0.211～1.125	0.092

续表

因素	*B*	S. E.	*OR*	95%CI 下限及上限	*P* 值
高中	−0.181	0.416	0.835	0.369～1.887	0.664
吸烟状况					0.381
经常吸烟	−0.349	0.259	0.706	0.425～1.172	0.178
偶尔吸烟	−0.194	0.360	0.823	0.406～1.668	0.589
上网	−0.692	0.369	0.500	0.243～1.032	0.061
接受健康教育	0.525	0.201	1.690	1.139～2.507	0.009
处置态度积极	0.126	0.186	1.134	0.787～1.635	0.498
督导管理	0.009	0.190	1.009	0.696～1.463	0.962
知晓废弃物传染性	0.030	0.212	1.031	0.680～1.562	0.887
知晓废弃物分类知识	0.290	0.192	1.336	0.916～1.947	0.132
常数	0.990	0.556	2.692		0.075

1. 患者婚姻状况与行为自律水平

与对照组即未婚的肺结核患者相比，已婚的肺结核患者行为自律水平最低（*OR*＝0.224，*P*＝0.000），其次为离异/丧偶的肺结核患者（*OR*＝0.279，*P*＝0.004），差异均有统计学意义。

2. 患者年龄与行为自律水平

与对照组即 55 岁及以上的肺结核患者相比，25～39 岁的肺结核患者行为自律水平较高，差异有统计学意义（*OR*＝2.279，*P*＝0.017）。

3. 健康教育与传染性知识水平

与对照组即未接受过健康教育的肺结核患者相比，接受过健康教育的肺结核患者，行为自律水平相对较高，差异有统计学意义（*OR*＝1.690，*P*＝0.009）。说明健康教育可以显著提高肺结核患者在废弃物危害控制方面的行为自律水平。

第十二章　患者管理行为分析

第一节　患者管理水平分析

本研究从废弃物处置以及外出采取保护措施两方面来描述肺结核患者对废弃物的管理行为。因此,对废弃物管理行为方式的界定为:对废弃物能采取正确的处置方式,并且外出时能采取相应的保护措施。这样才可以被界定为"管理方式正确",否则为"管理方式错误"。按照这一原则,仅75名肺结核患者对废弃物的管理方式正确,正确率仅为10.4%。

一、单因素分析结果

(一)社会人口学特征与废弃物管理水平分析

分析结果如表12-1所示:

表12-1　　社会人口学特征与管理行为的关系分析结果

项目	不正确		正确		统计值	P值
	n	(%)	n	(%)		
地区					8.188	0.141
单县	122	85.9	20	14.1		
曹县	161	92.5	13	7.5		
奎文区	76	84.4	14	15.6		
寿光市	92	89.3	11	10.7		
龙口市	121	90.3	13	9.7		
莱阳市	71	94.7	4	5.3		
性别					0.923	0.337

续表

项目	不正确		正确		统计值	P值
	n	(%)	n	(%)		
男性	455	90.3	49	9.7		
女性	188	87.9	26	12.1		
治疗类型					6.723	0.010
初治	508	88.2	68	11.8		
复治	135	95.1	7	4.9		
菌痰化验结果					4.779	0.096
阳性	102	87.9	14	12.1		
阴性	225	93.0	17	7.0		
不知道	316	87.8	44	12.2		
婚姻状况					4.988	0.077
未婚	103	87.3	15	12.7		
已婚	491	89.3	59	10.7		
离异/丧偶	49	98.0	1	2.0		
职业类型					0.261	0.610
农民	594	89.7	68	10.3		
其他	49	87.5	7	12.5		
年龄					13.745	0.003
10～24岁	60	87.0	9	13.0		
25～39岁	64	79.0	17	21.0		
40～54岁	122	87.8	17	12.2		
55岁及以上	397	92.5	32	7.5		
受教育水平					12.326	0.002
初中及以下	532	91.6	49	8.4		
高中	76	80.9	18	19.1		
大专及以上	35	81.4	8	18.6		

1. 地区与废弃物管理水平分析

6个样本地区中，奎文区肺结核患者对废弃物的管理正确率最高，为15.6%；其次为单县；而莱阳市肺结核患者的管理正确率最低，仅为5.3%。但检验结果显示，6个样本地区之间，肺结核患者对废弃物的管理水平差异无统计学意义（$\chi^2=8.188$，$P=0.141$）。

2. 患者性别与废弃物管理水平分析

女性肺结核患者对废弃物的管理正确率为 12.1%，而男性患者管理正确率仅为 9.7%。但检验结果显示，性别不同的肺结核患者，对废弃物的管理水平差异无统计学意义（$\chi^2=0.923$，$P=0.337$）。

3. 治疗类型与废弃物管理水平分析

初治肺结核患者对废弃物的管理正确率为 11.8%，而复治患者管理正确率仅为 4.9%。检验结果显示，治疗类型不同的肺结核患者，对废弃物的管理水平也不同，前者高于后者，差异有统计学意义（$\chi^2=6.723$，$P=0.010$）。

4. 菌痰化验结果与废弃物管理水平分析

不清楚自己菌痰是否阳性的肺结核患者，对废弃物管理正确率反而最高，为 12.2%；其次为菌痰化验结果阳性的肺结核患者，废弃物管理正确率 12.1%。而菌痰化验结果阴性的患者管理正确率最低，仅为 7.0%。但检验结果显示，菌痰化验结果不同的肺结核患者，对废弃物的管理水平差异无统计学意义（$\chi^2=4.779$，$P=0.096$）。

5. 婚姻状况与废弃物管理水平分析

未婚的肺结核患者对废弃物的管理正确率最高，为 12.7%；其次为已婚的肺结核患者；而离异/丧偶的患者管理正确率最低，仅为 2.0%。但检验结果显示，婚姻状况不同的肺结核患者，对废弃物的管理水平差异无统计学意义（$\chi^2=4.988$，$P=0.077$）。

6. 职业类型与废弃物管理水平分析

职业为农民的肺结核患者与其他职业的患者相比，对废弃物管理正确率较低，为 10.3%；而其他职业的患者对废弃物的管理正确率相对较高，为 12.5%。但检验结果显示，职业类型不同的肺结核患者，对废弃物的管理水平差异无统计学意义（$\chi^2=0.261$，$P=0.610$）。

7. 患者年龄与废弃物管理水平分析

年龄为 25～39 岁的肺结核患者对废弃物的管理正确率最高，为 21.0%；其次为 10～24 岁的肺结核患者，为 13.0%；而 55 岁及以上的肺结核患者管理正确率最低，为 7.5%。检验结果显示，不同年龄段的肺结核患者，对废弃物的管理水平也不同，差异有统计学意义（$\chi^2=13.745$，$P=0.003$）。

8. 患者受教育水平与废弃物管理水平分析

高中文化水平的肺结核患者对废弃物的管理正确率最高，为 19.1%；其次为大专及以上文化水平的患者，为 18.6%；而初中及以下文化水平的患者管理正确率最低，仅为 8.4%。检验结果显示，受教育水平不同的肺结核患者，对废弃物的管理水平也不同，差异有统计学意义（$\chi^2=12.326$，$P=0.002$）。

(二)家庭特征与废弃物管理水平分析

分析结果如表 12-2 所示：

表 12-2　　家庭特征与管理行为的关系分析结果

项目	不正确		正确		统计值	P 值
	n	(%)	n	(%)		
家庭年收入					4.090	0.127
15000 元以下	427	90.7	44	9.3		
15000～30000 元	116	84.7	21	15.3		
30000 元及以上	100	90.9	10	9.1		
有无债务					2.466	0.116
有债务	167	86.5	26	13.5		
无债务	476	90.7	49	9.3		
是否贫困户					0.591	0.442
是	79	91.9	7	8.1		
否	564	89.2	68	10.8		
家属有无医务人员					0.138	0.710
有	68	88.3	9	11.7		
无	575	89.7	66	10.3		

1. 家庭年收入与废弃物管理水平分析

15000～30000 元家庭年收入的肺结核患者，对废弃物的管理正确率最高，为 15.3%；其次为 15000 元以下家庭年收入的患者，为 9.3%；而 30000 元以上家庭年收入的患者管理正确率最低，为 9.1%。但检验结果显示，家庭年收入不同的肺结核患者，对废弃物的管理水平差异无统计学意义（$\chi^2=4.090$，$P=0.127$）。

2. 债务情况与废弃物管理水平分析

有债务的肺结核患者对废弃物的管理正确率相对较高，为 13.5%；而无债务的肺结核患者对废弃物的管理正确率较低，仅为 9.3%。但检验结果显示，债务情况不同的肺结核患者，对废弃物的管理水平差异无统计学意义（$\chi^2=2.466$，$P=0.116$）。

3. 是否贫困户与废弃物管理水平分析

属于贫困户的肺结核患者对废弃物的管理正确率较低，仅为 8.1%；不属于贫困户的肺结核患者对废弃物的管理正确率则相对较高，为 10.8%。但检验结果显示，贫困户与非贫困户的肺结核患者，对废弃物的管理水平差异无统计学意义（$\chi^2=0.591$，$P=0.442$）。

4. 家属中有无医务人员与废弃物管理水平分析

家属中有医务人员的肺结核患者对废弃物的管理正确率相对较高，为 11.7%；而家属中无医务人员的肺结核患者对废弃物的管理正确率则较低，仅为 10.3%。但检验结果显示，家属中有医务人员与无医务人员的肺结核患者，对废弃物的管理水平差异无统计学意义（$\chi^2=0.138$，$P=0.710$）。

（三）行为生活方式与废弃物管理水平分析

分析结果如表 12-3 所示：

表 12-3　　行为生活方式与管理行为的关系分析结果

项目	不正确		正确		统计值	P 值
	n	(%)	n	(%)		
吸烟状况					4.174	0.110
经常吸烟	101	94.4	6	5.6		
偶尔吸烟	39	84.8	7	15.2		
不吸烟	503	89.0	62	11.0		
饮酒状况					0.025	0.875
饮酒	90	90.0	10	10.0		
不饮酒	553	89.5	65	10.5		
是否上网					6.728	0.009
上网	106	82.8	22	17.2		
不上网	537	91.0	53	9.0		

1. 吸烟状况与废弃物知晓水平分析

偶尔吸烟的肺结核患者对废弃物的管理正确率最高，为 15.2%；其次为不吸烟的肺结核患者，管理正确率为 11.0%；经常吸烟的肺结核患者对废弃物的管理正确率则最低，为 5.6%。但检验结果显示，吸烟状况不同的肺结核患者，对废弃物的管理水平差异无统计学意义（$\chi^2=4.174$，$P=0.110$）。

2. 饮酒状况与废弃物管理水平分析

不饮酒的肺结核患者对废弃物的管理正确率相对较高，为 10.5%；而饮酒的肺结核患者对废弃物的管理正确率为 10.0%。但检验结果显示，饮酒状况不同的肺结核患者，对废弃物的管理水平差异无统计学意义（$\chi^2=0.025$，$P=0.875$）。

3. 上网状况与废弃物管理水平分析

上网的肺结核患者对废弃物的管理正确率相对较高，为 17.2%；而不上网的肺结核患者对废弃物的管理正确率则较低，为 9.0%。检验结果显示，上网与不上网的肺结核患者，对废弃物的管理水平也不同，前者高于后者，差异有统计学意义（$\chi^2=6.728$，$P=0.009$）。

（四）其他特征与废弃物管理水平分析

分析结果如表 12-4 所示：

表 12-4　其他特征与管理行为的关系分析结果

项目	不正确		正确		统计值	P 值
	n	(%)	n	(%)		
健康教育					11.735	0.001
接受	421	87.0	63	13.0		
未接受	222	94.9	12	5.1		
督导与否					13.590	0.000
是	187	83.1	38	16.9		
否	456	92.5	37	7.5		

1. 健康教育与废弃物管理水平分析

接受过健康教育的肺结核患者对废弃物的管理正确率相对较高，为 13.0%；而未接受过健康教育的肺结核患者对废弃物的管理正确率则较低，为 5.1%。经检验，接受过健康教育与未接受过健康教育的肺结核患者，对废弃物的管理水平不同，前者高于后者，差异有统计学意义（$\chi^2=11.735$，$P=0.001$）。

2. 督导管理与废弃物管理水平分析

在废弃物处置方面，有人对其进行督导的肺结核患者，对废弃物的管理正确率相对较高，为 16.9%；而无人对其进行督导的肺结核患者，对废弃物的管理正确率则较低，为 7.5%。经检验，有人督导与无人督导的肺结核患者，对废弃物的管理水平不同，前者高于后者，差异有统计学意义（$\chi^2=13.590$，$P=0.000$）。

二、管理水平多因素分析结果

(一)回归模型的构建

以肺结核患者对废弃物的管理水平为因变量，以单因素分析中有统计学意义的 6 个因素为自变量，即治疗类型、年龄、受教育水平、上网、健康教育及督导管理，分别编码为 $X_1 \sim X_6$，构建 logistic 回归模型，详见表 12-5。

表 12-5　　logistic 回归模型的变量及赋值

变量	赋值
因变量(管理水平)	0＝不正确；1＝正确
治疗类型(X_1)	1＝初治；2＝复治
年龄(X_2)	1＝10～24 岁；2＝25～39 岁；3＝40～54 岁；4＝55 岁及以上
受教育水平(X_3)	1＝初中及以下；2＝高中/中专；3＝大专及以上
上网与否(X_4)	1＝上网；2＝不上网
是否接受健康教育(X_5)	1＝接受；2＝未接受
督导管理(X_6)	1＝无人督导；2＝有人督导

(二)回归结果分析

回归结果显示，与肺结核患者对废弃物管理水平相关的因素有 3 个，分别为患者治疗类型、健康教育和督导管理，详见表 12-6。

表 12-6　　肺结核患者对废弃物的管理行为的多因素分析结果

因素	*B*	*S. E.*	*OR*	95%CI 下限至上限	*P* 值
初治	0.904	0.420	2.469	1.085～5.619	0.031
患者年龄					0.093
10～24 岁	－0.130	0.613	0.878	0.264～2.921	0.832
25～39 岁	0.836	0.450	2.307	0.955～5.571	0.063
40～54 岁	0.321	0.334	1.378	0.715～2.654	0.338
受教育水平					0.241
初中及以下	－0.647	0.555	0.524	0.177～1.553	0.243
高中	－0.068	0.520	0.934	0.337～2.591	0.896
上网	－0.185	0.477	0.831	0.326～2.116	0.698

续表

因素	B	$S.E.$	OR	95%CI 下限至上限	P值
接受健康教育	0.705	0.348	2.023	1.023～4.002	0.043
有人督导管理	0.675	0.268	1.965	1.161～3.325	0.012
常数	−3.368	0.753	0.034		0.000

1. 治疗类型与废弃物管理水平

与复治的肺结核患者相比，初治的肺结核患者对废弃物的管理水平相对较高，差异有统计学意义（$OR=2.469$，$P=0.031$）。

2. 健康教育与废弃物管理水平

与未接受健康教育的肺结核患者相比，接受过健康教育的肺结核患者对废弃物的管理水平相对较高，差异有统计学意义（$OR=2.023$，$P=0.043$）。

3. 督导管理与废弃物管理水平

在废弃物管理方面，与无人对其进行督导的肺结核患者相比，有人对其进行督导的肺结核患者对废弃物的管理水平相对较高，差异有统计学意义（$OR=1.965$，$P=0.012$）。

第二节　废弃物处置水平分析

一、患者对废弃物的处置现状

居家治疗的肺结核患者对有代表性的9种废弃物的处置情况如表12-7所示，肺结核患者对扔弃的手纸和餐具的正确处置率较低，而对其他几种废弃物的正确处置率相对较高。

表12-7　肺结核患者对9种常见的废弃物的处置情况

项目	处置正确	处置错误	正确率(%)
病人治疗过程中咳出的痰液	590	128	82.2
病人接触或用过后扔弃的痰盂	632	86	88.0
病人用过后扔弃的衣物	692	26	96.4
病人用过后扔弃的被褥	697	21	97.1
病人用过后扔弃的口罩	670	48	93.3

续表

项目	处置正确	处置错误	正确率(%)
病人用过后扔弃的毛巾、手帕	667	51	92.9
病人用过后扔弃的手纸	292	426	40.7
病人用过后扔弃的餐具	584	134	81.3
病人用过的药品包装	413	305	57.5

本研究对废弃物处置正确的界定为:将是否能够对这 9 种废弃物全部采取正确的处置措施,作为是否能够正确处置废弃物的标准。按照这一标准,本研究调查结果显示,仅 21.2%的肺结核患者能够对这 9 种废弃物均采取正确的处置措施,即肺结核患者对废弃物的正确处置率仅 21.2%。

二、单因素分析结果

(一)社会人口学特征与废弃物处置水平

分析结果如表 12-8 所示:

表 12-8　　社会人口学特征与废弃物处置水平的关系分析结果

项目	处置正确		处置错误		统计值	P 值
	n	(%)	n	(%)		
地区					4.244	0.515
单县	33	23.2	109	76.8		
曹县	30	17.2	144	82.8		
奎文区	22	24.4	68	75.6		
寿光市	21	20.4	82	79.6		
龙口市	33	24.6	101	75.4		
莱阳市	13	17.3	62	82.7		
性别					0.290	0.618
男性	104	20.6	400	79.4		
女性	48	22.4	166	77.6		
治疗类型					2.014	0.171
初治	128	22.2	448	77.8		
复治	24	16.9	118	83.1		

续表

项目	处置正确		处置错误		统计值	P值
	n	(%)	n	(%)		
菌痰化验结果					1.478	0.482
阳性	22	19.0	94	81.0		
阴性	47	19.4	195	80.6		
不知道	83	23.1	277	76.9		
婚姻状况					0.254	0.894
未婚	25	21.2	93	78.8		
已婚	118	21.5	432	78.5		
离异/丧偶	9	18.0	41	82.0		
职业类型					0.415	0.612
农民	10	17.9	46	82.1		
其他	142	21.5	520	78.5		
年龄					3.042	0.388
10～24岁	15	21.7	54	78.3		
25～39岁	23	28.4	58	71.6		
40～54岁	29	20.9	110	79.1		
55岁及以上	85	19.8	344	80.2		
受教育水平					5.475	0.063
初中及以下	113	19.4	468	80.6		
高中	27	28.7	67	71.3		
大专及以上	12	27.9	31	82.1		

1. 地区与废弃物处置水平分析

6个样本地区中，龙口市肺结核患者对废弃物的正确处置率最高，为24.6%；其次为奎文区；而曹县肺结核患者正确处置率最低，仅为17.2%。但检验结果显示，6个样本地区之间，肺结核患者对废弃物的处置水平差异无统计学意义（$\chi^2=4.244$，$P=0.515$）。

2. 患者性别与废弃物处置水平分析

女性肺结核患者对废弃物的正确处置率为22.4%，而男性患者正确处置率仅为20.6%。但检验结果显示，性别不同的肺结核患者，对废弃物的处置水平差异无统计学意义(χ^2=0.290,P=0.618)。

3. 治疗类型与废弃物处置水平分析

初治肺结核患者对废弃物的正确处置率为22.2%,而复治患者的正确处置率仅为16.9%。但检验结果显示,治疗类型不同的肺结核患者,对废弃物的处置水平差异无统计学意义(χ^2=2.014,P=0.171)。

4. 菌痰化验结果与废弃物处置水平分析

不清楚自己菌痰是否阳性的肺结核患者,对废弃物的正确处置率反而最高,为23.1%;菌痰化验结果阳性及阴性的肺结核患者,对废弃物的正确处置率均较低。但检验结果显示,菌痰化验结果不同的肺结核患者,对废弃物的处置水平差异无统计学意义(χ^2=1.478,P=0.482)。

5. 婚姻状况与废弃物处置水平分析

未婚及已婚的肺结核患者对废弃物的正确处置率相对较高,均在21.0%以上,而离异/丧偶的肺结核患者正确处置率最低。但检验结果显示,婚姻状况不同的肺结核患者,对废弃物的处置水平差异无统计学意义(χ^2=0.254,P=0.894)。

6. 职业类型与废弃物处置水平分析

职业为农民的肺结核患者与其他职业的患者相比,对废弃物的正确处置率较低,为17.9%。但检验结果显示,职业类型不同的肺结核患者,对废弃物的处置水平差异无统计学意义(χ^2=0.415,P=0.612)。

7. 患者年龄与废弃物处置水平分析

年龄为25～39岁的肺结核患者对废弃物的正确处置率最高,为28.4%;其次为10～24岁的肺结核患者,为21.7%;而55岁及以上的肺结核患者正确处置率最低,为19.8%。但检验结果显示,不同年龄段的肺结核患者,对废弃物的处置水平差异无统计学意义(χ^2=3.042,P=0.388)。

8. 患者受教育水平与废弃物处置水平分析

高中文化水平的肺结核患者,对废弃物的正确处置率最高,为28.7%;其次为大专及以上文化水平的患者;而初中及以下文化水平的患者正确处置率最低。但检验结果显示,受教育水平不同的肺结核患者,对废弃物的处置水平差异无统计学意义(χ^2=5.475,P=0.063)。

(二)家庭特征与废弃物处置水平分析

分析结果如表12-9所示:

表 12-9　　家庭特征与废弃物处置水平的关系分析结果

项目	处置正确		处置错误		统计值	P 值
	n	(%)	n	(%)		
家庭年收入					1.816	0.415
15000 元以下	103	21.9	368	88.1		
15000～30000 元	31	22.6	106	77.4		
30000 元及以上	18	16.4	92	83.6		
有无债务					1.568	0.210
有债务	47	24.4	146	75.6		
无债务	105	20.0	420	80.0		
是否贫困户					3.321	0.068
是	12	14.0	74	86.0		
否	140	22.2	492	77.8		
家中有无医务人员					0.008	0.929
有	16	20.8	61	79.2		
无	136	21.2	505	78.8		

1. 家庭年收入与废弃物处置水平分析

15000～30000 元家庭年收入的肺结核患者，对废弃物的正确处置率最高，为 22.6%；其次为 15000 元以下家庭年收入的肺结核患者；而 30000 元及以上家庭年收入的肺结核患者正确处置率最低。但检验结果显示，家庭年收入不同的肺结核患者，对废弃物的处置水平差异无统计学意义（$\chi^2=1.816$，$P=0.415$）。

2. 债务情况与废弃物处置水平分析

有债务的肺结核患者对废弃物的正确处置率相对较高，为 24.4%；而无债务的肺结核患者正确处置率较低，为 20.0%。但检验结果显示，债务情况不同的肺结核患者，对废弃物的处置水平差异无统计学意义（$\chi^2=1.568$，$P=0.210$）。

3. 是否贫困户与废弃物处置水平分析

不属于贫困户的肺结核患者对废弃物的正确处置率相对较高，为 22.2%；而属于贫困户的患者正确处置率则较低，为 14.0%。但检验结果显示，贫困户与非贫困户的肺结核患者，对废弃物的处置水平差异无统计学意义（$\chi^2=3.321$，$P=0.068$）。

4. 家属中有无医务人员与废弃物处置水平分析

家属中有医务人员的肺结核患者与家属中无医务人员的肺结核患者相比，对废弃物的正确处置率相差无几，分别为 20.8%和 21.2%。检验结果显示，家属中有医务人员与无医务人员的肺结核患者，对废弃物的处置水平差异无统计学意义（$\chi^2=0.008, P=0.929$）。

（三）行为生活方式与废弃物处置水平分析

分析结果如表 12-10 所示：

表 12-10　　行为生活方式与废弃物处置水平的关系分析结果

项目	处置正确		处置错误		统计值	P 值
	n	(%)	n	(%)		
吸烟状况					2.940	0.233
经常吸烟	16	15.0	91	85.0		
偶尔吸烟	10	21.7	36	78.3		
不吸烟	126	22.3	439	77.7		
饮酒状况					1.858	0.173
饮酒	16	16.0	84	84.0		
不饮酒	136	22.0	482	78.0		
是否上网					1.912	0.167
上网	33	25.8	95	74.2		
不上网	119	20.2	471	79.8		

1. 吸烟状况与废弃物处置水平分析

不吸烟的肺结核患者对废弃物的正确处置率最高，为 22.3%；其次为偶尔吸烟的肺结核患者；而经常吸烟的肺结核患者正确处置率则最低。但检验结果显示，吸烟状况不同的肺结核患者，对废弃物的处置水平差异无统计学意义（$\chi^2=2.940, P=0.233$）。

2. 饮酒状况与废弃物处置水平分析

不饮酒的肺结核患者对废弃物的正确处置率相对较高，为 22.0%；而饮酒的肺结核患者正确处置率则较低，为 16.0%。但检验结果显示，饮酒状况不同的肺结核患者，对废弃物的处置水平差异无统计学意义（$\chi^2=1.858, P=0.173$）。

3. 上网状况与废弃物处置水平分析

上网的肺结核患者对废弃物的正确处置率相对较高，为 25.8%；而不上网的肺结核患者知晓率则较低，为20.2%。但检验结果显示，上网与不上网的肺结核患者，对废弃物的处置水平差异无统计学意义($\chi^2=1.912, P=0.167$)。

(四)其他特征与废弃物处置水平分析

分析结果如表12-11所示：

表12-11　其他特征与废弃物处置水平的关系分析结果

项目	处置正确		处置错误		统计值	P值
	n	(%)	n	(%)		
健康教育					17.218	0.000
接受	123	25.4	361	74.6		
未接受	29	12.4	205	87.6		
废弃物处置态度					28.134	0.000
积极	119	27.5	313	72.5		
消极	33	11.5	253	88.5		
对督导管理态度					7.958	0.006
无必要	42	15.6	227	84.4		
有必要	110	24.5	339	75.5		
督导与否					24.960	0.000
是	73	32.4	152	67.6		
否	79	16.0	414	84.0		
废弃物传染性知晓度					11.858	0.001
知晓	59	29.6	140	80.4		
不知晓	93	17.9	426	82.1		
废弃物处置知识知晓度					40.308	0.000
知晓	114	30.2	264	69.8		
不知晓	38	11.2	302	88.8		
废弃物分类知识知晓度					13.790	0.000
知晓	84	27.8	218	72.2		
不知晓	68	16.3	348	83.7		

1. 健康教育与废弃物处置水平分析

接受过健康教育的肺结核患者对废弃物的正确处置率相对较高，为

25.4%；而未接受过健康教育的肺结核患者正确处置率则较低，为12.4%。经检验，接受过健康教育与未接受过健康教育的肺结核患者，对废弃物的处置水平不同，前者高于后者，差异有统计学意义（$\chi^2=17.218$，$P=0.000$）。

2. 废弃物处置态度与废弃物处置水平分析

对废弃物处置持积极主动态度的肺结核患者，对废弃物的正确处置率相对较高，为27.5%；而持消极态度的肺结核患者，对废弃物的正确处置率则较低，为11.5%。经检验，对废弃物处置持积极态度与消极态度的肺结核患者，对废弃物的处置水平不同，前者高于后者，差异有统计学意义（$\chi^2=28.134$，$P=0.000$）。

3. 对督导管理的态度与废弃物处置水平分析

认为专门对废弃物进行督导管理有必要的肺结核患者，对废弃物的正确处置率相对较高，为24.5%；而认为督导管理无必要的肺结核患者，对废弃物的正确处置率则较低，为15.6%。经检验，认为督导管理有必要与无必要的肺结核患者，对废弃物的处置水平不同，前者高于后者，差异有统计学意义（$\chi^2=7.958$，$P=0.006$）。

4. 督导管理与废弃物处置水平分析

在废弃物处置方面，有人对其进行督导的肺结核患者，对废弃物的正确处置率相对较高，为32.4%；而无人对其进行督导的肺结核患者，对废弃物的正确处置率较低，为16.0%。经检验，有人督导与无人督导的肺结核患者，对废弃物的处置水平不同，前者高于后者，差异有统计学意义（$\chi^2=24.960$，$P=0.000$）。

5. 废弃物传染性知晓度与处置水平分析

知晓废弃物传染性的肺结核患者，对废弃物的正确处置率相对较高，为29.6%；而不知晓废弃物传染性的肺结核患者，对废弃物的正确处置率较低，为17.9%。经检验，知晓与不知晓废弃物传染性的肺结核患者，对废弃物的处置水平不同，前者高于后者，差异有统计学意义（$\chi^2=11.858$，$P=0.001$）。

6. 废弃物处置知识知晓度与处置水平分析

知晓废弃物处置知识的肺结核患者，对废弃物的正确处置率相对较高，为30.2%；而不知晓废弃物传染性的肺结核患者，对废弃物的正确处置率较低，为11.2%。经检验，知晓与不知晓废弃物处置知识的肺结核患者，对废弃物的处置水平不同，前者高于后者，差异有统计学意义（$\chi^2=40.308$，$P=0.000$）。

7. 废弃物分类知识知晓度与处置水平分析

知晓废弃物分类知识的肺结核患者，对废弃物的正确处置率相对较高，为27.8%；而不知晓废弃物分类知识的肺结核患者，对废弃物的正确处置率较低，为16.3%。经检验，知晓与不知晓废弃物分类知识的肺结核患者，对废弃物的处置水平不同，前者高于后者，差异有统计学意义（$\chi^2=13.790$，$P=0.000$）。

三、多因素分析结果

(一)回归模型的构建

本研究以肺结核患者是否能正确处置废弃物为因变量,以单因素分析中差异有统计学意义的7个因素为自变量,分别为健康教育、废弃物处置态度、对废弃物督导管理态度、督导管理、废弃物传染性知晓情况、处置知识知晓情况、分类知识知晓情况,分别编码为 $X_1 \sim X_7$,建立二分类 logistic 回归模型,详见表12-12。

表 12-12　　logistic 回归模型的变量及赋值

变量	赋值
因变量(处置水平)	1=正确;0=错误
是否接受健康教育(X_1)	1=接受;2=未接受
废弃物处置态度(X_2)	1=态度积极;2=态度消极
对督导管理态度(X_3)	1=有必要;2=无必要
督导与否(X_4)	1=无人督导;2=有人督导
传染性知晓情况(X_5)	1=知晓;2=不知晓
处置知识知晓情况(X_6)	1=知晓;2=不知晓
分类知识知晓情况(X_7)	1=知晓;2=不知晓

(二)回归结果分析

多因素分析结果显示,与肺结核患者对废弃物处置水平相关的因素有3个,分别为废弃物处置态度、废弃物处置知识知晓度和督导管理,详见表12-13,现分述如下。

表 12-13　　肺结核患者对废弃物处置水平的多因素分析结果

因素	*B*	S. E.	*OR*	95%CI 下限至上限	*P* 值
接受健康教育	0.304	0.248	1.356	0.833～2.206	0.221
处置态度积极	1.128	0.307	3.091	1.693～5.643	0.000
对督导管理无需求	0.508	0.297	1.663	0.929～2.975	0.087
督导管理	0.470	0.209	1.600	1.062～2.410	0.024
知晓废弃物传染性	0.196	0.240	1.216	0.759～1.947	0.416

续表

因素	B	S. E.	OR	95%CI 下限至上限	P 值
知晓废弃物处置知识	0.968	0.217	2.633	1.722～4.024	0.000
知晓废弃物处置知识	0.318	0.227	1.374	0.880～2.146	0.162
常数	−3.452	0.376	0.032		0.000

1. 废弃物处置态度与处置水平

与对废弃物处置持消极被动态度的肺结核患者相比，持积极主动态度的患者，对废弃物处置的水平差异有统计学意义($OR=3.091$，$P=0.000$)，后者高于前者。

2. 对废弃物处置知识知晓度与处置水平

与不知晓正确的废弃物处置知识的肺结核患者相比，知晓正确的废弃物处置知识的患者，对废弃物处置的水平差异有统计学意义($OR=2.633$，$P=0.000$)，后者高于前者。

3. 督导管理与处置水平

与无人对其废弃物处置进行督导管理的肺结核患者相比，有人对其进行督导管理的肺结核患者，对废弃物处置的水平差异有统计学意义($OR=1.600$，$P=0.024$)，后者高于前者。

第三节　外出采取保护措施情况分析

外出采取保护措施是肺结核患者对废弃物管理的重要内容，本研究对外出采取保护措施的界定为：肺结核患者外出时，携带盛痰物品、手帕、纸巾及佩戴口罩。按照这一原则，仅 300 名肺结核患者外出时采取保护措施，采取率仅为 41.8%。

一、单因素分析结果

(一)社会人口学特征与外出采取保护措施分析

分析结果如表 12-14 所示：

表12-14　社会人口学特征与外出是否采取保护措施的关系分析结果

项目	不采取		采取		统计值	P值
	n	(%)	n	(%)		
地区					20.488	0.001
单县	81	57.0	61	43.0		
曹县	125	71.8	49	28.2		
奎文区	44	48.9	46	51.1		
寿光市	58	56.3	45	43.7		
龙口市	68	50.7	66	49.3		
莱阳市	42	56.0	33	44.0		
性别					30.648	0.000
男性	327	64.9	177	35.1		
女性	91	42.5	123	57.5		
治疗类型					12.535	0.000
初治	317	55.0	259	45.0		
复治	101	71.1	41	28.9		
菌痰化验结果					2.832	0.243
阳性	60	51.7	56	48.3		
阴性	140	57.9	102	42.1		
不知道	218	60.6	142	39.4		
婚姻状况					19.501	0.000
未婚	49	41.5	69	58.5		
已婚	332	60.4	218	39.6		
离异/丧偶	37	74.0	13	26.0		
职业类型					8.806	0.003
农民	396	59.8	266	40.2		
其他	22	39.3	34	60.7		
年龄					52.095	0.000
10～24岁	22	31.9	47	68.1		
25～39岁	29	35.8	52	64.2		

续表

项目	不采取		采取		统计值	P 值
	n	(%)	n	(%)		
40～54 岁	77	55.4	62	44.6		
55 岁及以上	290	67.6	139	32.4		
受教育水平					28.004	0.000
初中及以下	365	62.8	216	37.2		
高中	40	42.6	54	57.4		
大专及以上	13	30.2	30	69.8		

1. 地区与外出采取保护措施分析

6 个样本地区中，奎文区肺结核患者外出保护措施采取率最高，为 51.1%；其次为龙口市；而曹县肺结核患者保护措施采取率最低，仅为 28.2%。检验结果显示，6 个样本地区之间，肺结核患者外出采取保护措施情况不同，差异有统计学意义($\chi^2=20.488$，$P=0.001$)。

2. 患者性别与外出采取保护措施分析

女性肺结核患者外出保护措施采取率为 57.5%，而男性患者外出保护措施采取率仅为 35.1%。检验结果显示，性别不同的肺结核患者，外出采取保护措施情况也不同，前者高于后者，差异有统计学意义($\chi^2=30.648$，$P=0.000$)。

3. 治疗类型与外出采取保护措施分析

初治肺结核患者外出保护措施采取率为 45.0%，而复治患者外出保护措施采取率仅为 28.9%。检验结果显示，治疗类型不同的肺结核患者，外出采取保护措施情况也不同，前者高于后者，差异有统计学意义($\chi^2=12.535$，$P=0.010$)。

4. 菌痰化验结果与外出采取保护措施分析

菌痰化验结果阳性的肺结核患者外出保护措施采取率最高，为 48.3%；其次为菌痰化验结果阴性的肺结核患者；而不清楚自己菌痰是否阳性的患者外出保护措施采取率最低，仅为 39.4%。但检验结果显示，菌痰化验结果不同的肺结核患者，外出采取保护措施情况差异无统计学意义($\chi^2=2.832$，$P=0.243$)。

5. 婚姻状况与外出采取保护措施分析

未婚的肺结核患者外出保护措施采取率最高，为 58.5%；其次为已婚的肺结核患者；而离异/丧偶的患者外出保护措施采取率最低，仅为 26.0%。检验结果显示，婚姻状况不同的肺结核患者，外出采取保护措施情况也不同，差异有统计学意义($\chi^2=19.501$，$P=0.000$)。

6. 职业类型与外出采取保护措施分析

职业为农民的肺结核患者与其他职业的患者相比，外出保护措施采取率较低，为 40.2%；而其他职业的患者外出保护措施采取率相对较高，为 60.7%。检验结果显示，职业类型不同的肺结核患者，外出采取保护措施情况也不同，差异有统计学意义（$\chi^2=8.806$，$P=0.003$）。

7. 患者年龄与外出采取保护措施分析

肺结核患者年龄越大，外出保护措施采取率越低。其中年龄为 10～24 岁的肺结核患者外出保护措施采取率最高，为 68.1%；而 55 岁及以上的肺结核患者外出保护措施采取率最低，为 32.4%。检验结果显示，不同年龄组的肺结核患者，外出采取保护措施情况也不同，年龄越低的患者外出采取保护措施情况越好，差异有统计学意义（$\chi^2=52.095$，$P=0.000$）。

8. 患者受教育水平与外出采取保护措施分析

大专及以上文化水平的肺结核患者外出保护措施采取率最高，为 69.8%；其次为高中文化水平的患者；而初中及以下文化水平的患者外出保护措施采取率最低，仅为 37.2%。检验结果显示，受教育水平不同的肺结核患者，外出采取保护措施情况也不同，受教育水平越高的肺结核患者，外出采取保护措施情况越好，差异有统计学意义（$\chi^2=28.004$，$P=0.000$）。

（二）家庭特征与外出采取保护措施分析

分析结果如表 12-15 所示：

表 12-15　　家庭特征与外出是否采取保护措施的关系分析结果

项目	不采取		采取		统计值	P 值
	n	(%)	n	(%)		
家庭年收入					3.184	0.200
15000 元以下	285	60.5	186	39.5		
15000～30000 元	72	52.6	65	47.4		
30000 元及以上	61	55.5	49	44.5		
有无债务					0.328	0.567
有债务	109	56.5	84	43.5		
无债务	309	58.9	216	41.1		
是否贫困户					0.849	0.357
是	54	62.8	32	37.2		

续表

项目	不采取		采取		统计值	P 值
	n	(%)	n	(%)		
否	364	57.6	268	42.4		
家属有无医务人员					2.008	0.156
有	39	50.6	38	49.4		
无	379	59.1	262	40.9		

1. 家庭年收入与外出采取保护措施分析

15000～30000 元家庭年收入的肺结核患者，外出保护措施采取率最高，为 47.4%；其次为 30000 元以上家庭年收入的患者；而 15000 元以下家庭年收入的患者保护措施采取率最低，为 39.5%。但检验结果显示，家庭年收入不同的肺结核患者，外出采取保护措施情况差异无统计学意义（$\chi^2=3.184$，$P=0.200$）。

2. 债务情况与外出采取保护措施分析

有债务的肺结核患者外出保护措施采取率相对较高，为 43.5%；而无债务的肺结核患者外出保护措施采取率较低，为 41.1%。但检验结果显示，债务情况不同的肺结核患者，外出采取保护措施情况差异无统计学意义（$\chi^2=0.328$，$P=0.567$）。

3. 是否贫困户与外出采取保护措施分析

属于贫困户的肺结核患者外出保护措施采取率较低，仅为 37.2%；不属于贫困户的肺结核患者外出保护措施采取率则相对较高，为 42.4%。但检验结果显示，贫困户与非贫困户的肺结核患者，外出采取保护措施情况差异无统计学意义（$\chi^2=0.849$，$P=0.357$）。

4. 家属中有无医务人员与外出采取保护措施分析

家属中有医务人员的肺结核患者外出保护措施采取率相对较高，为 49.4%；而家属中无医务人员的肺结核患者外出保护措施采取率则较低，仅为 40.9%。但检验结果显示，家属中有医务人员与无医务人员的肺结核患者，外出采取保护措施情况差异无统计学意义（$\chi^2=2.008$，$P=0.156$）。

（三）行为生活方式与外出采取保护措施分析

分析结果如表 12-16 所示：

表 12-16　行为生活方式与外出是否采取保护措施的关系分析结果

项目	不采取		采取		统计值	P 值
	n	(%)	n	(%)		
吸烟状况					6.325	0.042
经常吸烟	70	65.4	37	34.6		
偶尔吸烟	20	43.5	26	56.5		
不吸烟	328	58.1	237	41.9		
饮酒状况					0.152	0.696
饮酒	60	60.0	40	40.0		
不饮酒	358	57.9	260	42.1		
是否上网					43.618	0.000
上网	41	32.0	87	68.0		
不上网	377	63.9	213	36.1		

1. 吸烟状况与废弃物知晓水平分析

偶尔吸烟的肺结核患者外出保护措施采取率最高，为 56.5%；其次为不吸烟的肺结核患者，保护措施采取率为 41.9%；而经常吸烟的肺结核患者外出保护措施采取率则最低，为 34.6%。检验结果显示，吸烟状况不同的肺结核患者，外出采取保护措施情况也不同，差异有统计学意义($\chi^2=6.325, P=0.042$)。

2. 饮酒状况与外出采取保护措施分析

不饮酒的肺结核患者外出保护措施采取率相对较高，为 42.1%；而饮酒的肺结核患者外出保护措施采取率为 40.0%。但检验结果显示，饮酒状况不同的肺结核患者，外出采取保护措施情况差异无统计学意义($\chi^2=0.152, P=0.696$)。

3. 上网状况与外出采取保护措施分析

上网的肺结核患者外出保护措施采取率相对较高，为 68.0%；而不上网的肺结核患者外出保护措施采取率则较低，为 36.1%。检验结果显示，上网与不上网的肺结核患者，外出采取保护措施情况也不同，前者高于后者，差异有统计学意义($\chi^2=43.618, P=0.000$)。

(四)其他特征与外出采取保护措施分析

分析结果如表 12-17 所示：

表 12-17　　其他特征与外出是否采取保护措施的关系分析结果

项目	不采取		采取		统计值	P 值
	n	(%)	n	(%)		
健康教育					9.305	0.002
接受	263	54.3	221	45.7		
未接受	155	66.2	79	33.8		
督导与否					7.633	0.006
是	114	50.7	111	49.3		
否	304	61.7	189	38.3		

1. 健康教育与外出采取保护措施分析

接受过健康教育的肺结核患者外出保护措施采取率相对较高，为 45.7%；而未接受过健康教育的肺结核患者外出保护措施采取率则较低，为 33.8%。经检验，接受过健康教育与未接受过健康教育的肺结核患者，外出采取保护措施情况不同，前者高于后者，差异有统计学意义（$\chi^2=9.305$，$P=0.002$）。

2. 督导管理与外出采取保护措施分析

在废弃物处置方面，有人对其进行督导的肺结核患者，外出保护措施采取率相对较高，为 49.3%；而无人对其进行督导的肺结核患者，外出保护措施采取率则较低，为 38.3%。经检验，有人督导与无人督导的肺结核患者，外出采取保护措施情况不同，前者高于后者，差异有统计学意义（$\chi^2=7.633$，$P=0.006$）。

二、多因素分析结果

（一）回归模型的构建

本研究以肺结核患者以外出时是否采取保护措施为因变量，以单因素分析中差异有统计学意义的因素为自变量，建立二分类 logistic 回归模型。

（二）回归结果分析

多因素分析结果显示，与肺结核患者外出是否采取保护措施相关的因素有 4 个，分别为性别、治疗类型、吸烟状况及健康教育，详见表 12-18。

表 12-18　肺结核患者外出是否采取保护措施的多因素分析结果

因素	*B*	S. E.	*OR*	95%CI 下限至上限	*P*
男性	−0.936	0.191	0.392	0.270～0.570	0.000
初治	0.624	0.219	1.866	1.216～2.865	0.004
吸烟状况					0.028
经常吸烟	0.080	0.243	1.083	0.672～1.745	0.744
偶尔吸烟	0.903	0.338	2.466	1.271～4.785	0.008
接受健康教育	0.433	0.190	1.542	1.063～2.237	0.023
常数	−1.430	0.627	0.239		0.023

1. 性别与外出是否采取保护措施

男性肺结核患者与女性患者相比，外出保护措施采取率较低（*OR*＝0.392，*P*＝0.000），说明女性肺结核患者在外出时，更倾向于采取相应的保护措施以控制废弃物的危害。

2. 治疗类型与外出是否采取保护措施

初治肺结核患者与复治患者相比，外出保护措施采取率相对较高（*OR*＝1.866，*P*＝0.004），说明初治肺结核患者在外出时，更倾向于采取相应的保护措施以控制废弃物的危害。

3. 吸烟状况与外出是否采取保护措施

偶尔吸烟的肺结核患者与不吸烟的患者相比，外出保护措施采取率相对较高（*OR*＝2.466，*P*＝0.008），说明偶尔吸烟的肺结核患者在外出时，更倾向于采取相应的保护措施以控制废弃物的危害。

4. 健康教育与外出是否采取保护措施

接受健康教育的肺结核患者与未接受健康教育的患者相比，外出保护措施采取率相对较高（*OR*＝1.542，*P*＝0.023），说明接受过健康教育的肺结核患者在外出时，更倾向于采取相应的保护措施以控制废弃物的危害。

第十三章　患者 IMB 总体水平分析

按照经典的 IMB 理论，信息是行为发生改变的基础，IMB 是行为发生改变的内在动力，二者通过行为技巧对行为发生直接或间接作用，而行为改变则是最终目的。本研究对信息、IMB、行为技巧和行为均进行了详细的分析，但尚未对 IMB 总体水平进行分析。调查结果显示，IMB 总体水平分值为 10.54±3.619。本章主要对影响总体 IMB 水平的关键因素进行分析，从而为进一步采取针对性的干预措施提供依据。

第一节　单因素分析结果

一、社会人口学特征与 IMB 水平

分析结果如表 13-1 所示：

表 13-1　　肺结核患者社会人口学特征与 IMB 水平分析

项目	人数	分值	T/F 检验	P 值
性别			2.795	0.005
男性	504	10.30±3.520		
女性	214	11.12±3.787		
治疗类型			0.640	0.522
初治	576	10.58±3.667		
复治	142	10.37±3.420		
菌痰化验结果			0.640	0.528
阳性	116	10.76±3.966		
阴性	242	10.66±3.557		

续表

项目	人数	分值	T/F 检验	P 值
不知道	360	10.39±3.546		
婚姻状况			14.854	0.000
未婚	118	12.16±3.210		
已婚	550	10.20±3.642		
离异/丧偶	50	10.48±3.278		
职业类型			2.772	0.006
农民	662	10.43±3.642		
其他	56	11.82±3.081		
患者年龄			39.348	0.000
10～24岁	69	12.93±2.675		
25～39岁	81	13.14±3.492		
40～54岁	139	10.77±3.486		
55岁及以上	429	9.59±3.390		
受教育水平			23.739	0.000
初中及以下	581	10.12±3.614		
高中	94	11.87±3.224		
大专及以上	43	13.26±2.499		

(一)性别与IMB水平

女性肺结核患者对废弃物管理的IMB水平相对较高，分数为11.12±3.787；男性肺结核患者IMB水平分数为10.30±3.520。检验结果显示，性别不同的肺结核患者，对废弃物管理的IMB水平也不同，前者高于后者，差异有统计学意义($T=2.795$，$P=0.005$)。

(二)治疗类型与IMB水平

初治与复治的肺结核患者，对废弃物管理的IMB水平相差无几，分数分别为10.58±3.667和10.37±3.420。但检验结果显示，治疗类型不同的肺结核患者，对废弃物管理的IMB水平差异无统计学意义($T=0.640$，$P=0.528$)。

(三)菌痰化验结果与IMB水平

菌痰化验结果阳性的肺结核患者，对废弃物管理的IMB水平最高，分数为10.76±3.966；其次为菌痰化验结果阴性的患者，分数为10.66±3.557；而不清楚自己菌痰化验结果的患者，对废弃物管理的 IMB 水平最低，分数为 10.39±3.546。检验结果显示，菌痰化验结果不同的肺结核患者，对废弃物管理的 IMB 水平差异无统计学意义（$F=0.640$，$P=0.528$）。

（四）婚姻状况与 IMB 水平

未婚的肺结核患者对废弃物管理的 IMB 水平最高，分数为 12.16±3.210；其次为离异/丧偶的肺结核患者，分数为 10.48±3.278；而已婚的肺结核患者 IMB 水平最低，分数为 10.20±3.642。经检验，婚姻状况不同的肺结核患者，对废弃物管理的 IMB 水平也不同，差异有统计学意义（$F=14.854$，$P=0.000$）。

（五）职业类型与 IMB 水平

职业类型为农民的肺结核患者与其他职业类型的肺结核患者相比，对废弃物管理的 IMB 水平略低，分值分别为 10.43±3.642 和 11.82±3.081。检验结果显示，职业类型不同的肺结核患者，对废弃物管理的 IMB 水平也不同，差异有统计学意义（$T=2.772$，$P=0.006$）。

（六）患者年龄与 IMB 水平

25～39 岁的肺结核患者对废弃物管理的 IMB 水平最高，分数为 13.14±3.492；而 55 岁以上的肺结核患者 IMB 水平最低，分数为 9.59±3.390。经检验，不同年龄组的肺结核患者，对废弃物管理的 IMB 水平也不同，差异有统计学意义（$F=39.348$，$P=0.000$）。

（七）受教育水平与 IMB 水平

受教育水平越高的肺结核患者，对废弃物管理的 IMB 水平越高。其中，大专及以上文化水平的肺结核患者 IMB 水平最高，分数为 13.26±2.499；而初中及以下文化水平的肺结核患者 IMB 水平最低，分数为 10.12±3.614。检验结果显示，受教育水平不同的肺结核患者，对废弃物管理的 IMB 水平也不同，差异有统计学意义（$F=23.739$，$P=0.000$）。

二、家庭特征与 IMB 水平

分析结果如表 13-2 所示：

表 13-2　　肺结核患者家庭特征与 IMB 水平分析

项目	人数	分值	T/F 检验	P 值
家庭年收入			11.093	0.000
15000 元以下	471	10.11±3.613		
15000～30000 元	137	11.05±3.709		
30000 元及以上	110	11.75±3.175		

续表

项目	人数	分值	T/F 检验	P 值
有无债务			1.320	0.187
有债务	193	10.83±3.882		
无债务	525	10.43±3.515		
是否贫困户			1.063	0.288
是	86	10.15±4.048		
否	632	10.59±3.556		
家属中有无医务人员			1.314	0.189
有	77	11.05±3.546		
无	641	10.48±3.625		

(一)家庭年收入与 IMB 水平

患者家庭年收入水平越高，对废弃物管理的 IMB 水平越高。其中，15000 元以下家庭年收入的肺结核患者，IMB 水平最低，分数为 10.11±3.613；而 30000 元以上家庭年收入的肺结核患者 IMB 水平最高，分数为 11.75±3.175。检验结果显示，家庭年收入不同的肺结核患者，对废弃物管理的 IMB 水平也不同，差异有统计学意义($F=11.093$，$P=0.000$)。

(二)债务情况与 IMB 水平

有债务的肺结核患者，对废弃物管理的 IMB 水平相对较高，分数为 10.83±3.882；而无债务的肺结核患者 IMB 水平较低，分数为 10.43±3.515。检验结果显示，不同债务情况的肺结核患者，对废弃物管理的 IMB 水平差异无统计学意义($T=1.320$，$P=0.187$)。

(三)是否贫困户与 IMB 水平

贫困户与非贫困户的肺结核患者，对废弃物管理的 IMB 水平分数分别为 10.15±4.048 和 10.59±3.556。检验结果显示，贫困户与非贫困户的肺结核患者，对废弃物管理的 IMB 水平差异无统计学意义($T=1.063$，$P=0.288$)。

(四)家属中有无医务人员与 IMB 水平

家属中有医务人员的肺结核患者，对废弃物管理的 IMB 水平相对较高，分数为 11.05±3.546；而家属中无医务人员的肺结核患者 IMB 水平较低，分数为 10.48±3.625，检验结果显示，家属中有、无医务人员的肺结核患者，对废弃物管理的 IMB 水平差异无统计学意义($T=1.314$，$P=0.189$)。

三、行为生活方式与 IMB 水平

分析结果如表 13-3 所示：

表 13-3　　　　肺结核患者行为生活方式与 IMB 水平分析

项目	人数	分值	T/F 检验	P 值
吸烟状况			14.802	0.000
经常吸烟	107	8.93±3.253		
偶尔吸烟	46	9.87±3.525		
不吸烟	565	10.90±3.606		
饮酒状况			4.685	0.000
饮酒	100	8.99±3.192		
不饮酒	618	10.79±3.623		
是否上网			10.504	0.000
上网	128	13.11±2.944		
不上网	590	9.98±3.511		

(一)吸烟状况与 IMB 水平

不吸烟的肺结核患者对废弃物管理的 IMB 水平最高，分数为 10.90±3.606；其次为偶尔吸烟的肺结核患者，分数为 9.87±3.525；而经常吸烟的肺结核患者 IMB 水平最低，分数为 8.93±3.253。但检验结果显示，吸烟状况不同的肺结核患者，对废弃物管理的 IMB 水平也不同，差异有统计学意义($F=14.802$，$P=0.000$)。

(二)饮酒状况与 IMB 水平

不饮酒的肺结核患者对废弃物管理的 IMB 水平相对较高，分数为 10.79±3.623；而饮酒的肺结核患者 IMB 水平较低，分数为 8.99±3.192。检验结果显示，饮酒与不饮酒的肺结核患者，对废弃物管理的 IMB 水平不同，前者高于后者，差异有统计学意义($T=4.685$，$P=0.000$)。

(三)是否上网与 IMB 水平

上网的肺结核患者对废弃物管理的 IMB 水平相对较高，分数为 13.11±2.944；不上网的肺结核患者 IMB 水平相对较低，分数为 9.98±3.511。检验结果显示，上网与不上网的肺结核患者，对废弃物管理的 IMB 水平不同，前者高于后者，差异有统计学意义($T=10.504$，$P=0.000$)。

四、其他特征与 IMB 水平

分析结果如表 13-4 所示：

表 13-4　　患者其他特征与 IMB 水平的关系分析

项目	人数	分值	T/F 检验	P 值
健康教育			16.959	0.000
接受	484	11.89±3.172		
未接受	234	7.76±2.809		
督导与否			9.672	0.000
是	225	12.36±3.359		
否	493	9.71±3.426		

（一）健康教育与 IMB 水平

接受过健康教育的肺结核患者，IMB 水平相对较高，分数为 11.89±3.172；而未接受过健康教育的肺结核患者，IMB 水平相对较低，分数为 7.76±2.809。检验结果显示，接受过健康教育的肺结核患者与未接受过健康教育的患者，对废弃物管理的 IMB 水平不同，前者高于后者，差异有统计学意义（$T=16.959$，$P=0.000$）。

（二）督导管理与 IMB 水平

在废弃物管理方面，有人对其进行督导管理的肺结核患者，对废弃物管理的 IMB 水平相对较高，分数为 12.36±3.359；而无人对其进行督导管理的肺结核患者，IMB 水平相对较低，分数为 9.71±3.426。检验结果显示，有人督导与无人督导的肺结核患者，对废弃物管理的 IMB 水平不同，前者高于后者，差异有统计学意义（$T=9.672$，$P=0.000$）。

第二节　多因素分析结果

一、回归模型的构建

调查数据显示，肺结核患者对废弃物管理的 IMB 分数的中位数为 10，由于目前缺乏相应的“金标准”，因此，本研究将分数高于 10 的界定为 IMB 水平高，等于或小于 10 的界定为 IMB 水平低。

以 IMB 水平高低为因变量，以单因素分析中差异有统计学意义的 11 个因素为自变量，建立二分类 logistic 回归模型，详见表 13-5。

表 13-5　　　　Logistic 回归模型的变量及赋值

变量	赋值
因变量(IMB 水平)	0＝程度低;1＝程度高
性别(X_1)	1＝男性;2＝女性
婚姻状况(X_2)	1＝未婚;2＝已婚;3＝离异/丧偶
职业类型(X_3)	1＝其他职业;2＝农民
年龄(X_4)	1＝10～24 岁;2＝25～39 岁;3＝40～54 岁;4＝55 岁及以上
受教育水平(X_5)	1＝初中及以下;2＝高中/中专;3＝大专及以上
家庭年收入(X_6)	1＝15000 元以下;2＝15000～30000 元;3＝30000 元及以上
吸烟状况(X_7)	1＝经常吸烟;2＝偶尔吸烟;3＝不吸烟
饮酒(X_8)	1＝饮酒;2＝不饮酒
上网与否(X_9)	1＝上网;2＝不上网
是否接受健康教育(X_{10})	1＝接受;2＝未接受
督导与否(X_{11})	1＝无人督导;2＝有人督导

二、回归结果分析

分析结果显示,与肺结核患者对废弃物管理的 IMB 水平相关的因素有 6 个,分别为年龄、吸烟、饮酒、上网、健康教育及督导管理。详见表 13-6。

表 13-6　　　　肺结核患者 IMB 水平的多因素分析结果

因素	*B*	S. E.	*OR*	95%CI 下限至上限	*P* 值
男性	−0.082	0.218	0.921	0.600～1.413	0.707
婚姻状况					0.301
已婚	−0.421	0.502	0.656	0.245～1.754	0.401
离异/丧偶	−0.535	0.349	0.586	0.295～1.161	0.125
其他职业	0.190	0.424	1.209	0.527～2.775	0.655
年龄					0.066
10～24 岁	0.163	0.653	1.177	0.327～4.234	0.803
25～39 岁	0.995	0.408	2.705	1.215～6.023	0.015
40～54 岁	0.242	0.241	1.274	0.795～2.043	0.315

续表

因素	B	S. E.	OR	95%CI 下限至上限	P
受教育水平					0.108
初中及以下	−1.066	0.646	0.344	0.097～1.221	0.099
高中	−0.509	0.646	0.601	0.169～2.134	0.431
家庭年收入					0.820
15000元以下	0.145	0.294	1.156	0.650～2.056	0.623
15000～30000元	0.020	0.337	1.020	0.527～1.975	0.953
吸烟状况					0.023
经常吸烟	−0.661	0.283	0.516	0.297～0.899	0.019
偶尔吸烟	−0.702	0.387	0.495	0.232～1.057	0.069
饮酒	−0.981	0.288	0.375	0.213～0.659	0.001
上网	1.103	0.445	3.013	1.258～7.214	0.013
接受健康教育	1.996	0.221	7.363	4.777～11.350	0.000
督导管理	0.669	0.205	1.953	1.306～2.920	0.001
常数	−0.313	0.801	0.731		0.696

(一)年龄与IMB水平

与对照组即55岁及以上年龄的肺结核患者相比，25～39岁的肺结核患者对废弃物管理的IMB水平较高，差异有统计学意义（$OR=2.705$，$P=0.015$）。

(二)吸烟状况与IMB水平

与对照组即不吸烟的肺结核患者相比，经常吸烟的肺结核患者对废弃物管理IMB较小，差异有统计学意义（$OR=0.516$，$P=0.019$）。说明吸烟状况越严重，对废弃物管理的IMB水平越小。

(三)饮酒状况与IMB水平

与对照组即不饮酒的肺结核患者相比，饮酒的肺结核患者对废弃物管理的IMB水平较小，差异有统计学意义（$OR=0.375$，$P=0.001$）。

(四)上网与IMB水平

与对照组即不上网的肺结核患者相比，上网的肺结核患者对废弃物管理的IMB水平较高，差异有统计学意义（$OR=3.013$，$P=0.013$）。说明上网可以有效提高肺结核患者对废弃物管理的IMB水平。

（五）健康教育与 IMB 水平

与对照组即未接受过健康教育的肺结核患者相比，接受过健康教育的肺结核患者对废弃物管理的 IMB 水平较高，差异有统计学意义（$OR=7.363$，$P=0.000$）。说明健康教育可以有效提高肺结核患者对废弃物管理的 IMB 水平。

（六）督导管理与 IMB 水平

接受过督导管理的肺结核患者，与对照组即未接受过督导管理的肺结核患者相比，对废弃物管理的 IMB 水平较高，差异有统计学意义（$OR=1.953$，$P=0.001$）。

第十四章　居家治疗肺结核患者废弃物管理现状研究总结

本篇中，笔者对居家治疗肺结核患者废弃物管理的现状进行了研究，得出的主要结论有：

(1)样本人群信息水平较低，分数为 2.54±1.428，与其相关的因素主要为：健康教育($OR=1.859$，$P=0.000$)及督导管理($OR=1.429$，$P=0.042$)。

(2)肺结核患者对废弃物管理基本知识的知晓率为 18.2%，与其相关的因素主要为：初治($OR=2.407$，$P=0.018$)、健康教育($OR=1.892$，$P=0.014$)和督导管理($OR=1.693$，$P=0.015$)。

(3)仅 14.8%的肺结核患者完全知晓废弃物分类、传染性以及处置方式等相关专业知识，与其相关的因素主要为：健康教育($OR=2.103$，$P=0.014$)和督导管理($OR=1.859$，$P=0.006$)。

(4)肺结核患者废弃物分类知识水平分值为 5.82±3.321，而能够完全知晓废弃物分类的比例仅为 42.1%，与其相关的因素主要为：健康教育($OR=1.698$，$P=0.004$)和督导管理($OR=1.698$，$P=0.004$)。

(5)肺结核患者废弃物传染性知识水平分值为 4.70±3.585，而能够全部知晓 9 种废弃物传染性的比例仅为 27.7%，与其相关的因素主要为：健康教育($OR=1.644$，$P=0.022$)、认为督导管理无必要($OR=0.416$，$P=0.021$)和督导管理($OR=1.494$，$P=0.036$)。

(6)肺结核患者废弃物处置知识水平分值为 7.79±1.871，而能够完全知晓 9 种废弃物正确处置方式的比例仅为 52.6%，与其相关的因素主要为：健康教育($OR=1.483$，$P=0.028$)和督导管理($OR=2.757$，$P=0.000$)。

(7)肺结核患者对废弃物管理的动机水平较低，总体分值为 2.56±1.566，与其相关的因素主要为：吸烟、饮酒、健康教育及废弃物知识知晓情况。具体为：经常吸烟($OR=0.161$，$P=0.000$)、偶尔吸烟($OR=0.195$，$P=0.001$)、饮酒($OR=0.171$，$P=0.000$)、健康教育($OR=15.052$，$P=0.000$)、不知晓废弃物相关知识(OR=0.009,P=0.000)。

(8)仅60.2%的肺结核患者对废弃物管理持积极态度,与其相关的因素主要为:患者菌痰化验结果、年龄、健康教育及督导管理。具体为:菌痰化验结果阴性(OR=1.489,P=0.038)、10～24岁(OR=3.379,P=0.038)、40～54岁(OR=1.584,P=0.041)、健康教育(OR=2.435,P=0.000)、督导管理(OR=1.699,P=0.008)。

(9)样本人群对废弃物危害的害怕程度较低,分数为1.96±1.380,与其相关的因素主要为:吸烟(OR=0.178,P=0.022)、饮酒(OR=0.148,P=0.001)、健康教育(OR=14.584,P=0.000)及不知晓废弃物相关知识(OR=0.006,P=0.000)。

(10)样本人群行为技巧水平较低,分数为4.62±1.609,与其相关的因素主要为:婚姻状况、年龄、受教育水平及健康教育。具体为:已婚(OR=0.156,P=0.000)、25～39岁(OR=3.982,P=0.001)、初中及以下文化水平(OR=0.229,P=0.041)、健康教育(OR=5.729,P=0.000)。

(11)仅14.8%的肺结核患者能主动获取废弃物管理的相关知识,与其相关的因素主要为:职业、年龄、受教育水平、家庭年收入及家属中有无医务人员。具体为:其他职业(OR=4.660,P=0.003)、10～24岁(OR=136.802,P=0.000)、25～39岁(OR=73.967,P=0.000)、40－54岁(OR=5.641,P=0.017)、初中及以下文化水平(OR=0.327,P=0.041)、15000元以下家庭年收入(OR=0.262,P=0.003)、家属中有医务人员(OR=3.059,P=0.025)。

(12)仅39.6%的肺结核患者在家中配置消毒设施,与其相关的因素主要为:婚姻状况、年龄、受教育水平、家庭年收入、健康教育及督导管理。具体为:离异/丧偶(OR=0.325,P=0.027)、10～24岁(OR=5.804,P=0.002)、25～39岁(OR=3.976,P=0.000)、初中及以下文化水平(OR=0.297,P=0.017)、高中文化水平(OR=0.342,P=0.032)、15000元及以下家庭年收入(OR=0.588,P=0.035)、健康教育(OR=1.969,P=0.001)、督导管理(OR=1.574,P=0.016)。

(13)仅10.4%的肺结核患者能够完全对废弃物进行正确管理,分析结果显示,与肺结核患者行为自律水平相关的因素有3个,分别为婚姻状况、年龄及健康教育。具体为:已婚(OR=0.224,P=0.000)、离异/丧偶(OR=0.279,P=0.004)、25～39岁(OR=2.279,P=0.017)、接受过健康教育(OR=1.690,P=0.009)。

(14)仅21.2%的肺结核患者能够对废弃物进行正确处置,分析结果显示,与肺结核患者对废弃物管理水平相关的因素为:患者治疗类型、健康教育和督导管理。具体为:初治(OR=2.469,P=0.031)、接受过健康教育(OR=2.023,

P=0.043)、督导管理(OR=1.965,P=0.012)。

(15)外出保护措施采取率为41.8%,分析结果显示,与肺结核患者对废弃物处置水平相关的因素有4个,分别为性别、治疗类型、吸烟状况及健康教育。具体为:男性(OR=0.392,P=0.000)、初治(OR=1.866,P=0.004)、偶尔吸烟(OR=2.466,P=0.008)、接受健康教育(OR=1.542,P=0.023)。

(16)调查结果显示,IMB 总体水平分值为10.54±3.619,分析结果显示,与肺结核患者对废弃物管理的 IMB 水平相关的因素有6个,分别为年龄、吸烟、饮酒、上网、健康教育及督导管理。具体为:25~39岁(OR=2.705,P=0.015)、经常吸烟(OR=0.516,P=0.019)、饮酒(OR=0.375,P=0.001)、上网(OR=3.013,P=0.013)、接受过健康教育(OR=7.363,P=0.000)、督导管理(OR=1.953,P=0.001)。

下篇

居家治疗肺结核患者废弃物危害干预效果评价研究

第十五章　废弃物危害干预效果评价研究概述

在上篇和中篇部分，我们已经可以得出以下结论：居家治疗肺结核患者不仅对废弃物的管理水平较低，而且相关的信息、动机和行为技巧水平也均非常低下。因此，居家治疗肺结核患者虽然对废弃物危害干预的主观需求相对较低，但是在客观上，无论是信息、动机、行为技巧还是管理行为维度，对废弃物危害干预的水平均较高。因此，对居家治疗的肺结核患者在废弃物管理方面采取针对性的干预措施势在必行。

第一节　研究目的

本研究以经典的IMB理论为指导，采取健康教育、群组干预管理及督导管理相结合的综合干预措施，并对干预的效果进行评价，进而提出针对性的政策建议和措施。具体目标为：

(1)以IMB理论为指导，对居家治疗肺结核患者废弃物危害进行干预。

(2)对废弃物危害干预的效果进行评价。

(3)根据理论分析和实证研究的结果，提出针对性的政策建议。

第二节　国内外相关研究进展

一、行为干预理论的应用

行为干预作为目前改变健康高危行为的有效措施已日益受到广泛关注，有研究表明，以科学的理论为指导的目标行为干预成功率更高。目前，相关理论包括KAP理论、健康行为改变理论、计划行为理论、自我效能理论以及IMB理论等，现对各理论在行为干预中的应用进行综述。

(一)以KAP理论为指导的行为干预

何夏婷编制了高校学生乙肝知识—态度—行为问卷,并构建了三者之间的结构方程模型,从而对预防和控制乙肝行为改变的路径进行了分析。夏文构建了小学生水域安全教育KAP模型,通过对2554名小学生的问卷调查,构建了知识、态度以及行为三者的关系,结果发现态度是小学生水域安全知识和高危行为之间的中间变量。周榕榕等人构建了学生结核病防治KAP结构方程模型,分析了模型各因素间的作用机制,并比较不同学生组别间的模型差别。

(二)以健康行为改变理论为指导的行为干预

王燕等人利用健康信念模式构建的问卷,对武汉市建筑工人艾滋病相关知识、健康信念、行为的情况进行调查,用结构方程模型对三者之间的关系进行拟合和分析。张胜林开展了类似的研究,分析了社会人口特征、易感性认知、严重性认知、行为效益认知、行为障碍认知对行为的影响。

(三)以计划行为理论为指导的行为干预

马婕等人借助计划行为理论的框架,利用自编问卷,使用结构方程模型建立了居民社区医院就医意愿的模型,从而确定了制约居民选择社区医院就医的主要因素。王亮等人利用计划行为理论为指导,对女性性工作者安全套使用行为的主要影响因素进行分析,结构方程模型的拟合结果显示,行为态度是影响女性性工作者安全套使用意向的关键因素,而知觉行为控制是安全套使用行为的关键因素。万莹运用计划行为理论分析了高血压患者遵医服药行为的影响因素,路径分析结果显示,知觉行为控制对遵医服药行为的效应最大,行为态度和主观规范通过行为意向对遵医服药行为产生间接效应。邹阿罗等人以计划行为理论为指导,从老年人的用药态度、主观规范和知觉行为控制三个维度,构建居家治疗的老年人不合理用药行为影响因素理论模型,并采用结构方程模型验证理论假设。刘海滨等人以计划行为为指导,建立了基于结构方程模型的不安全行为意向与不安全行为的关系模型。陈占锋等人以计划行为为指导,建立了居民参与电子废弃物回收行为影响因素的结构方程模型。

(四)以自我效能理论为指导的行为干预

魏洁分析了农村糖尿病患者疾病知识、自我效能感与自我管理行为之间的相关性,并在此基础上构建了三者的结构方程模型。郑卫军等人也开展了类似的研究,但结果稍有不同。王君俏、贾芸等人对糖尿病患者自我效能与管理行为的关系进行了研究,发现二者具有较高的相关性;陆璐则构建了自我效能与管理行为的线性回归模型;徐茵通过构建结构方程模型对糖尿病患者自我管理行为的影响因素进行探讨;史其芳和朱莉珍对糖尿病以及其他慢性病患者开展了基于自我效能为核心的自我行为管理干预,取得了良好的效果。

焦艳会研究了服药自我效能干预对社区原发性高血压患者的影响,结果发现，干预前后患者血压有了显著性的变化。王娟等人对癫痫患者自我效能与生活质量的关系进行了论述，并探讨了将自我效能干预应用于癫痫治疗的可能性。赵晓霜等人探讨了社区2型糖尿病患者健康素养和自我效能对健康状况的影响，采取问卷调查和实验室检查的方法收集相关数据，并建立了三者之间的结构方程模型，对其路径效应进行了分析。郭婷探讨了社区老年慢性疼痛患者社会支持、自我效能与生活质量的关系，并建立了三者之间的结构方程模型，对其路径效应进行了分析。翟颖莉等人将延吉市78名社区的老年高血压患者随机分为对照组和干预组，前者40名，接受常规管理；后者38名，接受自我效能干预。3个月后，干预组的患者健康状况有了明显的提高，且与对照组相比差异有统计学意义。

（五）以IMB模型为指导的行为干预

张华利用信息—动机—行为技巧模型，对女性性工作者艾滋病高危行为进行了研究，对三者与艾滋病预防行为之间的路径关系进行了分析，并分别确定了预防行为、健康行为和安全套使用的主要影响因素。杨一偲等人针对农民工对艾滋病的认知水平、采取预防行为的动机、行为技巧以及性行为等方面进行了调查，并构建了四者之间的结构方程模型，确定了影响农民工艾滋病预防行为的关键因素。胡浩、刘志浩等人也进行了类似的研究。

林田等人将80例2型糖尿病患者随机分为干预组和对照组，对照组接受常规的知识讲座，而干预组接受为期半年的以IMB理论模型为指导的干预措施。结果显示，干预组在糖尿病知识、饮食运动行为和血糖控制指标等方面均显著优于对照组，差异有统计学意义。

王瑾等人利用信息—动机—行为技巧模型，对女性流动人口生殖健康进行干预，通过比较干预前后生殖健康信息得分情况，对干预效果进行评估。结果显示，该模型干预效果明显，提高了女性流动人口的生殖健康信息水平和行为技巧，同时减少了高危行为的动机。王英等人通过对外来务工体检中心的944名未婚女性进行调查，检验了IMB生殖健康量表。分析结果显示，该量表具有较高的信度和效度，可以在更大范围推广开来。

唐万琴将IMB模型应用于苏北农村初中生结核病预防行为干预中，结果显示预防动机对预防行为的影响最大，其次为行为技巧。徐桂花和赵媛分别将IMB模型应用于对结肠造口患者以及老年全髋关节置换手术的患者治疗中。

二、行为干预的效果评价

李欢龙等人尝试构建由政府、专业机构以及志愿者三者结合的艾滋病高危行为干预模式，并将其应用于实践中，对其实施效果进行评价。彭佳林构建了艾滋病健康教育与行为干预效果评价指标体系，并进行了实证检验，对样本地区艾滋病健康教育与行为干预效果进行了评价,并尝试构建行为干预的模式。黄建华采用综合干预的方法,对宁波市部分暗娼进行艾滋病高危行为干预,并对干预的效果进行了评价。结果显示,综合干预方法使得样本人群在干预前后,对艾滋病防治知识的知晓率、对艾滋病的态度以及安全套的使用率均有了显著的提高,说明干预效果良好。胡志等人尝试应用经济学的原理,应用成本—效用分析方法评价艾滋病行为干预的效果。陈子慧、戚桂平、李衡等人也对艾滋病防治的干预效果进行了类似的研究。

陈忠伟等人对社区高血压患者实施综合干预措施,并对干预的效果进行评价。评价结果显示,患者的随访率、管理率及控制率均显著提高。陈史蓉等人将 34 名高血压患者随机分为干预组和对照组,前者给予相应的培训和干预,后者不采取任何措施。结果显示,干预前后干预组患者自我管理行为有了显著的改善,与对照组相比,差异有统计学意义,说明干预效果良好。钱雪冰等人将海安县和如东县分别作为干预组和对照组,前者给予社区干预、行为干预、心理干预等方法对恶性肿瘤健康教育干预,后者不采取任何干预措施。结果,干预前后干预组相关知识知晓率、信念态度正确率、健康行为形成率,均有了显著的提高。刘跃等人对中学生进行结核病健康教育,并对健康教育干预的效果进行评价。汪海光等人对唐山市社区居民对高血脂相关知识的认知以及行为生活方式情况进行问卷调查,从而对干预的效果进行评价。评价结果显示,居民关于高血脂的知识、态度、行为均有了显著的改善。

石长胜对农村居民进行健康教育和行为干预,并对其进行效果评价。评价结果显示,干预前后居民健康知识知晓率和健康行为形成率均有了显著的改善,说明健康教育和行为干预的效果良好。张建华等人对武汉市 600 名建筑行业农民进行健康教育,健康教育干预前后健康相关知识认知及健康行为水平均有了显著的提高。陈叶纪等人采用综合控烟教育措施,对 18 个行政村 3 万名农民进行控烟干预,6 个月后居民的吸烟率显著降低,戒烟率显著升高。

三、行为干预模式研究

Weber 选择了 17 名 2 型糖尿病患者,将其随机分为干预组和对照组,其中干预组 8 人,对照组 9 人,由精神科的护士对患者进行为期 16 周的健康教育、角色扮演等干预。Clancy 选择了 120 名 2 型糖尿病患者,将其随机分为干预组和对照组,其中干预组 59 人,对照组 61 人,由内科医护人员进行为期半年的健康教育、咨询和个体诊疗等干预。Trento、Sadur 等人也对糖尿病患者采取了类似的群组干预措施。

Blumenfeld 选择了 479 名头痛的患者,由精神科医生、自我管理师对患者进行为期 8 个月的健康教育、技能培养和情感激发等干预。Maizels 则选择了

264 名头痛的患者，由护士对患者进行为期 8 个月的健康教育和个体诊疗等干预。

Scott 和 Miller 分别对 294 名和 28 名慢性病患者，由内科医生、护士对患者进行为期 12 个月的健康教育、讨论咨询和个体诊疗等干预。Masley 选择了 97 名冠心病患者，由护士进行为期 12 个月共计 14 次的健康教育和个体诊疗。Mortberg 对 26 名社交恐惧症的患者，由心理医生采取 3 次强化干预，干预形式主要为心理教育、认知重建和家庭联系等。Linton 选择了 175 名颈部后背痛的患者，将其随机分为干预组和对照组，其中干预组 84 人，对照组 91 人，由临床医生对患者进行为期 12 个月的健康教育、技能培养、放松训练和调节情绪的干预。Hosaka 选择了 34 名乳腺癌患者，由心理医生和护士采取为期 5 周的健康教育、放松训练和心理支持。

Coleman 对卫生服务利用率高的老年人进行群组干预，干预执行者为药师、护士以及内科医生，干预方式为个别指导、自我管理和健康评估。Beck 也对卫生服务利用率高的老年人进行群组干预，干预执行者为护士以及内科医生，干预方式为健康教育、咨询讨论和个体诊疗。

吴克明等人将 400 例高血压患者随机分为对照组和干预组，每组 200 例，前者接受常规的管理，而后者则接受社区卫生服务机构提供的群组干预。6 个月后发现，干预组自我效能和健康状况的变化值明显优于对照组，并且收缩压和舒张压的下降幅度也明显高于对照组，说明社区群组干预模式优于常规的管理模式。朱兰等人则采用 SF-36 量表测量方法，比较了干预组和对照组生命质量的变化。结果显示，除生理机能和躯体疼痛外，SF-36 量表其他各维度的变化值均显著高于对照组。

赵学军等人将 1204 例高血压患者随机分为对照组和干预组，其中干预组 600 例，接受群组干预；对照组 604 例，接受常规管理。6 个月后发现，干预组患者在干预前后，对服药、体育锻炼、饮食和情绪调理的依从性有显著性差异，而对照组则差异无统计学意义。说明在提高高血压患者治疗依从性方面，群组干预优于普通的管理模式。周艳红、陈玲和余东远也进行了类似的研究。

陈沛根对 140 名高血压患者进行群组干预。结果显示，干预后患者的满意度、依从性以及对疾病的认知水平大大提高，但由于试验没有设立对照组，所以导致研究结果的可信性不强。

高俊岭首先分析了社区高血压群组干预的可行性，在此基础上构建了群组干预的模式，并将其应用于实践；然后对干预的效果进行评价，确定了影响干预效果的主要因素，以及群组干预效果产生的路径。

黄俊对糖尿病患者群组干预的效果进行了定性评价，而成建萍则进行了定量评价，陈能栋、唐倩如等人也进行了类似的研究。姜杨对 53 例住院的精神障碍患者进行为期 4 周的群组干预。结果发现，患者的社会功能、日常生活能力有显著性的改善。

包昌琳等人比较了电话督导与常规督导对涂阳肺结核患者干预效果的影响。结果显示，电话督导的患者的治愈率和规律用药率高于常规督导的患者，说明电话督导的方式有助于提高肺结核患者的治疗效果和服药依从性；同时他还比较了其他督导方式应用于全程督导化疗的可行性。杨华林也以湖南省农村肺结核患者为对象，进行了类似的研究；朱伟则评价了溧阳市农村地区不同督导方式下肺结核患者的治疗管理效果。

李俊民等人对肺结核患者及其家人进行健康教育，以家庭成员对患者进行督导，以弥补 DOTS 督导的不足，并探讨了这种家庭干预模式在肺结核患者防治中的应用。结果显示，这种家庭干预模式能够显著提高肺结核患者的临床治愈率。张建明等人则探讨了医生及家属联合督导应用于全程督导化疗的可行性，以提高肺结核患者治疗的依从性。惠亚茹分析了督导管理对居家治疗传染性肺结核病人痰液处理的影响。

四、研究存在的不足之处

以上我们介绍了研究的背景以及目前的研究进展，可以发现以下几个问题：

(一)实践领域存在的问题

目前，无论是在政策、法规方面，还是在实践领域，均对居家治疗的肺结核患者关注不足，而目前对肺结核废弃物危害的干预措施亦是不足，仅以督导为主，缺乏相关干预措施的补充与支持。

(二)理论领域存在的问题

由于关于肺结核废弃物危害干预的研究较少，因此本书对相关领域的研究进行了综述，从而有利于我们从中加以借鉴。关于肺结核废弃物危害干预的空白与不足，现分述如下：

(1)研究不够系统：目前关于肺结核废弃物危害干预的研究较少，而且在这为数不多的研究中，也是将是否有人干预与社会人口学等因素并列，共同探讨这些因素是否是肺结核患者废弃物知识以及处置水平的相关因素，而没有把废弃物危害干预作为一个课题来专门进行研究。

(2)缺乏基础性的研究：任何干预措施的实施，首先必须以对潜在的干预人群的需求评价为基础，否则干预措施能否得以顺利实施以及干预效果如何，都无法得到保证，而目前对于肺结核废弃物危害的干预却缺乏类似的基础性研究。

(3)研究深度不够：目前的研究多以描述性分析为主，少数进行了回归分析，但是对于一个卫生干预措施来说，目前的研究略显浅薄，尚需解决以下重要问题：干预的效果如何、目前的干预模式能否满足潜在干预对象的需求、能否进一步完善目前的干预模式等。

第三节　研究内容与框架

一、研究内容

（一）国内外相关研究进展

对国内外关于废弃物管理、行为干预等方面研究的内容进行分析与归纳，为本研究的设计与实施提供依据。

（二）危害干预的模式选择及实施

在文献复习的基础上，比较不同干预模式的优缺点，选择适宜的干预模式，并将其进行具体实施。

（三）废弃物危害干预的效果评价

在废弃物危害干预模式选择并实施的基础上，对废弃物危害干预的效果进行评价。

二、研究框架

如何判定废弃物危害干预措施是否有效？如何测量干预措施对患者废弃物危害控制水平的影响程度？如何根据评价结果完善目前的干预模式？详见图 15-1。

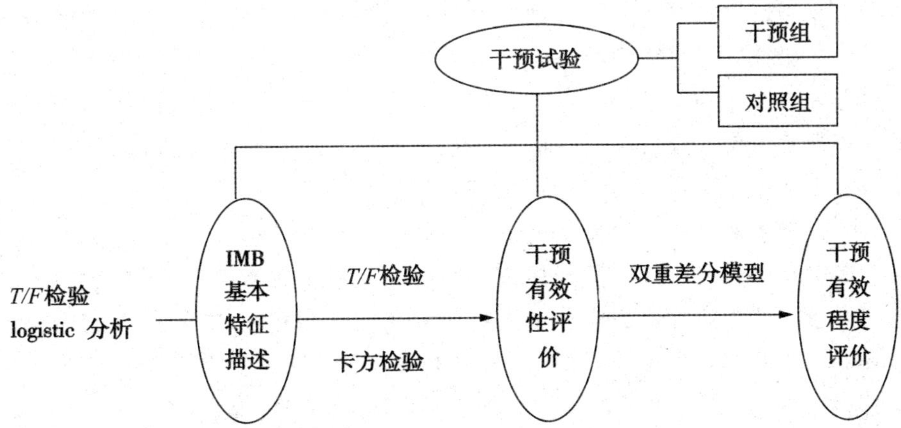

图 15-1　废弃物危害干预效果评价的研究框架

第四节　研究方法

一、现场试验

现场试验主要用来评价废弃物危害的干预效果，具体步骤为：分别选择 200 名居家治疗的肺结核患者，作为对照组和干预组，干预组进行群组干预试验和监督。群组干预试验的内容为针对患者在信息、动机、行为动机和行为的薄弱环节，采取宣传教育措施。对照组则不采取任何干预措施。通过比较干预前后干预组与对照组、干预组干预前后以及对照组前后各关键指标，从而得出实施的废弃物危害干预的效果。

样本人群的纳入标准为：①居家治疗的肺结核患者；②患者均有自理能力，能够对废弃物进行自我管理；③肺结核患者目前未接受任何有针对性的干预措施，包括督导、健康教育等。

干预措施包括健康教育、群组干预和督导。以乡镇卫生院或社区卫生服务机构为中心，将所辖区域内的肺结核患者集中起来进行健康教育。健康教育主要针对目标人群废弃物危害控制信息、动机、行为技巧和行为的薄弱环节，主要内容为废弃物的危害、哪些物品属于废弃物以及传染性和处置方式、自我管理意识、基本技巧等。

二、统计与分析方法

（一）一般描述性分析

主要用来描述肺结核患者的基本特征以及 IMB 特征等。前者主要分析社会人口学特征、家庭因素、行为生活方式以及其他一些因素等；后者主要描述肺结核患者对废弃物的管理水平、知识水平及动机等。对于数值变量，如服从正态分布则采用均数进行描述，如不服从正态分布则采用中位数进行描述；对于分类变量则采用率或构成比进行描述。

（二）单因素分析

本研究所采取的单因素分析方法为χ^2检验和 T 检验。其中，前者主要用来检验样本人群基本特征在干预组和对照组之间分布是否均匀，以确定干预组与对照组之间是否有可比性；后者主要用来对废弃物危害干预的效果进行评价。

（三）双重差分模型

双重差分模型在政策或项目评价领域广泛应用，其基本思路为：按照是否有政策或项目的干预，将样本天然地分为干预组和对照组，计算干预组在政策或项目实施前后某一关键指标的变化值（Y_2-Y_1），同时计算对照组同一指标的变化量(Y_4-Y_3),上述两个变化量的差值,即双重差分$(Y_2-Y_1)-(Y_4-Y_3)$,反映了政策或项目干预的纯效应,如图 15-2 所示。本研究借助双重差分模型,对目前废弃物危害的干预效果进行评价,确定干预的“纯效应”。

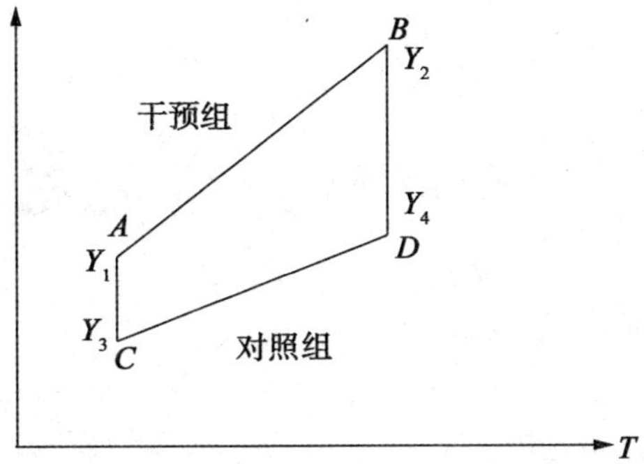

图 15-2　双重差分模型示意图

第十六章　废弃物危害干预效果评价

第一节　受试对象基本特征

本研究从社会人口学特征、家庭特征、行为生活方式以及其他一些因素等方面，对对照组和干预组的基本特征进行描述，并对这些特征在两组之间的分布进行检验，以确定除干预措施外，二者在其他方面均具有可比性，现分述如下。

一、受试对象社会人口学特征

本研究从患者的性别、年龄、文化水平、婚姻、职业、户口、治疗类型以及医疗保险等方面，对样本人群的社会人口学特征进行描述，详见表16-1。

表16-1　　对照组和对照组社会人口学特征比较

项目	组别		χ^2 值	P 值
	对照组(%)	干预组(%)		
患者性别			0.191	0.622
男性	138(69.00)	142(71.00)		
女性	62(31.00)	58(29.00)		
患者年龄			2.079	0.557
0—24岁	19(9.50)	21(10.50)		
25～39岁	26(13.00)	27(13.50)		
40～54岁	37(18.50)	47(23.50)		
55岁及以上	118(59.00)	105(52.50)		
文化水平			5.524	0.135

续表

项目	组别		χ^2 值	P 值
	对照组(%)	干预组(%)		
小学及以下	90(45.00)	104(52.00)		
初中	70(35.00)	50(25.00)		
高中/中专	28(14.00)	36(18.00)		
大专及以上	12(6.00)	10(5.00)		
婚姻状况			1.656	0.452
未婚	27(13.50)	36(18.00)		
已婚	161(80.50)	151(75.50)		
丧偶/离异	12(6.00)	13(6.50)		
职业类型			1.665	0.642
农民	143(71.50)	149(74.50)		
工人	21(10.50)	14(7.00)		
学生	10(5.00)	9(4.50)		
其他	26(13.00)	28(14.00)		
户口类型			0.298	0.585
城镇户口	15(7.50)	18(9.00)		
农村户口	185(92.50)	182(91.00)		
治疗类型			3.579	0.059
初治	174(87.00)	160(80.00)		
复治	26(13.00)	40(20.00)		
医疗保险			1.558	0.212
不参加	11(5.50)	6(3.00)		
参加	189(94.50)	194(97.00)		

(一)受试对象的性别构成情况

对照组男女性别比 2.23∶1,干预组男女性别比 2.45∶1。经检验,对照组与干预组性别特征差异无统计学意义($\chi^2=0.191$,$P=0.622$),见图 16-1。

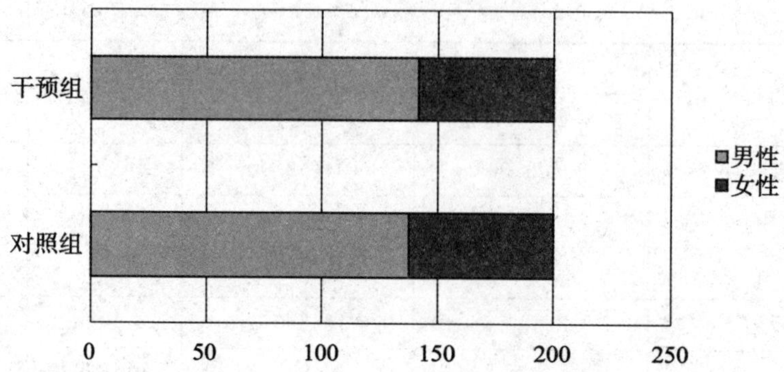

图 16-1　受试对象性别构成情况

（二）受试对象的年龄构成情况

对照组与干预组均是 25 岁以下年龄组的患者所占比例最小，分别为 9.50%和 10.50%；55 岁及以上年龄组的患者所占比例最大，分别为 59.00%和 52.50%。经检验，对照组和干预组年龄构成差异无统计学意义（$\chi^2=2.079$，$P=0.557$），见图 16-2。

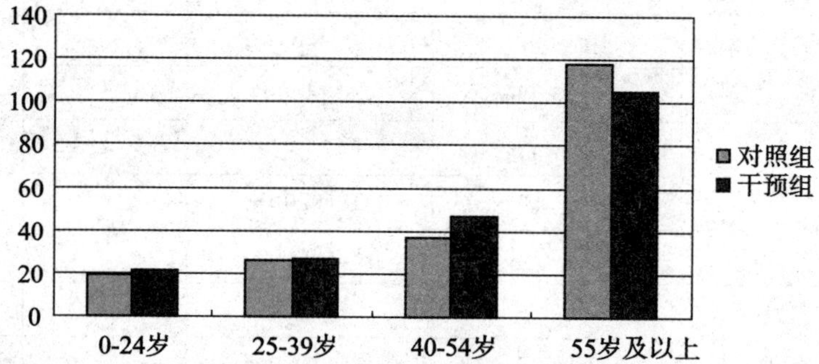

图 16-2　受试对象年龄构成情况

（三）受试对象的文化水平构成情况

对照组与干预组均是小学及以下文化水平的患者所占比例最大，分别为 45.00%和 52.00%；大专及以上文化水平的患者所占比例最低，分别为 6.00%和 5.00%。经检验，对照组和干预组文化水平构成差异无统计学意义（$\chi^2=5.524$，$P=0.135$），见图 16-3。

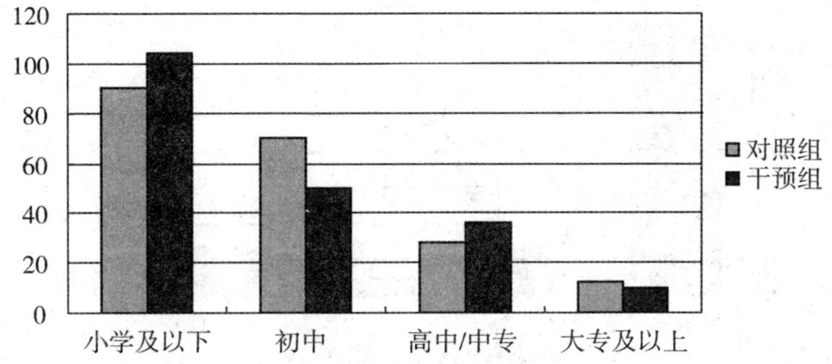

图 16-3　受试对象文化水平构成情况

（四）受试对象的婚姻状况构成情况

对照组与干预组均是已婚的患者所占的比例最大，分别为 80.50% 和 75.50%，丧偶/离异的患者所占比例最低，分别为 6.00% 和 6.50%。经检验，对照组和干预组婚姻状况构成差异无统计学意义（$\chi^2=1.656, P=0.452$），见图 16-4。

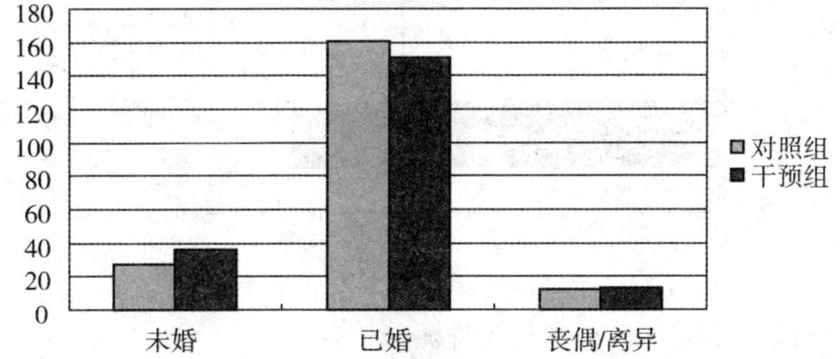

图 16-4　受试对象婚姻状况

（五）受试对象的职业类型构成情况

对照组与干预组均是职业为农民的患者所占比例最大，分别为 71.50% 和 74.50%，而身份为学生的患者比例最小，分别为 5.00% 和 4.50%。经检验，对照组和干预组职业类型构成差异无统计学意义（$\chi^2=1.665, P=0.642$），见图 16-5。

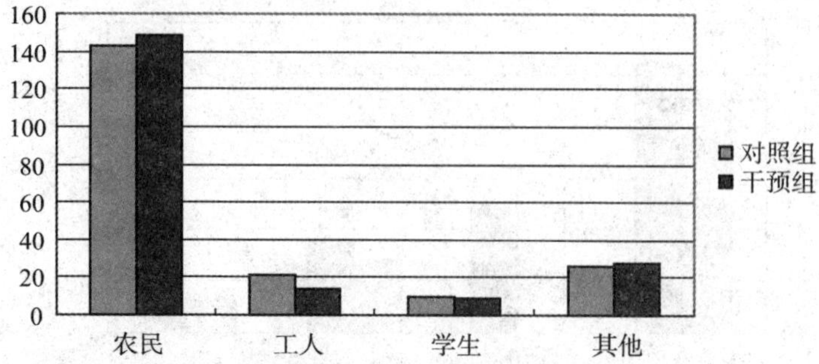

图 16-5　受试对象职业类型

（六）受试对象的户口类型构成情况

对照组与干预组均是农村户口的患者所占比例最大，分别为 92.50%和 91.00%。经检验，对照组和干预组治疗类型构成无统计学差异（$\chi^2=0.298$，$P=0.585$），见图 16-6。

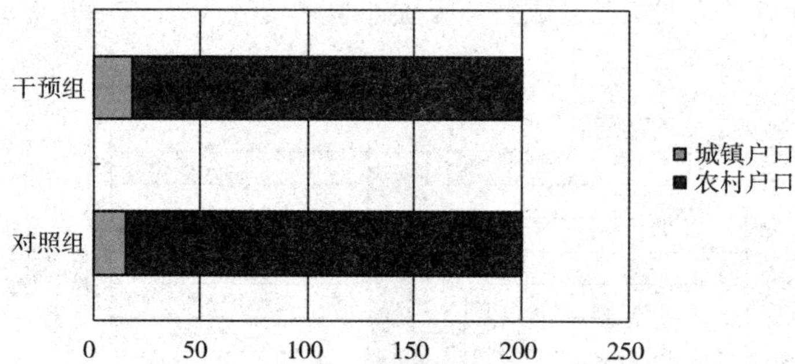

图 16-6　受试对象户口类型

（七）受试对象的治疗类型构成情况

对照组与干预组均是初治的患者所占比例最大，分别为 87.00%和 80.00%。经检验，对照组和干预组治疗类型构成无统计学差异（$\chi^2=3.579$，$P=0.059$），见图 16-7。

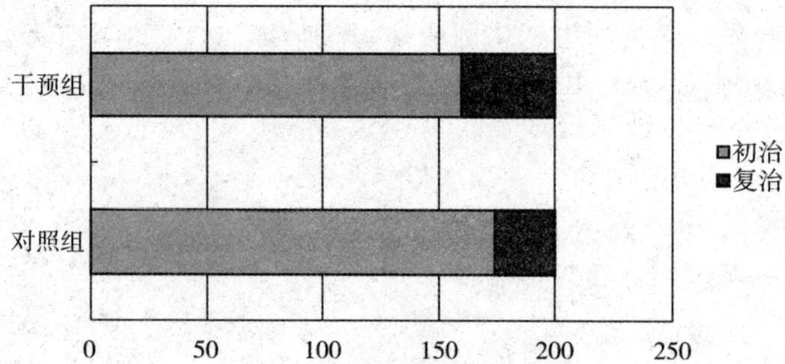

图 16-7　受试对象治疗类型

(八)受试对象的参加医疗保险构成情况

对照组与干预组绝大多数患者均是参加了医疗保险,所占比例分别为94.50%和97.00%。经检验,对照组和干预组参加医疗保险构成无统计学差异($\chi^2=1.558, P=0.212$),见图16-8。

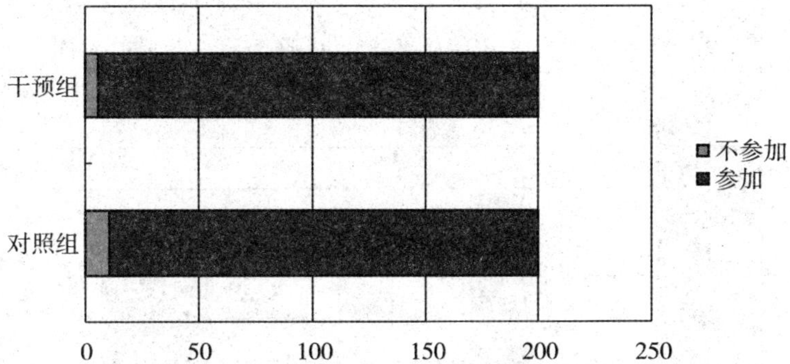

图16-8　受试对象参加医疗保险情况

二、受试对象家庭特征

本研究从家庭年收入、债务以及是否贫困户等方面,对受试对象的家庭特征进行描述,详见表16-2。

表16-2　对照组和干预组家庭特征的比较

项目	组别		χ^2 值	P 值
	对照组(%)	干预组(%)		
家庭年收入			3.893	0.275
10000元以下	69(34.50)	76(38.00)		
10000—19999元	51(25.50)	59(29.50)		
20000—29999元	40(20.00)	26(13.00)		
30000元及以上	40(20.00)	39(19.50)		
债务情况			0.000	1.000
有债务	50(25.00)	50(25.00)		
无债务	150(75.00)	150(75.00)		
是否贫困户			1.789	0.181
是	16(8.00)	24(12.00)		
否	184(92.00)	176(88.00)		

(一)患者家庭年收入情况

对照组与干预组均是10000元以下家庭年收入的患者所占比例最大,分别为34.50%和38.00%;但对照组20000~29999元及30000元及以上家庭年收入的患者所占比例最低,均为20.00%,而干预组20000~29999元家庭年收入的患者所占比例最低,为13.00%。经检验,对照组与干预组家庭年收入的构成情况无统计学差异($\chi^2=3.893, P=0.275$),见图16-9。

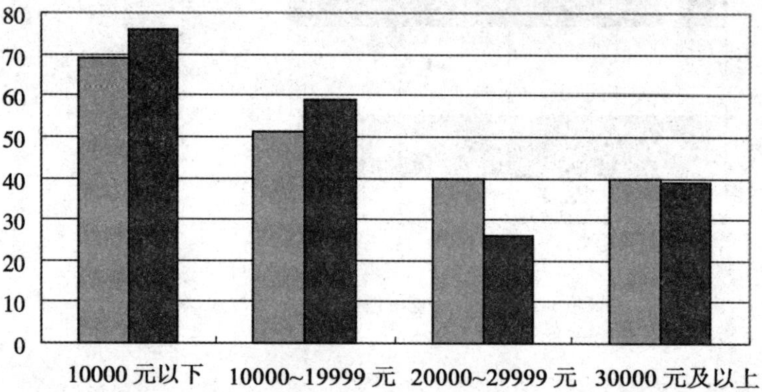

图16-9　患者家庭年收入

(二)患者债务情况

对照组与干预组均是无债务的患者所占比例较高,均为75.00%。经检验,对照组与干预组债务的构成情况无统计学差异($\chi^2=0.000, P=1.000$),见图16-10。

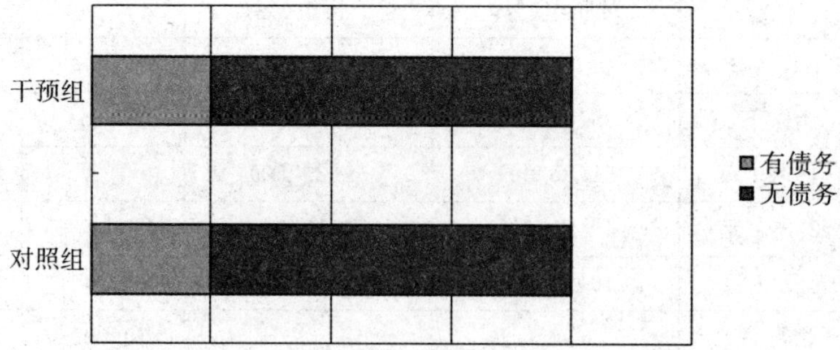

图16-10　患者债务情况

(三)患者是否贫困户情况

对照组与干预组患者均是非贫困户所占比例较高,分别为92.00%和88.00%。经检验,对照组和干预组是否贫困户情况无统计学差异($\chi^2=1.789$,

$P=0.181$)，见图 16-11。

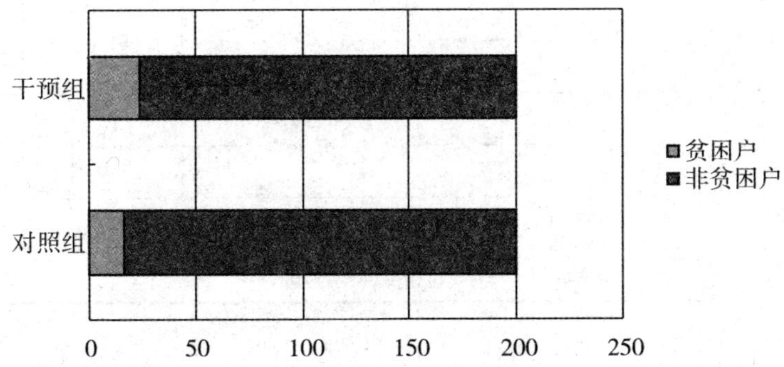

图 16-11　患者是否贫困户

三、样本人群行为生活方式及其他因素情况

本研究从吸烟、饮酒和体育锻炼等方面，对样本人群的行为生活方式进行描述，从上网、生病前吐痰方式等方面，对样本人群其他方面的特征进行描述，详见表 16-3。

表 16-3　　对照组和干预组行为生活方式及其他因素的比较

项目	组别		χ^2 值	P 值
	对照组(%)	干预组(%)		
患者吸烟状况			1.063	0.591
经常吸烟	33(16.50)	26(13.00)		
偶尔吸烟	13(6.50)	15(7.50)		
不吸烟	154(77.00)	159(79.50)		
患者饮酒状况			0.449	0.503
饮酒	36(18.00)	31(15.50)		
不饮酒	164(82.00)	169(84.50)		
体育锻炼状况			2.092	0.363
经常	39(19.50)	34(17.50)		
从不	129(64.50)	123(61.50)		
偶尔	32(16.00)	43(21.50)		
上网情况			1.280	0.258
上网	35(17.50)	44(22.00)		

续表

项目	组别		χ^2 值	P 值
	对照组(%)	干预组(%)		
不上网	165(82.50)	156(78.00)		
生病前吐痰方式			0.010	0.920
错误	98(49.00)	99(49.50)		
正确	102(51.00)	101(50.50)		

(一)患者吸烟状况

对照组与干预组的大部分患者均不吸烟，所占比例分别为 77.00% 和 79.50%；而偶尔吸烟的患者所占比例最低，分别为 6.50% 和 7.50%。经检验，对照组与干预组吸烟状况无统计学差异(χ^2=1.063，P=0.591)，见图 16-12。

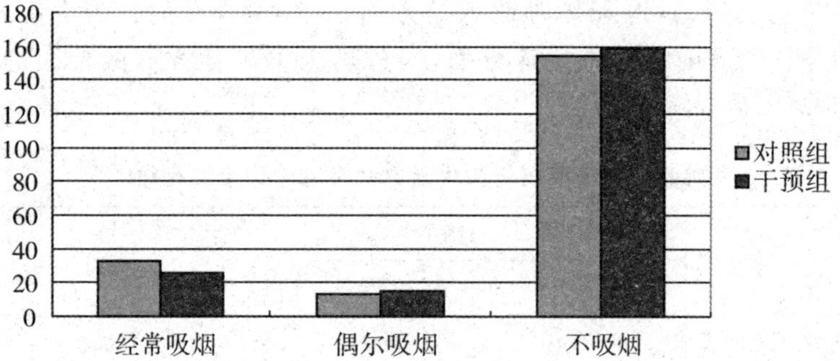

图 16-12　患者吸烟状况

(二)患者饮酒状况

对照组与干预组的大部分患者均不饮酒，所占比例分别为 82.00% 和 84.50%。经检验，对照组与干预组饮酒状况无统计学差异(χ^2=0.449，P=0.503)，见图 16-13。

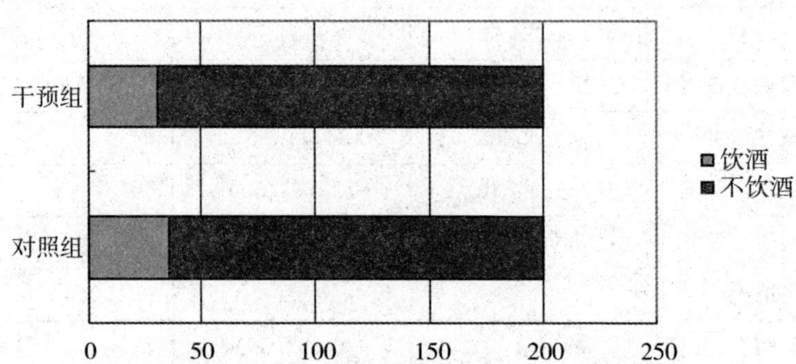

图 16-13　患者饮酒状况

（三）患者体育锻炼状况

对照组与干预组的大部分患者均不参加体育锻炼，所占比例分别为64.50%和61.50%；但对照组偶尔参加体育锻炼的患者所占比例最低，而干预组经常参加体育锻炼的患者所占比例最低。经检验，对照组与干预组参加体育锻炼情况无统计学差异（$\chi^2=2.092, P=0.363$），见图16-14。

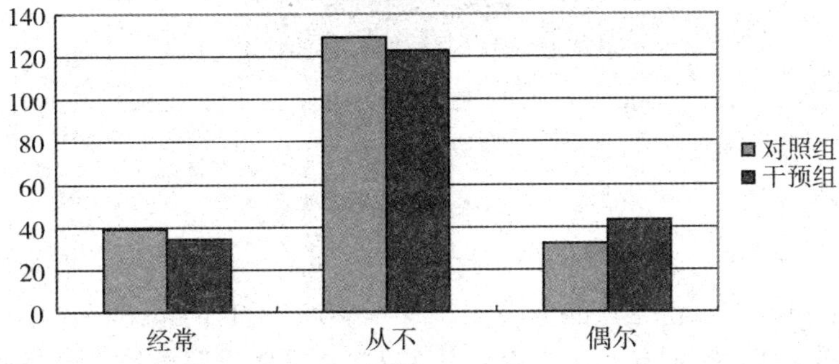

图16-14　患者体育锻炼状况

（四）患者上网情况

对照组与干预组的大部分患者均不上网，所占比例分别为82.50%和78.00%。经检验，对照组与干预组上网情况无统计学差异（$\chi^2=1.280, P=0.258$），见图16-15。

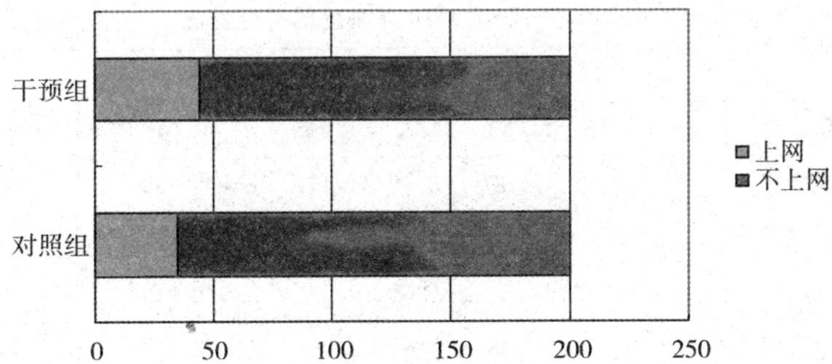

图16-15　患者上网状况

（五）患者生病前吐痰方式

对照组与干预组的患者生病前吐痰方式正确与错误的比例均为50%左右。经检验，对照组与干预组生病前吐痰习惯并无统计学差异（$\chi^2=0.010, P=0.920$），见图16-16。

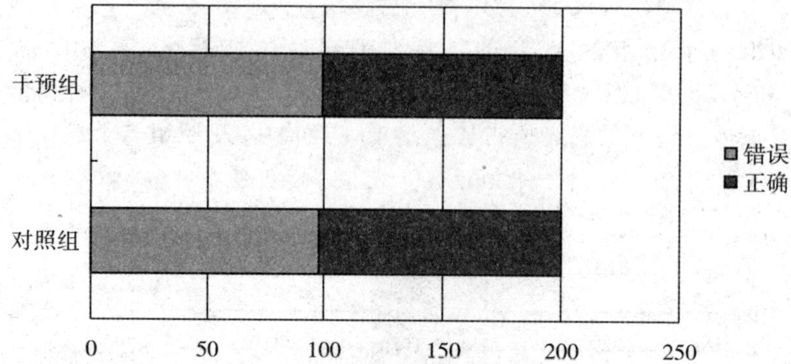

图 16-16　患者生病前吐痰方式

综上所述，社会人口学特征、经济学特征、行为生活方式以及其他因素等方面，在对照组和干预组之间的分布无统计学差异，说明两组之间除了干预措施之外，在其他基本特征方面均具有可比性，这是采取干预措施以及进行干预效果评价的基础。

第二节　受试对象IMB特征

对照组与干预组IMB各维度的得分情况如表16-4所示：

表16-4　对照组与干预组IMB各维度的得分情况

项目	对照组	干预组	T值	P值
信息维度	2.53±1.753	2.69±1.615	0.949	0.343
基本知识	1.72±1.237	1.92±1.179	1.655	0.099
动机维度	5.14±1.040	5.32±1.242	1.571	0.117
废弃物处置态度	1.54±0.557	1.61±0.575	1.149	0.251
害怕程度	3.63±0.888	3.65±1.006	0.263	0.792
行为技巧维度	4.57±1.612	4.82±1.552	1.580	0.115
不随意扔弃废弃物	2.09±0.745	2.10±0.727	0.068	0.946
与家人隔离	1.21±1.067	1.34±1.054	1.273	0.204
配置消毒设施	0.53±0.557	0.55±0.608	0.257	0.797
主动获取知识	0.75±0.657	0.84±0.676	1.425	0.155
行为维度	0.76±0.942	0.90±1.068	1.341	0.181
外出采取保护措施	0.60±0.839	0.74±0.931	1.580	0.115

一、对照组和干预组信息特征

对照组和干预组信息维度得分分别为 2.53±1.753 和 2.69±1.615，差异无统计学意义（$T=0.949$，$P=0.343$），说明对照组和干预组在信息总体水平上有可比性，详见表 16-4，其包含的各条目情况分述如下。

（一）条目“基本知识”的得分情况

对照组与干预组在条目“基本知识”上的得分分别为 1.72±1.237 和 1.92±1.179。经检验，差异无统计学意义（$T=1.655$，$P=0.099$）。

具体到每一个问题，对照组与干预组知晓肺结核病传播途径的分别为 85 人和 101 人，知晓率分别为 42.50% 和 50.50%，经检验，差异无统计学意义（$\chi^2=2.573$，$P=0.109$）。对照组与干预组知晓废弃物可以传播疾病的分别为 144 人和 148 人，知晓率分别为 72.00% 和 74.00%，差异无统计学意义（$\chi^2=0.203$，$P=0.652$）。对照组与干预组知晓废弃物可以污染环境的分别为 67 人和 81 人，知晓率分别为 33.50% 和 40.50%，差异无统计学意义（$\chi^2=2.102$，$P=0.147$）。对照组与干预组知晓废弃物可以危害公共卫生的分别为 48 人和 54 人，知晓率分别为 24.00% 和 27.00%，差异无统计学意义（$\chi^2=0.474$，$P=0.491$）。说明对照组与干预组在对废弃物基本知识的认知方面具有可比性，详见表 16-5。

表 16-5　对照组和干预组对废弃物基本知识的认知情况

项目	对照组		干预组		χ^2 值	P 值
	不知晓	知晓	不知晓	知晓		
肺结核疾病的传播途径	115	85	99	101	2.573	0.109
废弃物可以传播疾病	56	144	52	148	0.203	0.652
废弃物可以污染环境	133	67	119	81	2.102	0.147
废弃物可以危害公共卫生	152	48	146	54	0.474	0.491

（二）条目“废弃物分类”的得分情况

对照组与干预组知晓全部 9 种废弃物分类的人数分别为 58 人和 47 人，知晓率分别为 29.0% 和 23.5%。经检验，差异无统计学意义（$\chi^2=1.563$，$P=0.211$）。而具体到每一种废弃物，对照组与干预组对其分类的认知情况并无统计学差异，说明对照组与干预组在对废弃物分类的认知方面具有可比性，详见表 16-6。

表 16-6　　对照组和干预组对废弃物分类的认知情况

项目	对照组		干预组		χ^2 值	P 值
	不知晓	知晓	不知晓	知晓		
病人治疗过程中咳出的痰液	61	139	55	145	0.437	0.509
病人接触或用过后扔弃的痰盂	65	135	52	148	2.042	0.153
病人用过后扔弃的衣物	114	86	101	99	1.700	0.192
病人用过后扔弃的被褥	108	92	101	99	0.491	0.483
病人用过后扔弃的口罩	89	111	78	122	1.244	0.265
病人用过后扔弃的毛巾、手帕	105	95	89	111	2.562	0.109
病人用过后扔弃的手纸	82	118	72	128	1.056	0.304
病人用过后扔弃的餐具	91	109	86	114	0.253	0.615
病人用过的药品包装	122	78	116	84	0.373	0.541
以上 9 种废弃物	142	58	153	47	1.563	0.211

（三）条目“废弃物处置方式”的得分情况

对照组与干预组知晓全部 9 种废弃物处置方式的人数分别为 40 人和 32 人，知晓率分别为 20.00% 和 16.00%。经检验，差异无统计学意义（$\chi^2=0.624$，$P=0.430$）。而具体到每一种废弃物，对照组与干预组对其处置方式的认知情况并无统计学差异，说明对照组与干预组在对废弃物处置方式的认知方面具有可比性，详见表 16-7。

表 16-7　　对照组和干预组对废弃物处置方式的认知情况

项目	对照组		干预组		χ^2 值	P 值
	不知晓	知晓	不知晓	知晓		
病人治疗过程中咳出的痰液	17	183	28	172	3.057	0.080
病人接触或用过后扔弃的痰盂	37	163	41	159	0.255	0.614
病人用过后扔弃的衣物	30	170	40	160	1.737	0.188
病人用过后扔弃的被褥	31	169	41	159	1.698	0.193
病人用过后扔弃的口罩	34	166	33	167	0.018	0.893
病人用过后扔弃的毛巾、手帕	45	155	53	147	0.865	0.352
病人用过后扔弃的手纸	75	125	78	122	0.095	0.758
病人用过后扔弃的餐具	60	140	63	137	0.106	0.745
病人用过的药品包装	95	105	90	110	0.251	0.616
以上 9 种废弃物	160	40	168	32	0.624	0.430

（四）条目“废弃物传染性”的得分情况

对照组与干预组知晓全部 9 种废弃物传染性的人数分别为 67 人和 75 人，知晓率分别为 33.50%和 37.50%。经检验，差异无统计学意义（$\chi^2=0.699$，$P=0.403$）。而具体到每一种废弃物，对照组与干预组对其传染性的认知情况并无统计学差异，说明对照组与干预组在对废弃物传染性的认知方面具有可比性。

二、对照组和干预组动机特征

对照组和干预组动机维度得分分别为 5.14±1.040 和 5.32±1.242，差异无统计学意义（$T=1.571$，$P=0.117$），详见表 16-4，其包含的各条目情况分述如下。

（一）条目“废弃物处置态度”的得分情况

对照组与干预组在条目“废弃物处置态度”上的得分分别为 1.54±0.557 和 1.61±0.575，差异无统计学意义（$T=1.149$，$P=0.251$）。说明对照组与干预组在对废弃物的处置态度方面具有可比性。

（二）条目“害怕程度”的得分情况

对照组与干预组在条目“害怕程度”上的得分分别为 3.63±0.888 和 3.65±1.006，差异无统计学意义（$T=0.263$，$P=0.792$）。说明对照组与干预组在对废弃物的害怕程度方面具有可比性。

三、对照组和干预组行为技巧特征

对照组和干预组行为技巧维度得分分别为 4.57±1.612 和 4.82±1.552，差异无统计学意义（$T=1.580$，$P=0.115$），详见表 16-4，其包含的各条目情况分述如下。

（一）条目“不随意扔弃废弃物”的得分情况

对照组与干预组在条目“不随意扔弃废弃物”上的得分分别为 2.09±0.745 和 2.10±0.727，差异无统计学意义（$T=0.068$，$P=0.946$），具体到 3 种有代表性的废弃物，对照组与干预组之间，也均无统计学意义，说明对照组与干预组在随意扔弃废弃物的习惯方面具有可比性，详见表 16-8。

（二）条目“与家人隔离”的得分情况

对照组与干预组在条目“与家人隔离”上的得分分别为 1.21±1.067 和 1.34±1.054，差异无统计学意义（$T=1.273$，$P=0.204$）。具体到与家人分开居住、生活和个人用品分开搁置等方面，对照组与干预组之间也均无统计学意义，说明对照组与干预组在采取与家人隔离方面具有可比性，详见表 16-8。

（三）条目“配置消毒设施”的得分情况

对照组与干预组在条目“配置消毒设施”上的得分分别为0.53±0.557和0.55±0.608，差异无统计学意义（$T=0.257, P=0.797$）。具体到消毒设施和消毒剂的配置情况，对照组与干预组之间，也均无统计学意义，说明对照组与干预组在对家中进行消毒方面具有可比性，详见表16-8。

（四）条目“主动获取知识”的得分情况

对照组与干预组在条目“主动获取知识”上的得分分别为0.75±0.657和0.84±0.676，差异无统计学意义（$T=1.425, P=0.155$）。具体到主动通过医生和网络获取相关知识方面，对照组与干预组之间也均无统计学意义，说明对照组与干预组在主动获取知识方面具有可比性，详见表16-8。

表16-8　对照组和干预组患者的行为技巧情况

项目	对照组		干预组		χ^2值	P值
	否	是	否	是		
不随意扔弃用过的衣物	18	182	16	184	0.129	0.720
不随意扔弃用过的毛巾	20	180	20	180	0.000	1.000
不随意扔弃用过的药品包装	144	56	145	55	0.012	0.911
不与家人一起用餐	140	60	126	74	2.200	0.138
与家人分开居住	138	62	126	74	1.604	0.205
生活和个人用品分开搁置	81	119	80	120	0.010	0.919
配置消毒设施	193	7	186	14	2.508	0.113
配置消毒剂	101	99	105	95	0.160	0.689
主动通过医生了解知识	86	114	76	124	1.037	0.308
主动通过网络了解知识	165	35	156	44	1.280	0.258

四、对照组和干预组行为特征

对照组和干预组行为维度得分分别为0.76±0.942和0.90±1.068，差异无统计学意义（$T=1.341, P=0.181$），详见表16-4，其包含的各条目情况分述如下。

（一）条目“外出采取保护措施”的得分情况

对照组与干预组在条目“外出采取保护措施”上的得分分别为0.60±0.839和0.74±0.931，差异无统计学意义（$T=1.580, P=0.115$）。具体到3种有代表性的废弃物，对照组与干预组之间，也均无统计学意义，说明对照组与干预组在外出采取保护措施方面具有可比性。

(二)条目“废弃物处置”情况

对照组与干预组对于全部9种废弃物全部采取正确的处置方式的人数分别为32人和43人,知晓率分别为16.00%和21.50%。经检验,差异无统计学意义($\chi^2=1.992, P=0.158$)。而具体到每一种废弃物,对照组与干预组对其处置情况并无统计学差异,说明对照组与干预组在对废弃物处置方面具有可比性。

第三节　废弃物危害干预效果评价

本研究通过比较干预组干预前后、干预组与对照组、对照组前后IMB各关键指标的变化情况,对废弃物危害干预的效果进行评价。

一、干预组干预前后各关键指标的比较

(一)患者干预前后信息维度的比较

干预组干预前后IMB各维度得分T检验结果如表16-9所示:

表16-9　干预组干预前后IMB各维度得分*T*检验结果

项目	干预前	干预后	*T*值	*P*值
信息维度分值	2.69±1.615	4.05±1.438	15.408	0.000
基本知识	1.92±1.179	2.78±1.052	12.129	0.000
动机维度分值	5.32±1.242	6.64±1.236	12.143	0.000
废弃物处置态度	1.61±0.575	2.10±0.650	9.416	0.000
害怕程度	3.65±1.006	4.54±1.070	9.664	0.000
行为技巧分值	4.82±1.552	6.65±1.322	16.996	0.000
不随意扔弃废弃物	2.10±0.727	2.48±0.609	7.706	0.000
主动获取知识	0.84±0.676	1.29±0.683	7.992	0.000
与家人隔离	1.34±1.054	2.02±0.836	9.825	0.000
配备消毒设施	0.55±0.608	0.87±0.607	7.887	0.000
行为维度分值	0.90±1.068	2.30±1.056	17.377	0.000
外出采取保护措施	0.74±0.931	1.87±0.912	17.021	0.000

干预前肺结核患者信息维度的平均值为2.69±1.615,干预后患者信息维度的平均值为4.05±1.438。配对T检验结果显示,干预前与干预后肺结核患

者信息维度得分情况并不相同，后者高于前者，差异有统计学意义（$T=15.408$，$P=0.000$），详见表 16-9。说明废弃物危害干预措施能够有效提高肺结核患者对废弃物危害控制相关信息的知晓水平。

1. 干预前后条目“基本知识”的情况

干预前肺结核患者基本知识的分值为 1.92±1.179，干预后肺结核患者基本知识的分值为 2.78±1.052。配对 T 检验结果显示，干预前与干预后肺结核患者信息维度得分情况并不相同，后者高于前者，差异有统计学意义（$T=12.129$，$P=0.000$），说明废弃物危害干预措施能够有效提高肺结核患者对废弃物基本知识的知晓水平。

具体来说，患者对肺结核传播途径的知晓率，从干预前的 50.50%提高到干预后的 68.50%；患者知晓废弃物会传播疾病的百分比，从干预前的 74.00%提高到干预后的 85.50%；患者知晓废弃物会污染环境的百分比，从干预前的 40.50%提高到干预后的 61.00%；患者知晓废弃物会危害公共卫生的百分比，从干预前的 27.00%提高到干预后的 63.00%。差异均有统计学意义，干预后与干预前相比有了显著的改善，详见表 16-10。

表 16-10　　干预组干预前后对废弃物基本知识的认知情况

项目	干预前		干预后		χ^2 值	P 值
	不知晓	知晓	不知晓	知晓		
肺结核疾病的传播途径	99	101	63	137	13.45	0.000
废弃物可以传播疾病	52	148	29	171	8.281	0.004
废弃物可以污染环境	119	81	78	122	16.814	0.000
废弃物可以危害公共卫生	146	54	74	126	52.364	0.000

2. 干预前后条目“废弃物分类”的情况

干预前肺结核患者知晓废弃物分类的人数为 47 人，干预后肺结核患者知晓废弃物分类的人数为 73 人，知晓率分别为 23.50%和 36.50%。经检验，干预前后患者对废弃物分类的知晓度并不相同，差异有统计学意义（$\chi^2=8.048$，$P=0.005$）。而且，针对每一种具体废弃物是否属于废弃物的认知水平也有了显著性的提高，说明危害干预能够显著改善肺结核患者对废弃物分类的认知，详见表 16-11。

表 16-11　　干预组干预前后对废弃物分类信息的认知情况

项目	干预前		干预后		χ^2 值	P 值
	否	是	否	是		
病人治疗过程中咳出的痰液	55	145	34	166	6.421	0.011
病人接触或用过后扔弃的痰盂	52	148	27	173	9.998	0.002
病人用过后扔弃的衣物	101	99	65	135	13.346	0.000
病人用过后扔弃的被褥	101	99	72	128	8.556	0.003
病人用过后扔弃的口罩	78	122	49	151	9.703	0.002
病人用过后扔弃的毛巾、手帕	89	111	64	136	6.615	0.010
病人用过后扔弃的手纸	72	128	45	155	8.807	0.003
病人用过后扔弃的餐具	86	114	63	137	5.658	0.017
病人用过的药品包装	116	84	71	129	20.336	0.000
以上 9 种废弃物	153	47	127	73	8.048	0.005

3. 干预前后条目“废弃物处置方式”的情况

干预前肺结核患者知晓废弃物正确处置方式的人数为 32 人，干预后肺结核患者知晓废弃物正确处置方式的人数为 68 人，知晓率分别为 16.00% 和 34.00%。经检验，干预前后患者对废弃物处置方式的知晓度并不相同，差异有统计学意义（$\chi^2=17.586$，$P=0.005$）。而且，针对每一种具体废弃物的处置方式认知水平也有了显著性的提高，说明危害干预能够显著改善肺结核患者对废弃物处置方式的认知，详见表 16-12。

表 16-12　　干预组干预前后对废弃物处置方式的认知情况

项目	干预前		干预后		χ^2 值	P 值
	不知晓	知晓	不知晓	知晓		
病人治疗过程中咳出的痰液	28	172	12	188	7.294	0.007
病人接触或用过后扔弃的痰盂	41	159	21	179	7.753	0.005
病人用过后扔弃的衣物	40	160	23	177	5.503	0.019
病人用过后扔弃的被褥	41	159	19	181	9.682	0.002
病人用过后扔弃的口罩	33	167	13	187	10.123	0.001
病人用过后扔弃的毛巾、手帕	53	147	34	166	5.337	0.021
病人用过后扔弃的手纸	78	122	49	151	9.703	0.002

续表

项目	干预前		干预后		χ^2 值	P 值
	不知晓	知晓	不知晓	知晓		
病人用过后扔弃的餐具	63	137	40	160	6.917	0.009
病人用过的药品包装	90	110	53	147	14.900	0.000
以上9种废弃物	168	32	132	68	17.586	0.000

4.干预前后条目“废弃物传染性”的情况

干预前肺结核患者知晓废弃物正确处置方式的人数为75人,干预后肺结核患者知晓废弃物正确处置方式的人数为113人,知晓率分别为37.50%和56.50%。经检验,干预前后患者对废弃物处置方式的知晓度并不相同,差异有统计学意义($\chi^2=14.492, P=0.000$)。

(二)患者干预前后动机维度的比较

干预前肺结核患者动机维度的分值为5.32±1.242,干预后患者动机维度的分值为6.64±1.236。配对T检验结果显示,干预前与干预后肺结核患者动机维度得分情况并不相同,后者高于前者,差异有统计学意义($T=12.143, P=0.000$),详见表16-9。说明废弃物危害干预措施能够有效提高肺结核患者控制废弃物危害的动机水平。

1.干预前后条目“废弃物处置态度”的情况

干预前后肺结核患者在条目“废弃物处置态度”上的得分分别为1.61±0.575和2.10±0.650。经检验,差异有统计学意义($T=9.416, P=0.000$),说明废弃物危害干预措施能够有效提高肺结核患者主动处置废弃物的积极性。

2.干预前后条目“害怕程度”的情况

干预前后肺结核患者在条目“害怕程度”上的得分分别为3.65±1.006和4.54±1.070。经检验,差异有统计学意义($T=9.664, P=0.000$),说明废弃物危害干预措施能够有效提高肺结核患者对废弃物危害的畏惧心理。

(三)患者干预前后行为技巧维度的比较

干预前肺结核患者行为技巧维度的平均值为4.82±1.552,干预后患者行为技巧维度的平均值为6.65±1.322。配对T检验结果显示,干预前与干预后肺结核患者行为技巧维度得分情况并不相同,后者高于前者,差异有统计学意义($T=16.996, P=0.000$),详见表16-9。说明废弃物危害干预措施能够有效提高肺结核患者控制废弃物危害的行为技巧水平。

1.干预前后条目“不随意扔弃废弃物”的情况

干预前后肺结核患者在条目“不随意扔弃废弃物”上的得分分别为2.10±0.727和2.48±0.609。经检验,差异有统计学意义($T=7.706, P=0.000$),说明废弃物危害干预措施能够有效改善肺结核患者随意扔弃废弃物的习惯。

2.干预前后条目“主动获取知识”的情况

干预前后肺结核患者在条目“主动获取知识”上的得分分别为0.84±0.676和1.29±0.683。经检验,差异有统计学意义($T=7.992$,$P=0.000$),说明废弃物危害干预措施能够有效提高肺结核患者主动获取废弃物相关知识的积极性。

3.干预前后条目“配置消毒设施”的情况

干预前后肺结核患者在条目“配置消毒设施”上的得分分别为0.55±0.608和0.87±0.607。经检验,差异有统计学意义($T=7.887$,$P=0.000$),说明废弃物危害干预措施能够有效促使肺结核患者在家中配置消毒设施,并按照规定定期进行消毒。

4.干预前后条目“与家人隔离”的情况

干预前后肺结核患者在条目“与家人隔离”上的得分分别为1.34±1.054和2.02±0.836。经检验,差异有统计学意义($T=9.825$,$P=0.000$),说明废弃物危害干预措施能够有效促使肺结核患者采取自我隔绝措施,以避免将肺结核病传染给家人。

(四)患者干预前后行为维度的比较

干预前肺结核患者行为维度的平均值为0.90±1.068,干预后患者行为维度的平均值为2.30±1.056。配对T检验结果显示,干预前与干预后肺结核患者行为维度得分情况并不相同,后者高于前者,差异有统计学意义($T=17.377$,$P=0.000$),详见表16-9。说明废弃物危害干预措施能够有效提高肺结核患者控制废弃物危害的水平。

1.干预前后条目“废弃物处置”的情况

干预前后肺结核患者能够对9种废弃物均采取正确措施的人数分别为43人和87人。经检验,差异有统计学意义($\chi^2=22.063$,$P=0.000$),说明废弃物危害干预措施能够有效改善肺结核患者正确处置废弃物的水平。

具体到9种特定的废弃物,除了衣物、被褥和毛巾的正确处置率没有得到显著提高外,其他几种废弃物的正确率均得到显著的提高,特别是用过的药品包装,差异有统计学意义,详见表16-13。而这三种废弃物的正确处置率之所以没有得以显著提高,是因为干预前它们的正确处理率已接近100%,所以可供改善的空间有限。

表 16-13　　干预组干预前后对废弃物处置的情况

项目	干预前		干预后		χ^2 值	P 值
	错误	正确	错误	正确		
病人治疗过程中咳出的痰液	28	172	8	192	12.867	0.000
病人接触或用过后扔弃的痰盂	21	179	6	194	8.429	0.005
病人用过后扔弃的衣物	5	195	2	198	1.351	0.245
病人用过后扔弃的被褥	4	196	1	199	1.950	0.163
病人用过后扔弃的口罩	12	188	2	198	8.184	0.004
病人用过后扔弃的毛巾、手帕	12	188	6	194	2.133	0.144
病人用过后扔弃的手纸	105	95	67	133	14.729	0.000
病人用过后扔弃的餐具	33	167	12	188	11.434	0.001
病人用过的药品包装	137	63	63	137	54.760	0.000
以上 9 种废弃物	157	43	113	87	22.063	0.000

2. 干预前后条目“外出采取保护措施”的情况

干预前后肺结核患者在条目“外出采取保护措施”上的得分分别为 0.74±0.931 和 1.87±0.912。经检验，差异有统计学意义（$T=17.021$，$P=0.000$），说明废弃物危害干预措施能够有效促使肺结核患者在外出活动时采取相应的保护措施。

具体来说，危害干预措施使患者在外出时盛痰物品的携带率，从干预前的 18.50%，上升为干预后的 58.00%；外出时手纸或手帕的携带率，从干预前的 13.00%，上升为干预后的 60.50%；外出时口罩的佩戴率，从干预前的 42.50%，上升为干预后的 68.00%，差异均有统计学意义，详见表 16-14。

表 16-14　　干预组干预前后外出采取保护措施情况

项目	干预前		干预后		χ^2 值	P 值
	错误	正确	错误	正确		
外出时携带盛痰物品	163	37	84	116	68.547	0.000
外出时携带手帕或手纸	174	26	79	121	103.162	0.000
外出时佩戴口罩	115	85	64	136	26.300	0.000

二、对照组各关键指标的变化情况

对照组前后 IMB 各维度得分 T 检验结果如表 16-15 所示：

表 16-15　　对照组前后 IMB 各维度得分 *T* 检验结果

项目	对照组(前)	对照组(后)	*T* 值	*P* 值
信息维度分值	2.53±1.753	2.56±1.756	1.135	0.258
基本知识	1.72±1.237	1.74±1.230	1.344	0.180
动机维度分值	5.14±1.040	5.17±1.031	1.000	0.319
废弃物处置态度	1.54±0.557	1.55±0.556	0.632	0.528
害怕程度	3.63±0.888	3.62±0.895	0.576	0.565
行为技巧分值	4.57±1.612	4.63±1.580	1.438	0.152
不随意扔弃废弃物	2.09±0.745	2.11±0.690	0.492	0.623
主动获取知识	0.75±0.657	0.76±0.636	0.904	0.367
与家人隔离	1.21±1.067	1.22±1.038	0.831	0.407
配备消毒设施	0.53±0.557	0.55±0.538	1.000	0.319
行为维度分值	0.76±0.942	0.79±0.950	1.390	0.166
外出采取保护措施	0.60±0.839	0.61±0.825	0.816	0.416

(一)对照组患者信息维度的变化

在前后两次调查期间,肺结核患者信息维度的分值由2.53±1.753变化为2.56±1.756。经检验,肺结核患者信息水平前后差异无统计学意义($T=1.135$,$P=0.258$),详见表16-15。说明在自然状态下,随着时间的推移,肺结核患者对废弃物相关知识的知晓水平并未发生显著的变化。

1.条目“基本知识”前后变化情况

在前后两次调查期间,肺结核患者基本知识的得分由1.72±1.237变化为1.74±1.230。经检验,肺结核患者对基本知识的知晓水平前后差异无统计学意义($T=1.344$,$P=0.180$)。说明在自然状态下,随着时间的推移,肺结核患者对废弃物基本知识的知晓水平并未发生显著的变化。

2.条目“废弃物分类”前后变化情况

在前后两次调查期间,肺结核患者对废弃物分类的知晓率由29%变化为31%。经检验,肺结核患者对废弃物分类的知晓水平前后差异无统计学意义($\chi^2=0.190$,$P=0.663$),详见表16-16。说明在自然状态下,随着时间的推移,肺结核患者对废弃物分类的知晓水平并未发生显著的变化。

表 16-16　　对照组前后 IMB 各维度卡方检验结果

项目	对照组(前)		对照组(后)		χ^2 值	P 值
	错误	正确	错误	正确		
废弃物分类知识	142	58	138	62	0.190	0.663
废弃物处置方式	160	40	158	42	0.061	0.804
废弃物传染性	133	67	130	70	0.100	0.752
废弃物处置	168	32	165	35	0.161	0.688

3.条目“废弃物处置方式”前后变化情况

在前后两次调查期间，肺结核患者对废弃物处置方式的知晓率由 20.00%变化为 21.00%。经检验，肺结核患者对废弃物处置方式的知晓水平前后差异无统计学意义($\chi^2=0.061$，$P=0.804$)，详见表 16-16。说明在自然状态下，随着时间的推移，肺结核患者对废弃物处置方式的知晓水平并未发生显著的变化。

4.条目“废弃物传染性”前后变化情况

在前后两次调查期间，肺结核患者对废弃物传染性的知晓率由 33.50%变化为 35.00%。T 检验结果显示，肺结核患者对废弃物传染性的知晓水平前后差异无统计学意义($\chi^2=0.100$，$P=0.752$)，详见表 16-16。说明在自然状态下，随着时间的推移，肺结核患者对废弃物传染性的知晓水平并未发生显著的变化。

(二)对照组患者动机维度的变化

在前后两次调查期间，肺结核患者动机维度的分值由 5.14±1.040 变化为 5.17±1.031。经检验，肺结核患者动机水平差异无统计学意义($T=1.000$，$P=0.319$)，详见表 16-15。说明在自然状态下，随着时间的推移，肺结核患者对废弃物危害进行控制的动机水平并未发生显著的变化。

1.条目“废弃物处置态度”的前后变化情况

在前后两次调查期间，肺结核患者在条目“废弃物处置态度”上的分值，由 1.54±0.557 变化为 1.55±0.556，经检验，差异无统计学意义($T=0.632$，$P=0.528$)。说明在自然状态下，随着时间的推移，肺结核患者对废弃物的处置态度并未发生显著的变化。

2.条目“害怕程度”的前后变化情况

在前后两次调查期间，肺结核患者在条目“害怕程度”上的分值，由 3.63±0.888 变化为 3.62±0.895。经检验，差异无统计学意义($T=0.576$，$P=0.565$)。说明在自然状态下，随着时间的推移，肺结核患者对废弃物危害的畏惧心理并未发生显著的变化。

(三)对照组患者行为技巧维度的变化

在前后两次调查期间，肺结核患者行为技巧维度的分值由 4.57±1.612 变化为 4.63±1.580。经检验，肺结核患者行为技巧水平前后差异无统计学意义（T=1.438，P=0.152），详见表 16-15。说明在自然状态下，随着时间的推移，肺结核患者控制废弃物危害的行为技巧水平并未发生显著的变化。

1.条目“不随意扔弃废弃物”的前后变化

在前后两次调查期间，肺结核患者在条目“不随意扔弃废弃物”上的得分由 2.09±0.745 变化为 2.11±0.690。经检验，前后差异无统计学意义（T=0.492，P=0.623）。说明在自然状态下，随着时间的推移，肺结核患者随意扔弃废弃物的不良习惯并未发生显著的变化。

2.条目“主动获取知识”的前后变化

在前后两次调查期间，肺结核患者在条目“主动获取知识”上的得分由 0.75±0.657 变化为 0.76±0.636。经检验，前后差异无统计学意义（T=0.904，P=0.367）。说明在自然状态下，随着时间的推移，肺结核患者通过各种方式主动获取废弃物相关知识的情况并未发生显著的变化。

3.条目“与家人隔离”的前后变化

在前后两次调查期间，肺结核患者在条目“与家人隔离”上的得分由 1.21±1.067 变化为 1.22±1.038。经检验，前后差异无统计学意义（T=0.831，P=0.407）。说明在自然状态下，随着时间的推移，肺结核患者自动采取与家人隔离措施的情况并未发生显著的变化。

4.条目“配置消毒设施”的前后变化

在前后两次调查期间，肺结核患者在条目“配置消毒设施”上的得分由 0.53±0.557 变化为 0.55±0.538。经检验，前后差异无统计学意义（T=1.000，P=0.319）。说明在自然状态下，随着时间的推移，肺结核患者自动对家中采取消毒措施的情况并未发生显著的变化。

(四)对照组患者行为维度的变化

在前后两次调查期间，肺结核患者行为维度的分值由 4.57±1.612 变化为 4.63±1.580。经检验，肺结核患者行为水平前后差异无统计学意义（T=1.438，P=0.152），详见表 16-15。说明在自然状态下，随着时间的推移，肺结核患者对废弃物危害的控制水平并未发生显著的变化。

1.条目“废弃物处置”的前后变化

在前后两次调查期间，肺结核患者对废弃物传染性正确处置率由 16.00% 变化为 17.50%。经检验，前后差异无统计学意义（χ^2=0.161，P=0.699）。说明在自然状态下，随着时间的推移，肺结核患者对废弃物的处置水平并未发生显著的变化。

2. 条目“外出采取保护措施”的前后变化

在前后两次调查期间，肺结核患者在条目“外出采取保护措施”上的分值，由 0.60±0.839 变化为 0.61±0.825。经检验，前后差异无统计学意义（$T=0.816$，$P=0.416$）。说明在自然状态下，随着时间的推移，肺结核患者外出时是否采取保护措施的情况并未发生显著的变化。

综上所述，在自然状态下，随着时间的推移，对照组的肺结核患者无论是在信息、动机、行为技巧和行为四大维度上的分值，还是各维度包含的各个条目，虽均有所变化，但差异无统计学意义。

三、对照组与干预组在干预后各关键指标的比较

对照组与干预组在干预后 IMB 各维度得分 T 检验结果如表 16-17 所示：

表 16-17　对照组与干预组 IMB 各维度得分 T 检验结果

项目	对照组	干预组	T 值	P 值
信息维度分值	2.56±1.756	4.05±1.438	9.286	0.000
基本知识	1.74±1.230	2.78±1.052	9.131	0.000
动机维度分值	5.17±1.031	6.64±1.236	12.959	0.000
废弃物处置态度	1.55±0.556	2.10±0.650	9.096	0.000
害怕程度	3.62±0.895	4.54±1.070	9.380	0.000
行为技巧分值	4.63±1.580	6.65±1.322	13.834	0.000
不随意扔弃废弃物	2.11±0.690	2.48±0.609	5.760	0.000
主动获取知识	0.76±0.636	1.29±0.683	7.958	0.000
与家人隔离	1.22±1.038	2.02±0.836	8.438	0.000
配备消毒设施	0.55±0.538	0.87±0.607	5.579	0.000
行为维度分值	0.79±0.950	2.30±1.056	14.433	0.000
外出采取保护措施	0.61±0.825	1.87±0.912	15.079	0.000

（一）对照组与干预组信息维度的比较

对照组肺结核患者信息维度的分值为 2.56±1.756，干预组患者信息维度的分值为 4.05±1.438。经检验，干预组与对照组患者对废弃物相关信息的认知水平并不相同，前者高于后者，差异有统计学意义（$T=9.286$，$P=0.000$），详见表 16-17。说明废弃物危害干预措施可以显著提高肺结核患者掌握废弃物相关信息的水平。

1. 条目"基本知识"的比较

对照组肺结核患者在条目"基本知识"上的分值为 1.74±1.230，干预组患者在这一条目上的分值为 2.78±1.052。经检验，干预组与对照组患者基本知识分值并不相同，前者高于后者，差异有统计学意义（$T=9.131$，$P=0.000$），说明危害干预措施可以显著提高肺结核患者对废弃物基本知识的知晓水平。

2. 条目"废弃物分类"的比较

对照组肺结核患者知晓废弃物分类知识的有 62 人，干预组患者知晓废弃物分类知识的有 73 人。经检验，干预组与对照组患者对废弃物分类信息的知晓水平无统计学差异（$\chi^2=1.353$，$P=0.245$），详见表 16-18，说明危害干预措施并没有显著提高肺结核患者对废弃物分类的知晓水平。

表 16-18　　对照组与干预组 IMB 各维度卡方检验结果

项目	对照组		干预组		χ^2 值	P 值
	不知晓	知晓	不知晓	知晓		
废弃物分类知识	138	62	127	73	1.353	0.245
废弃物处置方式	158	42	132	68	8.476	0.004
废弃物传染性	130	70	87	113	18.625	0.000
废弃物处置	165	35	113	87	32.673	0.000

3. 条目"废弃物传染性"的比较

对照组肺结核患者知晓废弃物传染性的人数为 70 人，干预组患者知晓废弃物传染性的人数为为 113 人。经检验，干预组与对照组患者对废弃物传染性的知晓水平并不相同，前者高于后者，差异有统计学意义（$\chi^2=18.625$，$P=0.000$），详见表 16-18，说明危害干预措施可以显著提高肺结核患者对废弃物传染性的知晓水平。

4. 条目"废弃物处置方式"的比较

对照组肺结核患者知晓废弃物处置方式的人数为 42 人，干预组患者知晓废弃物处置方式的人数为 68 人。经检验，干预组与对照组患者对废弃物正确处置方式的知晓水平并不相同，前者高于后者，差异有统计学意义（$\chi^2=8.476$，$P=0.004$），详见表 16-18，说明危害干预措施可以显著提高肺结核患者对废弃物处置方式的知晓水平。

（二）对照组与干预组动机维度的比较

对照组肺结核患者动机维度的分值为 5.17±1.031，干预组患者动机维度的分值为 6.64±1.236。经检验，干预组与对照组患者动机水平并不相同，前者高于后者，差异有统计学意义（$T=12.959$，$P=0.000$），详见表 16-17，说明危害干预措施可以显著提高肺结核患者控制废弃物危害的动机水平。

1. 条目“废弃物处置态度”的比较

对照组肺结核患者在条目“废弃物处置态度”上的分值为 1.55±0.556，干预组患者在这一条目上的分值为 2.10±0.650。经检验，干预组与对照组患者对废弃物处置的态度并不相同，前者较后者更为积极主动，差异有统计学意义（$T=9.096$，$P=0.000$），说明危害干预措施可以显著提高肺结核患者处置废弃物的积极性。

2. 条目“害怕程度”的比较

对照组肺结核患者在条目“害怕程度”上的分值为 3.62±0.895，干预组患者在这一条目上的分值为 4.54±1.070。经检验，干预组与对照组患者对废弃物危害的害怕程度并无统计学差异（$T=9.380$，$P=0.000$），说明危害干预措施能显著提高肺结核患者对废弃物危害的畏惧心理。

（三）对照组与干预组行为技巧维度的比较

对照组肺结核患者行为技巧维度的分值为 4.63±1.580，干预组患者行为技巧维度的分值为 6.65±1.322。经检验，干预组与对照组患者行为技巧维度的分值并不相同，前者高于后者，差异有统计学意义（$T=13.834$，$P=0.000$），详见表 16-17。说明危害干预措施可以显著提高肺结核患者控制废弃物危害的行为技巧。

1. 条目“不随意扔弃废弃物”的比较

对照组肺结核患者在条目“不随意扔弃废弃物”上的分值为 2.11±0.690，而干预组患者在此条目上的分值为 2.48±0.609。经检验，干预组与对照组患者在条目“不随意扔弃废弃物”上的分值并无统计学差异（$T=5.760$，$P=0.000$），说明危害干预措施能显著纠正肺结核患者随意扔弃废弃物这一不良行为。

2. 条目“主动获取知识”的比较

对照组肺结核患者在条目“主动获取知识”上的分值为 0.76±0.636，而干预组在此条目上的分值为 1.29±0.683，经检验，干预组与对照组患者主动获取相关知识的能力并不相同，前者高于后者，差异有统计学意义（$T=7.958$，$P=0.000$），说明危害干预措施能够有效提高肺结核患者主动获取相关知识的能力及意愿。

3. 条目“与家人隔离”的比较

对照组肺结核患者在条目“与家人隔离”上的分值为 1.22±1.038，而干预组在此条目上的分值为 2.02±0.836。经检验，干预组与对照组患者与家人隔离的行为水平并不相同，前者高于后者，差异有统计学意义（$T=8.438$，$P=0.000$），说明危害干预措施能够有效促使肺结核患者与家人隔离。

4.条目“配备消毒设施”的比较

对照组肺结核患者在条目“配备消毒设施”上的分值为 0.55±0.538，而干预组在此条目上的分值为 0.87±0.607。经检验，干预组与对照组患者配备消毒设施水平并不相同，前者高于后者，差异有统计学意义（$T=5.579$，$P=0.000$），说明危害干预措施能够有效促使肺结核患者配备相关的消毒设施。

（四）对照组与干预组行为维度的比较

对照组肺结核患者行为维度的分值为 0.79±0.950，干预组患者行为维度的分值为 2.30±1.056，经检验，干预组与对照组患者行为水平并不相同，前者高于后者，差异有统计学意义（$T=14.433$，$P=0.000$），详见表 16-17，说明危害干预措施可以显著提高肺结核患者控制废弃物危害的行为水平。

1.条目“废弃物处置”的比较

对照组肺结核患者能正确对废弃物进行处置的人数为 35 人，干预组患者能正确对废弃物进行处置的人数为 87 人。经检验，干预组与对照组患者废弃物处置水平并不相同，前者高于后者，差异有统计学意义（$T=32.673$，$P=0.000$），说明危害干预措施可以显著提高肺结核患者处置废弃物的水平。

2.条目“外出采取保护措施”的比较

对照组肺结核患者在条目“外出采取保护措施”上的分值为 0.61±0.825，干预组患者在这一条目上的分值为 1.87±0.912。经检验，干预组与对照组患者外出采取保护措施的水平并不相同，前者高于后者，差异有统计学意义（$T=15.079$，$P=0.000$），说明危害干预措施可以显著提高肺结核患者外出时采取相应保护措施的自觉性。

四、危害干预效果的双重差分分析

通过对对照组与干预组以及干预前后两组关键指标的变化分析，可初步得出以下结论：废弃物危害干预能够有效改善肺结核患者对废弃物危害控制的水平。但是，具体改善程度以及干预措施的纯效应如何尚需进一步定量测量。本研究采用双重差分模型解决这一问题，即计算对照组前后、干预组干预前后，各关键指标的变化值，并在此基础上计算出危害干预措施的纯效应，详见表 16-19。

表16-19　　废弃物危害干预的双重差分分析结果

项目	$\bar{X}_{2前}-\bar{X}_{1前}$	$\bar{X}_{4前}-\bar{X}_{3前}$	$(\bar{X}_{4前}-\bar{X}_{3前})-(\bar{X}_{2前}-\bar{X}_{1前})$	粗增长率（%）	纯增长率（%）
信息维度分值	0.03	1.36	1.33	50.56	49.44
基本知识	0.02	0.86	0.84	44.79	43.75
废弃物分类	1.00%	13.00%	12.00%	13.00	12.00
废弃物处置方式	1.00%	18.00%	17.00%	18.00	17.00
废弃物传染性	1.50%	19.00%	17.50%	19.00	17.50
动机维度分值	0.03	1.32	1.29	24.81	24.25
废弃物处置态度	0.01	0.49	0.48	30.43	29.81
害怕程度	−0.01	0.89	0.90	24.38	24.66
行为技巧分值	0.06	1.83	1.77	37.97	36.57
不随意扔弃废弃物	0.02	0.38	0.36	18.10	17.14
主动获取知识	0.01	0.45	0.44	53.57	52.38
与家人隔离	0.01	0.68	0.67	50.75	50.00
配备消毒设施	0.02	0.32	0.30	58.18	54.55
行为维度分值	0.06	1.40	1.34	155.56	148.89
废弃物处置	1.50%	22.00%	20.50%	22.00	20.50
外出采取保护措施	0.01	1.13	1.12	152.70	151.35

（一）信息维度的双重差分结果分析

干预组肺结核患者在危害干预前后，信息维度分值增长了1.36分，而对照组的肺结核患者在这期间分值也增长了0.03分。因此，废弃物危害干预措施对信息维度影响的纯效应为：使信息维度分值增长了1.33分。因此，废弃物危害干预使得信息维度分值的粗增长率为50.56%，而纯增长率为49.44%，即废弃物危害干预使得肺结核患者对废弃物信息的知晓水平增长了49.44%，该维度所包含的四个条目的双重差分分析结果如下：

干预组肺结核患者在危害干预前后，条目"基本知识"的分值纯增长了0.84分。因此，废弃物危害干预使得基本知识分值的粗增长率为44.79%，而纯增长率为43.75%，即废弃物危害干预使得肺结核患者对废弃物基本知识的知晓水平增长了43.75%。

对照组肺结核患者对废弃物分类知识的知晓率增长了1.00%，而干预组肺结核患者在危害干预前后增长了13.00%。因此，废弃物危害干预的纯效应为：

患者对废弃物分类知识的知晓率增长了 12.00%。

对照组肺结核患者对废弃物处置方式的知晓率增长了 1.00%，而干预组肺结核患者在危害干预前后增长了 18.00%。因此，废弃物危害干预的纯效应为：肺结核患者对废弃物处置方式的知晓水平增长了 17.00%。

对照组肺结核患者对废弃物传染性的知晓率增长了 1.50%，而干预组肺结核患者在危害干预前后增长了 19.00%。因此，废弃物危害干预的纯效应为：肺结核患者对废弃物传染性的知晓水平增长了 17.50%。

(二)动机维度的双重差分结果分析

干预组肺结核患者在危害干预前后，动机维度分值增长了 1.32 分，而对照组的肺结核患者在这期间分值也增长了 0.03 分。因此，废弃物危害干预措施对动机维度影响的纯效应为：使动机维度分值增长了 1.29 分。因此，废弃物危害干预使得动机维度分值的粗增长率为 24.81%，而纯增长率为 24.25%，即废弃物危害干预使得肺结核患者对控制废弃物危害的动机水平增长了 24.25%，该维度所包含的两个条目的双重差分分析结果如下：

干预组肺结核患者在危害干预前后，条目“废弃物处置态度”的分值纯增长了 0.48 分。因此，危害干预使得废弃物处置态度分值的粗增长率为 30.43%，而纯增长率为 29.81%，即危害干预使得患者对废弃物处置的积极程度增长了 29.81%。

干预组肺结核患者在危害干预前后，条目“害怕程度”的分值纯增长了 0.90 分。因此，危害干预使得废弃物处置态度分值的粗增长率为 24.38%，而纯增长率为 24.66%，即废弃物危害干预使得患者对废弃物危害的畏惧程度提高了 24.66%。

(三)行为技巧维度的双重差分结果分析

干预组肺结核患者在危害干预前后，行为技巧维度分值增长了 1.83 分，而对照组的肺结核患者在这期间分值也增长了 0.06 分。因此，废弃物危害干预措施对行为技巧影响的纯效应为：使动机维度分值增长了 1.77 分。因此，废弃物危害干预使得行为技巧维度分值的粗增长率为 37.97%，而纯增长率为 36.57%，即废弃物危害干预使得肺结核患者控制废弃物危害的行为技巧水平增长了 36.57%，该维度所包含的四个条目的双重差分分析结果如下：

干预组肺结核患者在危害干预前后，条目“不随意扔弃废弃物”的分值纯增长了 0.36 分。因此，废弃物危害干预使得不随意扔弃废弃物这一条目分值的粗增长率为 18.10%，而纯增长率为 17.14%，即废弃物危害干预改善了肺结核患者随意扔弃废弃物的习惯，使其下降了 17.14%。

干预组肺结核患者在危害干预前后，条目“主动获取知识”的分值纯增长了 0.44 分。因此，废弃物危害干预使得主动获取知识这一条目分值的粗增长率为

53.57%,而纯增长率为52.38%,即废弃物危害干预使得肺结核患者主动获取废弃物危害控制相关知识的水平增长了52.38%。

干预组肺结核患者在危害干预前后,条目“与家人隔离”的分值纯增长了0.67分。因此,废弃物危害干预使得与家人隔离这一条目分值的粗增长率为50.75%,而纯增长率为50.00%,即废弃物危害干预使得肺结核患者与家人在饮食起居方面隔离开来的水平增长了50.00%。

干预组肺结核患者在危害干预前后,条目“配置消毒设施”的分值纯增长了0.30分。因此,废弃物危害干预使得配置消毒设施这一条目分值的粗增长率为58.18%,而纯增长率为54.55%,即废弃物危害干预使得肺结核患者在家中配置相应的消毒设施和消毒剂的水平增长了54.55%。

(四)行为维度的双重差分结果分析

干预组肺结核患者在危害干预前后,行为维度分值增长了1.40分,而对照组的肺结核患者在这期间分值也增长了0.06分。因此,废弃物危害干预措施对行为维度影响的纯效应为:使行为维度分值增长了1.34分。因此,废弃物危害干预使得行为维度分值的粗增长率为155.56%,而纯增长率为148.89%,即废弃物危害干预使得肺结核患者对控制废弃物危害的行为水平增长了148.89%,该维度所包含的两个条目的双重差分分析结果如下:

干预组肺结核患者在干预前后,对废弃物的处置正确率增长了22.00%,而对照组在此期间增长了1.50%。因此,纯增长率为20.50%,即危害干预使得肺结核患者处置废弃物的水平提高了20.50%。

干预组肺结核患者在危害干预前后,条目“外出采取保护措施”纯增长了1.12分。因此,废弃物危害干预使得废弃物处置这一条目分值的粗增长率为152.70%,而纯增长率为151.35%,即废弃物危害干预使得肺结核患者在外出时采取必要的保护措施的水平提高了151.35%。

第十七章　废弃物危害干预分析与讨论

本章首先从研究设计、资料收集以及资料分析等方面，对本研究的方法学进行科学性论证，而后对一些主要研究结果进行科学性论证，包括调查工具的可靠性、居家治疗肺结核患者对废弃物危害干预需求的影响因素、废弃物危害干预的效果等。

第一节　研究方法的科学性论证

一、研究设计阶段

本研究是以结核病防治机构登记的肺结核患者为对象的回顾性研究，在研究设计阶段，为了确保样本的代表性，在选择样本地区时，充分考虑了样本地区的地理位置及经济水平等因素。同时，由于本研究为回顾性研究，回忆偏倚是急需解决的重要问题之一。本研究采取了以下措施对其加以控制：①对调查人员进行严格的培训，以提高其收集资料的完整性和准确性；②现场调查与已有资料收集相结合，已有资料主要包括病人登记信息以及病案信息等；③对于已经完成治疗的患者，完成时间应在半年之内。

二、资料收集阶段

对于调查对象基本信息的收集，本研究不仅仅收集其社会人口学特征，同时还收集了其经济状况、行为生活方式、生活状态以及其他一些因素的资料，从而确保资料的完整性。对于其他相关定量和定性资料的收集，前者主要通过自制的 IMB 量表，采用一对一问卷调查的方式收集相关资料；后者主要按照预先制定的访谈提纲，对关键人物进行面对面访谈来收集相关资料。

三、资料分析阶段

(一)量表的信效度检验

工欲善其事,必先利其器。科学、可靠的工具是开展科学研究的基础,而衡量一个量表的科学性和可靠性,不仅要看其是否符合心理测量学的方法,更要看其是否满足心理测量学的标准,这些方法和标准包括量表的信度和效度等。

量表的信度和效度在很大程度上取决于其条目的构成,对条目进行分析,即评价各条目是否该入选,是量表能否编制成功的关键。本研究通过计算各条目的决断值以及与总分的相关系数,来评价各条目的区分度,以此作为筛选条目的依据。

信度反映的是量表的可靠性,本研究采用克朗巴赫 α 系数和分半信度系数来衡量。由于本研究构建的量表是在经过严格的专家论证的基础上构建的,内部逻辑性较高,因此内容效度较好。本研究仅对量表的结构效度进行检验,检验方法为主成分分析法。

(二)信息、动机、行为技巧及行为的路径分析

在卫生学领域,在分析几种因素的相互关系时,最常用的方法是构建多元回归模型,用以定量描述各因素之间的相互作用,但是这种方法并不能描述进入模型的变量哪些对因变量有直接效应,哪些有间接效应,以及自变量之间的相互作用。而路径分析可以很好地解决这些问题。

在IMB理论中,信息、动机、行为技巧和行为通过直接和间接作用相互影响,具有一定的因果关系。简而言之,即信息是行为改变的基础,动机是行为改变的内在动力,行为技巧则是行为改变的必备条件;行为技巧直接对行为产生影响,而信息和动机则是通过影响行为技巧对行为改变产生间接效应。确定信息、动机、行为技巧和行为之间的路径关系,是实施行为干预的基础,也是确定居家治疗肺结核患者对废弃物危害干预需求的前提,更为评价危害干预的效果提供了依据。本研究通过构建四者之间的结构方程模型,对其关系进行定量分析。

(三)患者对危害干预需求的影响因素分析

单因素分析:本研究采取的单因素分析方法包括 T/F 检验和χ^2检验,其中定量资料采用 T/F 检验;而肺结核患者对危害干预的主观需求、患者基本特征在对照组和干预组之间的分布,以及其他分类变量均为非等级资料,因此,均采用χ^2检验。

多因素分析:对资料进行分析时,选择何种模型进行建模至关重要,如果选择了一个不恰当的模型,则有可能分析结果是不精确的,甚至是谬误的。本研究针对单因素分析结果中有显著水平的因素,进一步进行多因素分析。根据因

变量的不同，本研究采取的多因素分析方法主要包括多分类 logistic 回归模型、二分类 logistic 回归模型。具体来说，肺结核患者对废弃物危害干预的主观需求为三分类无序变量，因此需采用多分类 logistic 回归模型确定其影响因素；肺结核患者对废弃物危害干预的客观需求为二分类有序变量，因此应采用二分类 logistic 回归模型。同理，肺结核患者废弃物的信息、动机以及行为水平影响因素的研究，也均采取二分类 logistic 回归模型。

（四）废弃物危害干预的效果分析

项目效果评价是对项目的直接结果进行评估，一般都是基于比较的思想进行，Schalock 甚至将项目评价比作“结构化的比较”，而 David Royse 则认为如果没有任何形式的比较，就没有评价。效果评价设计的重要思路是通过以下两个方面来实现的：比较项目前后关键效果指标的差异以及比较项目干预组与对照组关键效果指标的差异。项目效果评价的方法很多，各有其适用范围，但是一个公认的观点是：确定干预与效果因果关系的最优方法为社区随机试验。

本研究在评价废弃物危害干预措施的效果时，同样利用了项目效果评价的基本思想：首先比较肺结核患者的基本特征在干预组与对照组之间的分布是否均衡，在确定除干预措施外其他基本特征差异无统计学意义后，通过比较干预前后患者关键效果指标的变化以及干预组与对照组关键效果指标的差异，初步判定干预措施是否有效。

第二节　调查工具的可靠性论证

一、量表具有良好的信度

一般认为，总量表的信度系数应在 0.8 以上，分量表的信度系数应在 0.7 以上。本研究信息、动机、行为技巧和行为 4 个分量表的克朗巴赫 α 系数为 0.729～0.832，而总量表克朗巴赫 α 系数为 0.801；各分量表的分半信度系数为 0.732～0.801，总量表分半信度系数为 0.762。这说明本研究构建的 IMB 量表具有良好的信度。

二、量表具有良好的结构效度

效度是指测量结果的有效程度，主要包括内容效度和结构效度，后者是指测量工具反映命题内部结构的程度。本研究主要对 IMB 量表的结构效度进行检验。效度的检验方法较多，本研究主要采取主成分分析法以及相关分析两种方法，现分述如下：

(一)主成分分析结果讨论

本研究采用主成分分析法对量表进行探索性因子分析,同时检验其结构效度。在进行因子分析之前,需对其适用性进行检验,本研究采用 KMO 以及 Bartlett 球形性检验。检验结果显示,KMO=0.863,Bartlett 的球形性检验统计量χ^2=1074.876,P=0.000,表明适合做因子分析。分析结果显示,特征根大于 1 的因子共有 4 个,共解释了 54.321%的变异,4 个因子分别为废弃物管理信息、废弃物管理动机、废弃物管理行为技巧以及废弃物管理行为,这与本研究的设想完全一致,说明量表具有良好的结构效度。

(二)相关分析结果讨论

对各因子间、因子及其组成条目间以及各因子与总分间的相关分析结果显示,各因子间的相关系数为 0.347～0.496,而因子与其组成条目之间的相关系数为 0.284～0.891,均具有统计学意义(P<0.05)。一般认为,条目与因子间的相关系数在 0.10～0.60 水平就可以接受,因子间的相关系数为 0.30～0.80 就行,而本研究构建的 IMB 量表均达到这一要求,因此符合测量学的要求,说明量表具有良好的结构效度。

第三节　对路径分析结果的讨论

一、信息对行为的影响

在构建的结构方程模型中,信息通过行为技巧对行为产生间接效应,这是因为废弃物相关信息是肺结核患者废弃物管理行为的基础,只有了解哪些物品属于废弃物、哪些废弃物具有传染性以及传染程度大小、应该采取何种方式处置这些废弃物等信息,肺结核患者才会有针对性地对这些废弃物进行处置,并采取必要的保护措施,以防止加重自己病情以及传染给别人。因此,信息是患者转变废弃物管理行为的基础。另外,肺结核患者只有掌握了肺结核疾病的传播途径、废弃物的危害等知识,才会形成积极的态度和动机,以及主动获取废弃物管理的行为技巧。因此,信息可以对行为技巧产生直接效应。同时,由于信息是行为改变的必要条件,而非充分条件,因此也需要通过行为技巧对废弃物管理行为产生间接效应。

二、动机对行为的影响

在构建的结构方程模型中,动机通过行为技巧对废弃物管理行为产生间接效应,效应值为 0.299,而信息对行为的总效应为 0.210。显然,动机对行为的影响比信息更大。这是因为信息虽然很重要,但是它仅是行为改变的基础,并不是充分条件。也就是说,掌握了充分的信息并不一定会导致行为的改变,只有形成了积极的态度以及动机,患者才会有获取行为技巧以及行为的内在动力。

三、行为技巧对行为的影响

在构建的结构方程模型中,行为技巧对废弃物管理行为产生直接效应,效应值为0.634,远高于信息和动机对行为的影响。这是因为二者均无法对行为本身产生直接效应,而必须通过对行为技巧的影响对行为产生间接影响,肺结核患者只有掌握了废弃物管理的行为技巧,才会发生行为的改变。

四、内部组成条目对IMB的影响

(一)信息维度构成条目的影响

信息维度各内部组成条目中,废弃物处置方式对其影响最大,其次为废弃物传染程度,基本知识影响最小。这是因为我们掌握废弃物相关信息的目的是对其进行正确处置,因此废弃物处置方式对信息维度的影响最大是显然的。而只有了解了废弃物的传染性以及传染程度等信息,肺结核患者才会意识到废弃物的危害,以及对废弃物危害进行控制的必要性,从而形成积极的态度以及正确的动机。因此,废弃物传染性信息也是很重要的。废弃物基本知识是其他知识的基础,其影响最小。

(二)动机维度内部组成条目的影响

动机维度各内部组成条目中,患者对废弃物的处置态度对其影响略逊于害怕程度,这是可以理解的。患者对废弃物的处置态度是积极主动还是消极被动的,直接关系着其对废弃物处置的水平和质量;而患者对废弃物危害的害怕程度,则决定了废弃物管理行为是否发生,即肺结核患者是否会采取废弃物处置行为以及是否会采取必要的保护措施,因此其对动机维度的影响程度高于患者对废弃物处置的态度。

(三)行为技巧维度内部组成条目的影响

行为技巧维度各内部组成条目中,主动获取相关知识对行为技巧的影响最大,其次为不随意扔弃废弃物,再次为与家人隔离,最后是配备消毒设施。这是因为在这四个条目中,主动获取相关知识是其他三个行为技巧的基础,因此其效应最大;而不随意扔弃废弃物则是从根源上消除废弃物的危害,其效应也较大。

(四)行为维度内部组成条目的影响

行为维度内部组成成分中,患者对废弃物的处置行为对其影响最大,其次为患者采取保护措施行为,但相差不大。这是因为本研究的研究目的之一就是提高患者对废弃物的处置水平,因此患者对废弃物的处置行为尤为重要;但是患者采取保护措施可以有效与易感人群隔离,减少或杜绝将疾病传染给他人的机会,这也是非常重要的。

第四节 主观需求的影响因素分析

分析结果显示,与肺结核患者对废弃物危害干预有需求相关的因素有:菌痰化验结果、年龄、债务情况、健康教育、督导,与肺结核患者对废弃物危害干预无需求相关的因素有:年龄、债务情况。

一、菌痰化验结果与主观需求

分析结果显示,菌痰化验结果阳性的患者对废弃物危害干预的需求最大,其次为化验结果阴性的患者,而不清楚化验结果的患者对废弃物危害干预的需求最小。这是因为菌痰化验结果阳性的肺结核患者具有传染性。因此,患者为了避免将疾病通过废弃物传染给他人或加重自己病情,在主观上需要有人对废弃物危害进行干预,而没有传染性的肺结核患者,主观需求则相对较低。

二、年龄与主观需求

年龄在25岁以下的肺结核患者,更倾向于对废弃物危害干预有主观需求,这是因为这一年龄段的肺结核患者文化程度相对较高,并且更有可能通过网络等媒介获取废弃物危害的相关信息,因此更可能在主观上对废弃物危害干预有所需求。同时,这一年龄段的患者也倾向于对废弃物危害干预无需求,这看似矛盾,其实不然,因为年龄在25岁以下的肺结核患者,对废弃物危害干预持无所谓态度的比例非常小,而前两者均是以其为对照组的。

三、债务情况与主观需求

有无债务是肺结核患者对废弃物危害干预有需求和无需求的共同相关因素,有债务的肺结核患者既倾向于对废弃物危害干预有需求,也倾向于对废弃物危害干预无需求,这看似一个矛盾的结论,其实不然。这是因为其对废弃物危害干预持无所谓态度的比例较低,而其是作为对照组来进行分析的,因此才会得出这个看似矛盾的结论。

四、健康教育与主观需求

接受过健康教育的肺结核患者,对废弃物危害干预的主观需求较高。这是因为通过接受专业人员的健康教育,更清楚废弃物的危害以及干预措施的好处，因此从主观上更容易接受废弃物危害干预。

五、督导管理与主观需求

有人对其废弃物管理行为进行督导的肺结核患者，更倾向于对废弃物危害干预有主观需求。这是因为有人督导与无人督导的肺结核患者相比，更清楚废弃物的危害以及干预措施的好处，因此从主观上更容易接受废弃物危害干预。

第五节 客观需求的影响因素分析

一、信息维度客观需求

经过单因素和多因素分析，在信息维度上，与患者对废弃物危害干预客观需求相关的因素为患者年龄、家庭年收入、健康教育、督导管理。

（一）患者年龄与信息干预需求

25～39 岁的肺结核患者对信息干预的需求较低，这是因为 25 岁以下的肺结核患者年龄较轻，40 岁以上的肺结核患者年龄较大，而相较于以上两个年龄段的患者，25～39 岁的患者年富力强，文化水平相对较高，有较多的渠道可以获得废弃物管理的相关信息。因此，这一年龄段的肺结核患者对废弃物管理相关信息的知晓水平较高，这就造成这一年龄段的患者对信息干预的需求相对较小。

（二）家庭年收入与信息干预需求

10000 元以下家庭年收入的肺结核患者，对废弃物信息干预的需求最高。这是因为经济水平越低的患者，对废弃物危害干预的动机越低，因此就很少主动获取废弃物的相关知识；而且经济水平越低，在客观上接触到网络等工具的机会较少，因此，综合以上几个方面，家庭年收入越低的肺结核患者，对废弃物相关信息的知晓水平较低，对信息干预的需求就越高。

（三）健康教育与信息干预需求

接受过健康教育的肺结核患者，对废弃物信息干预的需求较低，这是因为医务工作者进行健康教育时，就是向肺结核患者传授废弃物管理相关信息的过程。因此，接受过健康教育的肺结核患者对废弃物相关信息的知晓水平较高，对信息干预的需求就越低。

（四）督导管理与信息干预需求

无人督导的肺结核患者对信息干预的需求较高，这是因为医务人员在对居家治疗的肺结核患者进行督导时，不可避免地会告知其有关废弃物的信息。因此，无人督导的肺结核患者相较于有人督导的患者，对废弃物相关信息的知晓水平较低，对信息干预的需求也就越高。

二、动机维度客观需求

经过单因素和多因素分析，在动机维度上，与患者对废弃物危害干预客观需求相关的因素为吸烟状况、饮酒状况及健康教育。

(一)吸烟状况与动机干预需求

在动机维度上，经常吸烟的肺结核患者对废弃物危害干预的客观需求最高，其次为偶尔吸烟的肺结核患者，不吸烟的肺结核患者需求最低。这是因为吸烟本身就是高度危害自己身体健康的行为，吸烟的肺结核患者更不会关注废弃物的危害，缺乏对其进行控制的动机。因此，在动机水平的角度上，吸烟的肺结核患者对废弃物危害干预的客观需求相对较高，吸烟频率越高，对危害干预的客观需求也越高。

(二)饮酒状况与动机干预需求

在动机维度上，饮酒的肺结核患者与不饮酒的肺结核患者相比，对废弃物危害干预的客观需求更高。这是因为饮酒本身就是高度危害自己身体健康的行为，饮酒的肺结核患者更不会关注废弃物的危害，缺乏对其进行控制的动机。因此，在动机维度上，饮酒的肺结核患者对废弃物危害干预的客观需求相对较高。

(三)健康教育与动机干预需求

在动机维度上，接受过健康教育的肺结核患者，对废弃物危害干预的客观需求更高。这是因为其对废弃物相关信息的知晓水平较高，知晓开展废弃物危害干预的好处，有接受废弃物危害干预的动机，所以其对动机干预的需求较小。

三、行为技巧维度客观需求

经过单因素和多因素分析，在行为技巧维度上，与患者对废弃物危害干预客观需求相关的因素为：患者婚姻状况、年龄、受教育水平及健康教育。

(一)婚姻状况与行为技巧干预需求

已婚的肺结核患者对行为技巧干预的需求最高，其次为未婚的患者，而离异/丧偶的患者需求最低。这是因为行为技巧包括“与家人隔离”这一条目，而离异/丧偶的患者一般多独自居住，因此在这一方面的干预需求非常小；而相应的，已婚及未婚的患者对干预的需求则较高。

(二)患者年龄与行为技巧干预需求

25～39 岁的肺结核患者对行为技巧的干预需求相对较低，这是因为 25 岁以下的肺结核患者年龄较轻，40 岁以上的肺结核患者年龄较大，而相较于以上两个年龄段的患者，25～39 岁的患者年富力强，文化水平相对较高。同时，相关研究证明，这一年龄段的患者对废弃物管理相关信息的知晓水平相对较高；而路径分析显示，信息会对行为技巧产生直接影响。因此，信息水平较高的患者行为技巧水平也相应较高，对行为技巧的干预需求相对较低。

(三)受教育水平与行为技巧干预需求

初中及以下文化水平的肺结核患者，对废弃物行为技巧干预的需求较高，这是因为文化水平越低的肺结核患者，对废弃物相关信息的知晓度以及管理的动机均相对较低，这也是其行为技巧水平较低的原因。因此，初中及以下文化水平的肺结核患者，对废弃物行为技巧干预的需求较高。

(四)健康教育与行为技巧干预需求

接受过健康教育的肺结核患者，对废弃物行为技巧干预的需求较低，这是因为在接受健康教育的过程中，肺结核患者会接受到有关废弃物管理技巧的相关信息。因此，其行为技巧水平较高，对废弃物行为技巧干预的需求也相应较低。

四、行为维度客观需求

分析结果显示，与肺结核患者对废弃物行为干预需求相关的因素有五个，分别为患者性别、治疗类型、健康教育、督导管理及对废弃物管理态度。

(一)患者性别与行为干预需求

在行为维度上，男性肺结核患者对废弃物危害干预的需求相对较高。这是因为相对于女性，男性更不注意自己的行为，男性肺结核患者对废弃物危害的控制水平相对于女性患者更低。因此，其对行为干预的需求相对较高。

(二)治疗类型与行为干预需求

在行为维度上，初治的肺结核患者对废弃物危害干预的客观需求相对较低。这是因为复治的肺结核患者缺乏对废弃物危害的畏惧，不愿意采取相应的措施对废弃物危害进行控制；而初治的患者则恰好相反，其对废弃物危害控制的水平相对较高，因此，对行为干预的需求就相对较低。

(三)健康教育与行为干预需求

在行为维度上，接受过健康教育的肺结核患者，对废弃物行为干预的需求较低，这是因为健康教育是信息、动机以及行为技巧水平的相关因素，接受过健康教育的患者这三个维度的水平均较高，而信息、动机和行为技巧均可以对行为水平造成直接或间接的影响。因此，其废弃物管理水平较高，对废弃物行为干预的需求也相应较低。

(四)督导管理与行为干预需求

督导管理是肺结核患者对废弃物信息知晓水平的相关因素，有人对其进行督导管理的肺结核患者信息水平较高，而信息知晓水平可以间接对行为水平产生影响。因此，有人对其进行督导管理的肺结核患者行为水平较高，对废弃物行为干预的需求也相应较低。

(五)管理态度与行为干预需求

对废弃物管理持积极态度的肺结核患者，对废弃物行为干预的需求较低。这是因为按照经典的KAP理论，态度会对行为造成直接影响，是行为发生改变的内在动力。因此，态度积极者对废弃物的管理水平相对较高，对废弃物行为干预的需求也相应较低。

第六节　干预效果评价的结果分析

本研究在对废弃物危害干预的效果进行评价时，分别从两个方面进行：一是评价干预的有效性；二是测量干预的有效程度。

一、废弃物危害干预有效性的判定

项目评价的基本思想是比较。因此，本研究在对废弃物危害干预的效果进行评价时，正是通过比较干预组、对照组之间，以及二者前后各关键指标的变化，初步判定当前的废弃物危害干预措施是否有效。

经检验，对照组前后各关键指标各维度以及条目分值均未发生显著性的变化，说明在自然状态下，肺结核患者对废弃物管理的水平并不会发生明显的变化，这是进一步比较干预组干预前后是否发生显著性变化的基础。干预组在干预前后无论是四大维度还是各条目的分值，均发生了显著性的变化，干预后各关键指标的分值均有了显著性的提高。干预组和对照组无论四大维度的分值还是各条目的分值，差异均有统计学差异，前者均高于后者。通过以上三个方面的比较，可以初步得出以下结论：本研究所采取的废弃物危害干预措施总体有效。

二、废弃物危害干预有效程度的测量

仅对干预措施的有效性进行判定是不够的，尚需对其有效程度进行测量，但是由于项目的实施是一个复杂的系统工程，因此，项目的效果受到众多外界因素的影响，仅仅测量干预组肺结核患者各关键指标的变化值，用以反映项目的效果是不科学的。因此，本研究利用天然形成的“自然实验”，将样本人群分为干预组和对照组，并借助双重差分模型，测量出了废弃物危害干预的纯效应：信息水平提高了 49.44%，动机水平提高了 24.25%，行为技巧水平提高了 36.57%，行为水平提高了 148.89%。这说明，目前的废弃物危害干预措施虽然总体有效，但有效程度在各维度上差异较大。其中，在提高肺结核患者对废弃物管理水平方面较好，其次为信息维度。但是，由于在干预前患者对废弃物危害干预的水平非常低，即使干预后有了较大幅度的提高，总体水平仍然较低，需要进一步加强。

第十八章　废弃物危害干预效果评价研究总结

一、研究结论

本研究得出的主要研究结果为：

(1)干预前肺结核患者信息维度的平均值为 2.69±1.615，干预后患者信息维度的平均值为 4.05±1.438，差异有统计学意义(T=15.408，P=0.000)。说明废弃物危害干预措施能够有效提高肺结核患者对废弃物相关信息的知晓水平。

(2)干预前肺结核患者动机维度的分值为 5.32±1.242，干预后患者动机维度的分值为 6.64±1.236，差异有统计学意义(T=12.143，P=0.000)。说明废弃物危害干预措施能够有效提高肺结核患者对废弃物管理的动机水平。

(3)干预前肺结核患者行为技巧维度的平均值为 4.82±1.552，干预后患者行为技巧维度的平均值为 6.65±1.322，差异有统计学意义(T=16.996，P=0.000)。说明废弃物危害干预措施能够有效提高肺结核患者对废弃物管理的行为技巧水平。

(4)干预前肺结核患者行为维度的平均值为 0.90±1.068，干预后患者行为维度的平均值为 2.30±1.056，差异有统计学意义(T=17.377，P=0.000)。说明废弃物危害干预措施能够有效提高肺结核患者对废弃物管理的水平。

(5)对照组肺结核患者信息维度的分值为 2.56±1.756，干预组患者信息维度的分值为 4.05±1.438，差异有统计学意义(T=9.286，P=0.000)。说明废弃物危害干预措施可以显著提高肺结核患者掌握废弃物相关信息的水平。

(6)对照组肺结核患者动机维度的分值为 5.17±1.031，干预组患者动机维度的分值为 6.64±1.236，差异有统计学意义(T=12.959，P=0.000)。说明危害干预措施可以显著提高肺结核患者控制废弃物危害的动机水平。

(7)对照组肺结核患者行为技巧维度的分值为 4.63±1.580，干预组患者行为技巧维度的分值为 6.65±1.322，差异有统计学意义(T=13.834，P=

0.000)。说明危害干预措施可以显著提高肺结核患者控制废弃物危害的行为技巧。

(8)对照组肺结核患者行为维度的分值为0.61±0.825，干预组患者行为维度的分值为1.87±0.912，差异有统计学意义($T=15.079$，$P=0.000$)。说明危害干预措施可以显著提高肺结核患者控制废弃物危害的行为水平。

(9)废弃物危害干预使得肺结核患者对废弃物信息的知晓水平增长了49.44%；废弃物危害干预使得肺结核患者对控制废弃物危害的动机水平增长了24.25%；废弃物危害干预使得肺结核患者控制废弃物危害的行为技巧水平增长了36.57%；废弃物危害干预使得肺结核患者控制废弃物危害的行为水平增长了148.89%。

综上，根据定性与定量分析，本研究得出以下结论与启示：

第一，居家治疗的肺结核患者对废弃物危害干预的需求较高，并确定了在主观和客观上对干预有需求的重点人群。

现场调查数据显示，居家治疗的肺结核患者对废弃物危害干预的主观需求率为56.4%；在信息、动机、行为技巧和行为四个维度上，肺结核患者对废弃物危害干预的客观需求率均为100%。这说明居家治疗的肺结核患者对废弃物危害干预的需求在主观上虽然一般，但在客观上均对废弃物危害干预有所需求。同时，本研究不仅计算出肺结核患者对危害干预的需求率，还通过构建相应的回归模型，确定了影响其对废弃物危害干预需求的关键因素，从而确定了在主观和客观上对干预有需求的重点人群，为针对性的干预提供了依据。

第二，信息、动机、行为技巧与行为之间存在路径效应，可以通过对肺结核患者在信息、动机和行为技巧方面的干预，提高其对废弃物管理的水平。

本研究旨在通过行为干预，促使居家治疗的肺结核患者改变废弃物管理的不良行为，而行为的改变是一个极其复杂的过程，受到众多因素的干扰。因此，确定居家治疗的肺结核患者对废弃物管理行为的形成路径具有至关重要的意义。本研究在构建IMB量表的基础上，构建了信息、动机、行为技巧和行为之间的结构方程模型，并验证了四者之间确实存在路径效应。其中，行为技巧直接作用于废弃物管理行为，而信息和动机则通过行为技巧间接作用于废弃物管理行为。因此，通过健康教育、行为干预等措施，提高肺结核患者的信息、动机和行为技巧水平，可以提高其对废弃物管理的水平。

第三，目前对废弃物危害的干预措施切实有效，但尚存在诸多有待改进之处。

本研究通过比较干预组与对照组之间各关键指标是否有统计学差异，以及干预组干预前后、对照组前后各关键指标的变化是否有统计学差异，从而对目前的废弃物危害干预措施的有效性进行初步判定。检验结果显示，除了其中两个条目外,差异均具有统计学意义。因此,目前对废弃物危害的干预措施切实有效,但尚存在诸多有待改进之处。同时,本研究还借助了双重差分模型,测量了废弃物危害干预措施的纯效应。测量结果显示,IMB总体水平仅提高了14.59%,这进一步说明目前的废弃物危害干预措施确实需要改进,以提高危害干预措施的效果。

第四,目前对废弃物危害的干预措施的覆盖率较低,而且干预的质量较差,因此有效覆盖率很低。

较高的覆盖率是干预项目发挥其作用的基础,但现场调查数据显示,目前废弃物危害干预的粗覆盖率较低,仅为32.11%,说明目前的废弃物危害干预措施不仅效果较差,而且覆盖面较小。同时,由于目前的废弃物危害干预措施的质量较差,因而由粗覆盖率与质量系数相乘而得到的指标,即有效覆盖率则更低,这说明目前的废弃物危害干预措施的效果远低于理想状态。因此,在构建新的废弃物危害干预模式时,不仅要提高干预的覆盖率,而且需要切实提高干预的质量,从而提高干预的效果。

二、政策建议

本研究提出以下政策建议和改进对策:

第一,将居家治疗的肺结核患者废弃物的管理,纳入传染病防治法。

目前,我国现有的相关传染病防治法基本没有涉及居家治疗的传染病患者,而由于肺结核疾病的特殊性,患者需要长期居家治疗,而居家治疗期间如果对有传染性的废弃物管理不善的话,有可能会造成肺结核的蔓延。因此,有必要将居家治疗的肺结核患者废弃物的管理,纳入传染病防治法中,以强制性的法律条文的方式保障肺结核废弃物的妥善管理。

第二,丰富对废弃物危害进行干预的手段和干预内容,提高干预的质量。

目前,我国对肺结核废弃物的管理仍以患者自我管理为主,而为数不多的干预手段比较单一,干预内容缺乏针对性,而且覆盖面较低。因此,有必要进一步丰富对废弃物危害进行干预的手段和干预内容,从而提高干预的质量和覆盖面。

第三,充分利用目前的卫生服务体系,与全科医师制度、社区卫生服务体系、肺结核DOTS政策相结合。

由于目前尚缺乏关于废弃物危害管理的相关法律法规,因此,在废弃物危害干预方面,尚缺乏专门的执行人员和管理机构。必须利用目前的卫生服务体系,与全科医师制度、社区卫生服务体系、肺结核DOTS政策相结合,多方共同承担对肺结核废弃物管理和危害干预的任务。

第四,常规干预与重点人群干预相结合,提高干预的效率。

健康教育、群组干预以及督导管理的综合干预措施，应该在所有居家治疗的肺结核患者中实施。但是由于相关卫生技术人员的缺乏，干预更需要在重点人群中实施，从而提高干预的效率和针对性。而本研究对废弃物危害干预需求的研究，可以为相关部门选择干预的重点人群提供实证依据。

三、创新与不足

（一）创新之处

本研究的创新之处有以下几个方面：

研究角度方面：以往关于废弃物管理的系统研究，多集中于医疗机构或医务人员，而本研究却以居家治疗的肺结核患者为研究对象，关注其对废弃物的自身管理行为。

研究内容方面：以往为数不多的关于肺结核患者废弃物的研究，或对现状进行描述，或对患者对废弃物的认知、处置水平的影响因素进行探讨，而本研究则不仅关注以上内容，还对肺结核患者对干预措施的需求进行评价，并对目前干预的效果进行了评价。

研究方法方面：首次将健康教育和督导的综合干预措施应用于试验研究，探讨其可行性。

研究结果方面：验证了居家治疗的肺结核患者对废弃物管理行为的形成路径，并确定了需要干预的重点人群。

（二）不足之处

虽然本研究取得了一定的成果，但是由于笔者能力所限以及行为研究的复杂性，尚存在以下不足之处：

第一，肺结核患者处于一个复杂的社会生态系统中，因此，其行为的改变必然会受到诸多因素的干扰。本研究虽然选择了尽可能多的因素进入分析框架，但是必然也会遗漏一些因素。同时，人心以及行为动机是极为复杂的，很难完全对其定量衡量。

第二，本研究现场调查的资料以调查对象的回忆为主，虽然调查人员在资料收集过程中力求精确，但回忆偏倚不可避免。

第三，本研究虽然构建了新的废弃物危害干预模式，并将其应用于实践中，但由于时间的限制，受试验人群数量较小。因此，新的干预体系的适用性和功效尚待进一步验证。

附录

附录一
传染性肺结核病人相关情况调查问卷(摘录)

关于被访问者信息保密的保证:对于您提供的一切信息,我们会严格遵守《中华人民共和国统计法》予以保密,您的年龄等信息仅作为科研之用,请您无需有任何顾虑。个人观点、看法及评价也无对错之分。

________县/市________乡/镇/街道________村

一、一般情况

(一)基本情况

1. 性别:①男　②女

2. 年龄:________岁

3. 受教育程度:①文盲半文盲　②学龄前儿童　③小学　④初中　⑤高中　⑥中专/技校　⑦大专及以上

4. 婚姻状况:①未婚　②已婚　③离婚或丧偶　④其他(请注明)________
如选②或③,结婚(婚龄)________年

5. 职业:
①农民　②工人　③学生　④个体工商户　⑤机关企事业单位人员
⑥离/退休　⑦待业或失业　⑧其他(请注明)________

6. 医疗保障(可多选):
①新农合　②城镇职工医保　③城镇居民医保　④商业医疗保险
⑤自费　⑥其他________

7. 户口所在地:①城镇户口　②农村户口

8. 您的家人或亲戚是否有人从事医疗卫生工作:①是　②否

9. 在患肺结核病前半年内,您对当时的身体综合健康状况总体评价如何:
①很好　②好　③一般　④差　⑤很差

10. 在患肺结核病前半年内,您对当时的生活满意度总体评价如何:

①非常满意 ②很满意 ③满意 ④不满意 ⑤很不满意

(二)吸烟情况

您目前是否吸烟：

①经常吸烟 ②偶尔吸烟 ③已戒烟________年 ④从不吸烟(回答②～④其中一项者，跳至下一部分“饮酒情况”)

如经常吸烟，您已吸烟________年，平均每天吸________支(①香烟 ②旱烟)，每月吸烟花费________元

(三)饮酒情况

您目前是否饮酒：

①是 ②否 ③已戒酒________年(若回答②或③其中一项，跳至下一部分“体育锻炼情况”)

若饮酒，您平均每周饮酒________次；平均每次饮白酒约________毫升，(________度，________两)，瓶装啤酒约________毫升，罐装啤酒约________毫升，红酒约________毫升；平均每月饮酒花费________元。

(四)体育锻炼情况

您参加体育锻炼的情况：

①经常 ②从不 ③偶尔

若经常锻炼，平均每周锻炼________次；平均每次锻炼时间________分钟；您认为锻炼强度①大 ②中 ③小；已坚持体育锻炼或健身活动________年

(五)其他相关情况

过去五年内，您是否接触过结核病患者：

①是 ②否 ③不知道

二、患者家庭收入与费用开支情况

1. 2011 年的家庭总收入约________元，其主要来源为：

①务农 ②打工 ③工资收入 ④经商 ⑤馈赠 ⑥其他________

2. 2011 年全家总支出约________元，其中全家各种医疗费用支出约________元，食品支出________元

3. 您认为您家经济状况在当地(本村)处于什么水平：

①很好 ②好 ③一般 ④差 ⑤很差

4. 目前有无债务(包括银行贷款和借款)：①有(债务________元) ②无

三、患病情况

1. 您对当前的生活状况总体上评价如何：

①很满意 ②满意 ③一般 ④不满意 ⑤很不满意

2. 您认为当前身体综合健康状况如何：

①很好 ②好 ③一般 ④差 ⑤很差

3. 患者自评病情程度：

①严重 ②较严重 ③一般 ④较轻 ⑤很轻

四、肺结核病人患病前后生活起居变化情况

1. 平均一天吐几次痰(不吐填“0”)________

2. 外出是否戴口罩：

①是 ②否(跳至下一题)

如是，每月扔弃的口罩________个

3. 用过的衣物是否扔弃过：

①是 ②否(跳至下一题)

如是，平均每月扔弃的数量________件

4. 用过的毛巾等日用品是否扔弃过：

①是 ②否跳至下一题)

如是，平均每月扔弃的数量________件

5. 用过的药品包装等物品是否扔弃过：

①是 ②否(跳至下一题)

如是，平均每月扔弃的数量________个/瓶

6. 是否与家人一起用餐：

①是 ②否(跳至下一题)

如是，是否对自己用过的餐具进行消毒：

①是 ②否

7. 是否与家人分开居住：

①是 ②否(跳至下一题)

若是，是谁提出的：______________________________

8. 生活及个人用品是否与家人分开搁置：

①是 ②否

9. 家里是否有相关消毒设施，如消毒柜等：

①是 ②否

10. 家里是否有消毒剂：

①是 ②否

五、肺结核病人废弃物处置的认知与态度

1. 您觉得下列哪些是肺结核高危人群(可多选)：

①儿童 ②老年人 ③密切接触者 ④慢性病患者 ⑤孕产妇 ⑥穷人 ⑦其他

2. 您认为下面哪些途径属于肺结核的传播途径(可多选):

①飞沫传播 ②尘埃传播 ③水及食物传播 ④母婴传播 ⑤皮肤接触传播 ⑥其他 ⑦不知道

3. 您在结防机构就医时,医生是否告诉你下列预防结核病传播的相关知识:

①是 ②否(跳至下一题)

如是,都有哪项知识(可多选):

①不要随地吐痰 ②尽量戴口罩 ③咳嗽或打喷嚏时应转头,避免正对他人 ④咳嗽或打喷嚏时用手或纸巾遮盖口鼻 ⑤使用带盖的痰盂 ⑥保持室内通风 ⑦其他(请说明)________ ⑧不知道

4. 请对下面这些"物品",给出个人观点或判断(在相应数字上打"√"):

项目内容	是否属于废弃物	有无传染性	传染程度大小
病人咳出的痰液	①是 ②否	①有 ②无	①大 ②中 ③小 ④基本无危害
病人接触或用过后扔弃的痰盂	①是 ②否	①有 ②无	①大 ②中 ③小 ④基本无危害
病人用过后扔弃的衣物	①是 ②否	①有 ②无	①大 ②中 ③小 ④基本无危害
病人用过后扔弃的被褥	①是 ②否	①有 ②无	①大 ②中 ③小 ④基本无危害
病人用过后扔弃的口罩	①是 ②否	①有 ②无	①大 ②中 ③小 ④基本无危害
病人用过后扔弃的毛巾、手帕等	①是 ②否	①有 ②无	①大 ②中 ③小 ④基本无危害
病人用过后扔弃的手纸	①是 ②否	①有 ②无	①大 ②中 ③小 ④基本无危害
病人用过后扔弃的餐具	①是 ②否	①有 ②无	①大 ②中 ③小 ④基本无危害

续表

项目内容	是否属于废弃物	有无传染性	传染程度大小
病人用过的药品包装	①是　②否	①有　②无	①大　②中　③小 ④基本无危害
病人用过的输液器	①是　②否	①有　②无	①大　②中　③小 ④基本无危害
病人用过的注射器	①是　②否	①有　②无	①大　②中　③小 ④基本无危害
其他(请列出具体名称)________________			
其他(请列出具体名称)________________			
其他(请列出具体名称)________________			

5. 您认为有必要对肺结核病人废弃物进行督导管理吗：

①有　②无　③无所谓

6. 您对肺结核病人废弃物的处置态度：

①积极主动　②消极被动　③无所谓或不关心

7. 针对下列这些"物品"，在实际生活中你是怎样处理的(处置行为)(可多选，请打"√")：

项目内容	处置行为
病人咳出的痰液	①随地吐痰　②把痰吐入含消毒剂的带盖痰盂中　③痰液深埋　④吐在手帕或手纸中　⑤吐在固定地点　⑥其他方式(请列出________________)
病人用过后扔弃的痰盂	①混入生活垃圾直接扔弃　②开水烧烫　③使用消毒剂对痰盂消毒　④深埋　⑤不进行任何处理　⑥其他(请列出________________) 痰盂处理频率________次/月
病人用过后扔弃的衣物	①混入生活垃圾直接扔弃　②阳光下暴晒　③深埋　④烧毁　⑤洗涤消毒　⑥其他(请列出________________)

续表

项目内容	处置行为
病人用过后扔弃的被褥	①混入生活垃圾直接扔弃　②阳光下暴晒　③深埋　④烧毁　⑤洗涤消毒　⑥其他(请列出＿＿＿＿＿＿＿＿)
病人用过后扔弃的口罩	①混入生活垃圾直接扔弃　②阳光下暴晒　③深埋　④烧毁　⑤洗涤消毒　⑥其他(请列出＿＿＿＿＿＿＿＿)
病人用过后扔弃的毛巾、手帕等	①混入生活垃圾直接扔弃　②阳光下暴晒　③深埋　④烧毁　⑤洗涤消毒　⑥其他(请列出＿＿＿＿＿＿＿＿)
病人用过后扔弃的手纸	①混入生活垃圾扔弃　②深埋　③烧毁　④随地乱扔　⑤其他(请列出＿＿＿＿)
病人用过后扔弃的餐具	①混入生活垃圾扔弃　②洗涤消毒　③深埋　④其他(请列出＿＿＿＿)
病人用过的药品包装	①混入生活垃圾扔弃　②当废品卖掉　③随意乱扔　④烧毁　⑤深埋　⑥其他(请列出＿＿＿＿＿＿＿＿)
病人用过的输液器	①混入生活垃圾扔弃　②当废品卖掉　③随意乱扔　④烧毁　⑤深埋　⑥其他(请列出＿＿＿＿＿＿＿＿)
病人用过的注射器	①混入生活垃圾扔弃　②当废品卖掉　③随意乱扔　④烧毁　⑤深埋　⑥其他(请列出＿＿＿＿＿＿＿＿)

8. 针对下列这些"物品",您认为正确的处置方式应为(可多选,请打"√"):

项目内容	处置方式
病人咳出的痰液	①随地吐痰 ②把痰吐入含消毒剂的带盖痰盂中 ③痰液深埋 ④吐在手帕或手纸中 ⑤吐在固定地点 ⑥其他方式(请列出______________)
病人用过后扔弃的痰盂	①煮沸消毒 ②开水烧烫 ③使用消毒剂对痰盂消毒 ④深埋 ⑤不进行任何处理 ⑥其他(请列出______________)
病人用过后扔弃的衣物	①混入生活垃圾直接扔弃 ②阳光下暴晒 ③深埋 ④烧毁 ⑤洗涤消毒 ⑥其他(请列出______________)
病人用过后扔弃的被褥	①混入生活垃圾直接扔弃 ②阳光下暴晒 ③深埋 ④烧毁 ⑤洗涤消毒 ⑥其他(请列出______________)
病人用过后扔弃的口罩	①混入生活垃圾直接扔弃 ②阳光下暴晒 ③深埋 ④烧毁 ⑤洗涤消毒 ⑥其他(请列出______________)
病人用过后扔弃的毛巾、手帕等	①混入生活垃圾直接扔弃 ②阳光下暴晒 ③深埋 ④烧毁 ⑤洗涤消毒 ⑥其他(请列出______________)
病人用过后扔弃的手纸	①混入生活垃圾扔弃 ②深埋 ③烧毁 ④随地乱扔 ⑤其他(请列出______________)
病人用过后扔弃的餐具	①混入生活垃圾扔弃 ②洗涤消毒 ③深埋 ④其他(请列出______________)
病人用过的药品包装	①混入生活垃圾扔弃 ②当废品卖掉 ③随意乱扔 ④烧毁 ⑤深埋 ⑥其他(请列出______________)
病人用过的输液器	①混入生活垃圾扔弃 ②当废品卖掉 ③随意乱扔 ④烧毁 ⑤深埋 ⑥其他(请列出______________)
病人用过的注射器	①混入生活垃圾扔弃 ②当废品卖掉 ③随意乱扔 ④烧毁 ⑤深埋 ⑥其他(请列出______________)

六、参加社会活动情况

1. 您是否有以下活动(多选)：

①赶集或购物　②走亲访友　③集体锻炼　④一起聊天　⑤集体活动　⑥经常串门　⑦其他(请说明)

2. 您出行时是否经常戴口罩：

①是　②否

3. 您出行是否携带盛痰物品(塑料袋、小瓶子、小纸包等)：

①是　②否

4. 您出行是否携带纸巾或手帕：

①是　②否

5. 您平常每天与多少人说话、聊天：________人

6. 您经常接触的人群(可多选)：

①家人　②朋友　③同事　④医务人员　⑤邻居　⑥无

⑦其他(请说明)

7. 您是否经常乘坐公共交通工具：

①是　②否

8. 您是否经常在外就餐：

①经常　②有时　③偶尔　④从不

若是，您是否自带餐具：①是　②否

9. 您是否经常在外住宿：

①经常　②有时　③偶尔　④从不

若是，您是否自带毛巾等洗漱用品：①是　②否

附录二
全国结核病防治规划(2011～2015年)

为进一步做好全国结核病防治工作，有效遏制结核病的流行，保障人民群众身体健康，根据我国结核病疫情与防治工作现状，制定本规划。

一、防治现状

结核病是严重危害人民群众健康的呼吸道传染病，被列为我国重大传染病之一。我国政府历来高度重视结核病防治工作，相继实施了3个全国结核病防治十年规划。特别是从2001年开始，全面推行了现代结核病控制策略，各级人民政府积极履行职责，不断加大投入力度，取得了显著成效，我国结核病疫情上升势头得到有效遏制。10年间，全国共发现并治疗肺结核患者829万例，其中涂阳肺结核患者450万例，避免了4000多万健康人感染结核菌。2010年全国涂阳肺结核患病率降至66/10万，比2000年下降了61％，如期实现了我国政府向国际社会承诺的结核病控制阶段性目标，提前实现了联合国千年发展目标确定的结核病控制指标。

同时，我国结核病防治工作还面临着诸多新的问题与挑战。我国仍是全球22个结核病高负担国家之一，世界卫生组织评估，目前我国结核病年发病人数约为130万，占全球发病人数的14％，位居全球第二位。近年来，我国每年报告肺结核发病人数约100万，始终位居全国甲乙类传染病的前列；耐多药肺结核危害日益凸显，每年新发患者人数约12万，未来数年内可能出现以耐药菌为主的结核病流行态势；结核菌/艾滋病病毒双重感染患者人数持续增加，防治工作亟待加强；中西部地区、农村地区结核病防治形势严峻。但我国现行结核病防治服务体系和防治能力还不能满足新形势下防治工作的需要，防治基础设施建设滞后，基层防治力量薄弱，流动人口患者治疗管理难度加大，公众对结核病危害的认识不足，防治任务仍然十分艰巨，需要长期不懈的努力。

二、指导原则和防治目标

(一)指导原则

以科学发展观为统领,遵循深化医药卫生体制改革的目标和要求,坚持以人为本、预防为主、防治结合、依法防治、科学防治。健全政府组织领导、部门各负其责、全社会参与的结核病防治机制。因地制宜、分类指导、稳步推进,全面实施中国结核病控制策略。

(二)防治目标

进一步减少结核感染、患病和死亡,切实降低结核病疾病负担,提高人民群众健康水平,促进国民经济发展和社会和谐稳定。

——全国肺结核患者发现并治疗管理人数达到 400 万;

——全国新涂阳肺结核患者的治愈率保持在 85%以上;

——涂阳肺结核患者密切接触者筛查率达到 95%以上;

——报告肺结核患者和疑似肺结核患者的总体到位率达到 90%以上;

——全国以县(市)为单位抗结核固定剂量复合制剂使用覆盖率达到 100%;

——80%以上的县级结核病实验室开展痰培养,100%的地市级结核病实验室开展药敏试验,100%的省级结核病实验室开展快速菌种鉴定;

——跨区域流动的肺结核患者信息反馈率达到 90%,流动人口肺结核患者的成功治疗率达到 80%;

——以市(地)为单位开展耐多药肺结核诊治工作覆盖率达到 50%,耐多药肺结核可疑者筛查率达到 60%;

——艾滋病病毒感染者结核病的筛查率达到 90%,卫生部确定的艾滋病流行重点县(市)结核病患者艾滋病病毒的筛查率达到 70%;

——全民结核病防治核心信息知晓率达到 85%。

三、防治措施

(一)加大工作力度,早期发现患者

各级各类医疗机构要切实落实肺结核患者或疑似患者的报告和转诊制度。定点医疗机构根据国家有关规定为肺结核可疑者免费提供痰涂片、胸部 X 线检查等诊断服务。鼓励应用新技术、新方法,提高患者发现水平。各地卫生、教育、公安、司法行政、民政、红十字会等部门和单位要加强合作,有针对性地开展对结核病密切接触者、艾滋病病毒感染者、羁押人群等高危人群以及老年人、学生、流动人口等重点人群的结核病筛查工作,尽早发现肺结核患者。

（二）规范患者管理，提高治疗水平

落实对肺结核患者的免费诊疗与管理政策，定点医疗机构要对肺结核患者实行规范化治疗，免费提供一线抗结核药品治疗和随访检查，规范开展辅助检查和辅助治疗，切实减轻患者的医疗费用负担。加强患者的治疗管理，探索推广适宜的治疗管理技术和方法。规范使用抗结核药物，逐步推广使用抗结核固定剂量复合制剂，提高患者治疗的依从性。落实结核病感染控制工作制度，加强对医疗卫生人员的防护。

（三）扩大耐多药肺结核诊疗覆盖面，遏制耐药菌传播

各地要将耐多药肺结核防治工作纳入当地结核病防治规划。根据国家有关规定，县级结核病定点医疗机构负责开展痰培养工作或推荐耐多药肺结核可疑者至地市级以上定点医疗机构进行确诊；地市级或省级定点医疗机构负责对可疑者进行耐药检测，以及对确诊的耐多药肺结核患者的住院治疗、出院后随访复查和登记报告；基层医疗卫生机构负责按照定点医疗机构制定的治疗方案，对出院后的耐多药肺结核患者进行治疗管理；地市级和县级疾病预防控制机构负责对耐多药肺结核防治工作进行督导，开展健康教育和评价。积极推广快速诊断方法，缩短耐多药肺结核患者的诊断时间。

（四）加强流动患者管理，完善防控机制

各地要认真做好流动人口结核病患者的发现、登记、转诊、接收和管理工作，充分利用结核病专报系统，落实跨区域结核病患者管理机制。加强流动人口和羁押人群结核病患者的属地化管理，对转出的流动人口和出狱（所）后不在本区域的结核病患者实行跨区域管理。加强部门协调配合，为贫困流动人口结核病患者提供关怀和救助。积极探索针对农民工等流动人口结核病防治的有益做法和经验，不断完善流动人口结核病防治政策。

（五）加强双重感染防治，减少患者死亡

各相关医疗卫生机构要切实加强合作，共同开展结核菌/艾滋病病毒双重感染的诊断及对感染者治疗、管理和疫情监测工作。为所有艾滋病病毒感染者和患者提供结核病筛查服务。在卫生部确定的艾滋病流行重点县（市），为结核病患者提供艾滋病病毒筛查服务。为结核菌/艾滋病病毒双重感染患者及时提供治疗与关怀，努力提高患者生命质量。

（六）强化宣传教育，普及防治知识

坚持结核病宣传教育的公益性，将结核病宣传教育纳入相关工作安排，有计划、有针对性地开展宣传教育工作。各有关部门、社会团体和新闻媒体要充分发挥各自优势，不断改进和创新方式方法，积极宣传结核病防治知识和防治工作，切实增强宣传教育的实效，营造有利于结核病防治的社会氛围。

(七)加强科学研究,提供技术支撑

卫生、科技、教育等部门要进一步加强结核病防治科研工作,充分利用科技重大专项等项目,重点开展结核病发病机理、流行危险因素、新诊断技术、新药品以及新型疫苗等领域的研究工作。建立对新技术、新方法的评估和验证工作机制,及时推广适宜技术和方法。推动基础研究和应用研究紧密结合,加快科技成果转化,为全面提升结核病防治水平提供有力技术支撑。

(八)加强国际交流,拓展国际合作

进一步加强与有关国家和国际组织的交流与合作,积极争取技术、资金等方面的支持。吸收、借鉴和推广国际先进的结核病防治技术及成功经验,积极参与结核病防治国际合作,共同实施全球遏制结核病策略。

四、保障措施

(一)加强组织领导,健全管理机制

地方各级人民政府要进一步提高对结核病防治工作重要性和长期性的认识,本着对人民群众健康高度负责的态度,加强对结核病防治工作的组织领导。要将结核病防治工作纳入本地区国民经济和社会发展规划,纳入政府目标管理考核内容。要根据本规划提出的目标,结合当地实际,制定本地区结核病防治规划及年度实施计划。要建立健全联防联控工作机制,明确部门分工,协同做好防治工作。

(二)明确部门职责,加强防治合作

卫生部门负责本地区结核病防治工作的监督管理,将结核病防治纳入卫生发展规划,作为重点疾病加以控制。发展改革部门按照基本建设分级管理原则,负责加强结核病防治机构能力建设。工业和信息化部门负责完善相关产业政策,支持企业加快技术改造,增强抗结核药品的生产供应能力。财政部门根据结核病防治需要、经济发展水平和财力状况,合理安排补助资金并加强资金监管。教育部门负责加强学校结核病防治知识的宣传教育,在卫生部门指导下落实学校结核病防治工作。科技部门负责协调卫生等部门,共同推进科技重大专项等科研项目对结核病防治研究工作的支持。公安部门和司法行政部门负责在卫生部门指导下,对监狱、劳教所、看守所、拘留所等场所的被监管人员及戒毒康复场所的戒毒人员开展结核病检查和治疗。民政部门负责加大对贫困结核病患者的救助力度,按规定将符合条件的贫困结核病患者纳入低保,提供医疗救助。人力资源社会保障、卫生部门负责按规定将结核病患者纳入医疗保险范围,支付相关的诊疗费用。食品药品监管部门负责加强对抗结核药品的审批和监管,保证抗结核药品的质量。广电等部门负责开展结核病防治工作的公益性宣传,大力普及结核病防治知识。红十字会等社会团体为贫困结核病患者提供人道主义救助，开展健康教育和人道关爱活动。

（三）明确机构职责，完善服务体系

各地要加强省、市、县三级结核病防治网络建设，逐步构建定点医疗机构、基层医疗卫生机构、疾病预防控制机构分工明确、协调配合的防治服务体系。各级各类医疗机构负责肺结核患者疫情报告，并将其转诊至当地卫生部门指定的定点医疗机构，定点医疗机构负责对肺结核患者进行诊断、治疗和登记。原则上每个县（市）应确定至少1家定点医疗机构负责诊断治疗一般结核病患者；省级、地市级卫生部门根据本地区域卫生规划和结核病防治工作需要，确定定点医疗机构诊断治疗耐多药肺结核及疑难、重症结核病患者，并应优先考虑当地具有临床诊疗资质的结核病防治所、结核病专科医院、传染病院以及具备收治传染病患者能力的综合医院。基层医疗卫生机构负责转诊、协助追踪肺结核患者，并根据定点医疗机构制定的治疗方案，对本地肺结核患者的治疗进行督导管理。疾病预防控制机构在卫生部门领导下负责组织开展结核病防治规划管理、疫情监测与处置、实验室质量控制、防控技术指导、宣传教育、绩效评估等工作。

（四）保障经费投入，有效整合资源

各级人民政府要进一步完善“政府投入为主、分级负责、多渠道筹资”的经费投入机制，将结核病防治经费纳入政府的财政预算。中央财政继续加大对困难地区的支持力度，地方财政也要逐步加大对结核病防治工作的投入，继续保障患者发现、治疗管理、疫情监测、培训、督导、宣传教育等防治措施的落实，完善对基层医务人员发现和管理患者的激励机制。加大对结核病定点医疗机构建设的投入，对定点医疗机构承担的结核病防治任务进行合理补偿，保障其高质量完成结核病诊疗任务。建设符合实验室生物安全标准的结核病检测实验室，落实相关工作经费，逐步使省、市和县级实验室分别具备开展结核菌快速检测、药敏试验和痰培养的能力。动员和引导社会各界为结核病防治工作提供支持，统筹安排国际国内防治资源。加强资金管理和经费使用情况的监督检查，提高资金使用效益。

（五）完善保障政策，减轻患者负担

各地在执行国家现行结核病免费诊疗政策的基础上，可根据当地实际适当扩大诊疗费用减免项目。卫生、财政、人力资源社会保障等部门要做好公共卫生专项与基本医疗保障制度的衔接，落实公共卫生结核病防治项目，对不属于公共卫生支付范围的结核病患者医疗费用，可按照基本医疗保障制度的相关规定予以支付。结合国家基本药物目录调整，逐步增加二线抗结核药品的种类。民政、卫生部门和红十字会等要对贫困结核病患者给予医疗、生活救助，帮助减轻患者负担。

（六）加强队伍建设，提高防治能力

各级人民政府要加强结核病防治队伍的建设，合理配置防治人员。定点医疗机构和疾病预防控制机构均要设置专门科室和人员负责结核病防治工作。要将定点医疗机构结核病实验室纳入全国结核病实验室网络管理，不断提升实验室工作质量。加强各级结核病防治人员的培训，全面提升专业技术能力。加强学术带头人和创新型人才培养，积极引进高精尖人才，全面提高我国结核病防治能力。建立激励机制，完善包括结核病专职防治人员在内的卫生防疫津贴制度，提高基层人员的补助标准，调动防治人员的积极性，稳定防治队伍。

（七）保障生产供应，规范药品管理

扩大国产抗结核固定剂量复合制剂的生产供应，加快二线抗结核药品的国产化进程。强化抗结核药品生产、流通和使用等环节的监督管理，切实保证药品质量。对进口抗结核药品按照规定享受税收优惠。

五、监督与评估

地方各级人民政府要根据本规划要求，将工作目标和任务层层分解到具体部门，落实各项工作责任。卫生部门要会同发展改革、财政等部门每年对本地区防治工作情况进行检查，发现问题及时解决，确保圆满完成规划确定的各项目标和任务。卫生部、发展改革委、财政部要不定期地对各地区的规划执行情况进行检查和通报，并于2015年组织开展评估，结果报国务院。

附录三
中华人民共和国传染病防治法

目录

第一章 总则

第一条　为了预防、控制和消除传染病的发生与流行，保障人体健康和公共卫生，制定本法。

第二条　国家对传染病防治实行预防为主的方针，防治结合、分类管理、依靠科学、依靠群众。

第三条　本法规定的传染病分为甲类、乙类和丙类。

甲类传染病是指：鼠疫、霍乱。

乙类传染病是指：传染性非典型肺炎、艾滋病、病毒性肝炎、脊髓灰质炎、人感染高致病性禽流感、麻疹、流行性出血热、狂犬病、流行性乙型脑炎、登革热、炭疽、细菌性和阿米巴性痢疾、肺结核、伤寒和副伤寒、流行性脑脊髓膜炎、百日咳、白喉、新生儿破伤风、猩红热、布鲁氏菌病、淋病、梅毒、钩端螺旋体病、血吸虫病、疟疾。

丙类传染病是指:流行性感冒、流行性腮腺炎、风疹、急性出血性结膜炎、麻风病、流行性和地方性斑疹伤寒、黑热病、包虫病、丝虫病,除霍乱、细菌性和阿米巴性痢疾、伤寒和副伤寒以外的感染性腹泻病。

国务院卫生行政部门根据传染病暴发、流行情况和危害程度,可以决定增加、减少或者调整乙类、丙类传染病病种并予以公布。

第四条 对乙类传染病中传染性非典型肺炎、炭疽中的肺炭疽和人感染高致病性禽流感,采取本法所称甲类传染病的预防、控制措施。其他乙类传染病和突发原因不明的传染病需要采取本法所称甲类传染病的预防、控制措施的,由国务院卫生行政部门及时报经国务院批准后予以公布、实施。

需要解除依照前款规定采取的甲类传染病预防、控制措施的,由国务院卫生行政部门报经国务院批准后予以公布。

省、自治区、直辖市人民政府对本行政区域内常见、多发的其他地方性传染病,可以根据情况决定按照乙类或者丙类传染病管理并予以公布,报国务院卫生行政部门备案。

第五条 各级人民政府领导传染病防治工作。

县级以上人民政府制定传染病防治规划并组织实施,建立健全传染病防治的疾病预防控制、医疗救治和监督管理体系。

第六条 国务院卫生行政部门主管全国传染病防治及其监督管理工作。县级以上地方人民政府卫生行政部门负责本行政区域内的传染病防治及其监督管理工作。

县级以上人民政府其他部门在各自的职责范围内负责传染病防治工作。

军队的传染病防治工作,依照本法和国家有关规定办理,由中国人民解放军卫生主管部门实施监督管理。

第七条 各级疾病预防控制机构承担传染病监测、预测、流行病学调查、疫情报告以及其他预防、控制工作。

医疗机构承担与医疗救治有关的传染病防治工作和责任区域内的传染病预防工作。城市社区和农村基层医疗机构在疾病预防控制机构的指导下,承担城市社区、农村基层相应的传染病防治工作。

第八条 国家发展现代医学和中医药等传统医学,支持和鼓励开展传染病防治的科学研究,提高传染病防治的科学技术水平。

国家支持和鼓励开展传染病防治的国际合作。

第九条 国家支持和鼓励单位和个人参与传染病防治工作。各级人民政府应当完善有关制度,方便单位和个人参与防治传染病的宣传教育、疫情报告、志愿服务和捐赠活动。

居民委员会、村民委员会应当组织居民、村民参与社区、农村的传染病预防与控制活动。

第十条　国家开展预防传染病的健康教育。新闻媒体应当无偿开展传染病防治和公共卫生教育的公益宣传。

各级各类学校应当对学生进行健康知识和传染病预防知识的教育。

医学院校应当加强预防医学教育和科学研究，对在校学生以及其他与传染病防治相关人员进行预防医学教育和培训，为传染病防治工作提供技术支持。

疾病预防控制机构、医疗机构应当定期对其工作人员进行传染病防治知识、技能的培训。

第十一条　对在传染病防治工作中做出显著成绩和贡献的单位和个人，给予表彰和奖励。

对因参与传染病防治工作致病、致残、死亡的人员，按照有关规定给予补助、抚恤。

第十二条　在中华人民共和国领域内的一切单位和个人，必须接受疾病预防控制机构、医疗机构有关传染病的调查、检验、采集样本、隔离治疗等预防、控制措施，如实提供有关情况。疾病预防控制机构、医疗机构不得泄露涉及个人隐私的有关信息、资料。

卫生行政部门以及其他有关部门、疾病预防控制机构和医疗机构因违法实施行政管理或者预防、控制措施，侵犯单位和个人合法权益的，有关单位和个人可以依法申请行政复议或者提起诉讼。

第二章　传染病预防

第十三条　各级人民政府组织开展群众性卫生活动，进行预防传染病的健康教育，倡导文明健康的生活方式，提高公众对传染病的防治意识和应对能力，加强环境卫生建设，消除鼠害和蚊、蝇等病媒生物的危害。

各级人民政府农业、水利、林业行政部门按照职责分工负责指导和组织消除农田、湖区、河流、牧场、林区的鼠害与血吸虫危害，以及其他传播传染病的动物和病媒生物的危害。

铁路、交通、民用航空行政部门负责组织消除交通工具以及相关场所的鼠害和蚊、蝇等病媒生物的危害。

第十四条　地方各级人民政府应当有计划地建设和改造公共卫生设施，改善饮用水卫生条件，对污水、污物、粪便进行无害化处置。

第十五条　国家实行有计划的预防接种制度。国务院卫生行政部门和省、自治区、直辖市人民政府卫生行政部门，根据传染病预防、控制的需要，制定传染病预防接种规划并组织实施。用于预防接种的疫苗必须符合国家质量标准。

国家对儿童实行预防接种证制度。国家免疫规划项目的预防接种实行免费。医疗机构、疾病预防控制机构与儿童的监护人应当相互配合,保证儿童及时接受预防接种。具体办法由国务院制定。

第十六条　国家和社会应当关心、帮助传染病病人、病原携带者和疑似传染病病人,使其得到及时救治。任何单位和个人不得歧视传染病病人、病原携带者和疑似传染病病人。

传染病病人、病原携带者和疑似传染病病人,在治愈前或者在排除传染病嫌疑前,不得从事法律、行政法规和国务院卫生行政部门规定禁止从事的易使该传染病扩散的工作。

第十七条　国家建立传染病监测制度。

国务院卫生行政部门制定国家传染病监测规划和方案。省、自治区、直辖市人民政府卫生行政部门根据国家传染病监测规划和方案,制定本行政区域的传染病监测计划和工作方案。

各级疾病预防控制机构对传染病的发生、流行以及影响其发生、流行的因素,进行监测;对国外发生、国内尚未发生的传染病或者国内新发生的传染病,进行监测。

第十八条　各级疾病预防控制机构在传染病预防控制中履行下列职责:

(一)实施传染病预防控制规划、计划和方案;

(二)收集、分析和报告传染病监测信息,预测传染病的发生、流行趋势;

(三)开展对传染病疫情和突发公共卫生事件的流行病学调查、现场处理及其效果评价;

(四)开展传染病实验室检测、诊断、病原学鉴定;

(五)实施免疫规划,负责预防性生物制品的使用管理;

(六)开展健康教育、咨询,普及传染病防治知识;

(七)指导、培训下级疾病预防控制机构及其工作人员开展传染病监测工作;

(八)开展传染病防治应用性研究和卫生评价,提供技术咨询。

国家、省级疾病预防控制机构负责对传染病发生、流行以及分布进行监测,对重大传染病流行趋势进行预测,提出预防控制对策,参与并指导对暴发的疫情进行调查处理,开展传染病病原学鉴定,建立检测质量控制体系,开展应用性研究和卫生评价。

设区的市和县级疾病预防控制机构负责传染病预防控制规划、方案的落实,组织实施免疫、消毒、控制病媒生物的危害,普及传染病防治知识,负责本地区疫情和突发公共卫生事件监测、报告,开展流行病学调查和常见病原微生物检测。

第十九条　国家建立传染病预警制度。

国务院卫生行政部门和省、自治区、直辖市人民政府根据传染病发生、流行趋势的预测，及时发出传染病预警，根据情况予以公布。

第二十条　县级以上地方人民政府应当制定传染病预防、控制预案，报上一级人民政府备案。

传染病预防、控制预案应当包括以下主要内容：

（一）传染病预防控制指挥部的组成和相关部门的职责；

（二）传染病的监测、信息收集、分析、报告、通报制度；

（三）疾病预防控制机构、医疗机构在发生传染病疫情时的任务与职责；

（四）传染病暴发、流行情况的分级以及相应的应急工作方案；

（五）传染病预防、疫点疫区现场控制，应急设施、设备、救治药品和医疗器械以及其他物资和技术的储备与调用。

地方人民政府和疾病预防控制机构接到国务院卫生行政部门或者省、自治区、直辖市人民政府发出的传染病预警后，应当按照传染病预防、控制预案，采取相应的预防、控制措施。

第二十一条　医疗机构必须严格执行国务院卫生行政部门规定的管理制度、操作规范，防止传染病的医源性感染和医院感染。

医疗机构应当确定专门的部门或者人员，承担传染病疫情报告、本单位的传染病预防、控制以及责任区域内的传染病预防工作；承担医疗活动中与医院感染有关的危险因素监测、安全防护、消毒、隔离和医疗废物处置工作。

疾病预防控制机构应当指定专门人员负责对医疗机构内传染病预防工作进行指导、考核，开展流行病学调查。

第二十二条　疾病预防控制机构、医疗机构的实验室和从事病原微生物实验的单位，应当符合国家规定的条件和技术标准，建立严格的监督管理制度，对传染病病原体样本按照规定的措施实行严格监督管理，严防传染病病原体的实验室感染和病原微生物的扩散。

第二十三条　采供血机构、生物制品生产单位必须严格执行国家有关规定，保证血液、血液制品的质量。禁止非法采集血液或者组织他人出卖血液。

疾病预防控制机构、医疗机构使用血液和血液制品，必须遵守国家有关规定，防止因输入血液、使用血液制品引起经血液传播疾病的发生。

第二十四条　各级人民政府应当加强艾滋病的防治工作，采取预防、控制措施，防止艾滋病的传播。具体办法由国务院制定。

第二十五条　县级以上人民政府农业、林业行政部门以及其他有关部门，依据各自的职责负责与人畜共患传染病有关的动物传染病的防治管理工作。

与人畜共患传染病有关的野生动物、家畜家禽，经检疫合格后，方可出售、运输。

第二十六条　国家建立传染病菌种、毒种库。

对传染病菌种、毒种和传染病检测样本的采集、保藏、携带、运输和使用实行分类管理,建立健全严格的管理制度。

对可能导致甲类传染病传播的以及国务院卫生行政部门规定的菌种、毒种和传染病检测样本,确需采集、保藏、携带、运输和使用的,须经省级以上人民政府卫生行政部门批准。具体办法由国务院制定。

第二十七条　对被传染病病原体污染的污水、污物、场所和物品,有关单位和个人必须在疾病预防控制机构的指导下或者按照其提出的卫生要求,进行严格消毒处理;拒绝消毒处理的,由当地卫生行政部门或者疾病预防控制机构进行强制消毒处理。

第二十八条　在国家确认的自然疫源地计划兴建水利、交通、旅游、能源等大型建设项目的,应当事先由省级以上疾病预防控制机构对施工环境进行卫生调查。建设单位应当根据疾病预防控制机构的意见,采取必要的传染病预防、控制措施。施工期间,建设单位应当设专人负责工地上的卫生防疫工作。工程竣工后,疾病预防控制机构应当对可能发生的传染病进行监测。

第二十九条　用于传染病防治的消毒产品、饮用水供水单位供应的饮用水和涉及饮用水卫生安全的产品,应当符合国家卫生标准和卫生规范。

饮用水供水单位从事生产或者供应活动,应当依法取得卫生许可证。

生产用于传染病防治的消毒产品的单位和生产用于传染病防治的消毒产品,应当经省级以上人民政府卫生行政部门审批。具体办法由国务院制定。

第三章　疫情报告、通报和公布

第三十条　疾病预防控制机构、医疗机构和采供血机构及其执行职务的人员发现本法规定的传染病疫情或者发现其他传染病暴发、流行以及突发原因不明的传染病时,应当遵循疫情报告属地管理原则,按照国务院规定的或者国务院卫生行政部门规定的内容、程序、方式和时限报告。

军队医疗机构向社会公众提供医疗服务,发现前款规定的传染病疫情时,应当按照国务院卫生行政部门的规定报告。

第三十一条　任何单位和个人发现传染病病人或者疑似传染病病人时,应当及时向附近的疾病预防控制机构或者医疗机构报告。

第三十二条　港口、机场、铁路疾病预防控制机构以及国境卫生检疫机关发现甲类传染病病人、病原携带者、疑似传染病病人时,应当按照国家有关规定立即向国境口岸所在地的疾病预防控制机构或者所在地县级以上地方人民政府卫生行政部门报告并互相通报。

第三十三条　疾病预防控制机构应当主动收集、分析、调查、核实传染病疫情信息。接到甲类、乙类传染病疫情报告或者发现传染病暴发、流行时，应当立即报告当地卫生行政部门，由当地卫生行政部门立即报告当地人民政府，同时报告上级卫生行政部门和国务院卫生行政部门。

疾病预防控制机构应当设立或者指定专门的部门、人员负责传染病疫情信息管理工作，及时对疫情报告进行核实、分析。

第三十四条　县级以上地方人民政府卫生行政部门应当及时向本行政区域内的疾病预防控制机构和医疗机构通报传染病疫情以及监测、预警的相关信息。接到通报的疾病预防控制机构和医疗机构应当及时告知本单位的有关人员。

第三十五条　国务院卫生行政部门应当及时向国务院其他有关部门和各省、自治区、直辖市人民政府卫生行政部门通报全国传染病疫情以及监测、预警的相关信息。

毗邻的以及相关的地方人民政府卫生行政部门，应当及时互相通报本行政区域的传染病疫情以及监测、预警的相关信息。

县级以上人民政府有关部门发现传染病疫情时，应当及时向同级人民政府卫生行政部门通报。

中国人民解放军卫生主管部门发现传染病疫情时，应当向国务院卫生行政部门通报。

第三十六条　动物防疫机构和疾病预防控制机构，应当及时互相通报动物间和人间发生的人畜共患传染病疫情以及相关信息。

第三十七条　依照本法的规定负有传染病疫情报告职责的人民政府有关部门、疾病预防控制机构、医疗机构、采供血机构及其工作人员，不得隐瞒、谎报、缓报传染病疫情。

第三十八条　国家建立传染病疫情信息公布制度。

国务院卫生行政部门定期公布全国传染病疫情信息。省、自治区、直辖市人民政府卫生行政部门定期公布本行政区域的传染病疫情信息。

传染病暴发、流行时，国务院卫生行政部门负责向社会公布传染病疫情信息，并可以授权省、自治区、直辖市人民政府卫生行政部门向社会公布本行政区域的传染病疫情信息。

公布传染病疫情信息应当及时、准确。

第四章　疫情控制

第三十九条　医疗机构发现甲类传染病时，应当及时采取下列措施：

（一）对病人、病原携带者，予以隔离治疗，隔离期限根据医学检查结果确定；

(二)对疑似病人，确诊前在指定场所单独隔离治疗；

(三)对医疗机构内的病人、病原携带者、疑似病人的密切接触者，在指定场所进行医学观察和采取其他必要的预防措施。

拒绝隔离治疗或者隔离期未满擅自脱离隔离治疗的，可以由公安机关协助医疗机构采取强制隔离治疗措施。

医疗机构发现乙类或者丙类传染病病人，应当根据病情采取必要的治疗和控制传播措施。

医疗机构对本单位内被传染病病原体污染的场所、物品以及医疗废物，必须依照法律、法规的规定实施消毒和无害化处置。

第四十条　疾病预防控制机构发现传染病疫情或者接到传染病疫情报告时，应当及时采取下列措施：

(一)对传染病疫情进行流行病学调查，根据调查情况提出划定疫点、疫区的建议，对被污染的场所进行卫生处理，对密切接触者，在指定场所进行医学观察和采取其他必要的预防措施，并向卫生行政部门提出疫情控制方案；

(二)传染病暴发、流行时，对疫点、疫区进行卫生处理，向卫生行政部门提出疫情控制方案，并按照卫生行政部门的要求采取措施；

(三)指导下级疾病预防控制机构实施传染病预防、控制措施，组织、指导有关单位对传染病疫情的处理。

第四十一条　对已经发生甲类传染病病例的场所或者该场所内的特定区域的人员，所在地的县级以上地方人民政府可以实施隔离措施，并同时向上一级人民政府报告；接到报告的上级人民政府应当即时作出是否批准的决定。上级人民政府作出不予批准决定的，实施隔离措施的人民政府应当立即解除隔离措施。

在隔离期间，实施隔离措施的人民政府应当对被隔离人员提供生活保障；被隔离人员有工作单位的，所在单位不得停止支付其隔离期间的工作报酬。

隔离措施的解除，由原决定机关决定并宣布。

第四十二条　传染病暴发、流行时，县级以上地方人民政府应当立即组织力量，按照预防、控制预案进行防治，切断传染病的传播途径，必要时，报经上一级人民政府决定，可以采取下列紧急措施并予以公告：

(一)限制或者停止集市、影剧院演出或者其他人群聚集的活动；

(二)停工、停业、停课；

(三)封闭或者封存被传染病病原体污染的公共饮用水源、食品以及相关物品；

(四)控制或者扑杀染疫野生动物、家畜家禽；

（五）封闭可能造成传染病扩散的场所。

上级人民政府接到下级人民政府关于采取前款所列紧急措施的报告时，应当即时作出决定。

紧急措施的解除，由原决定机关决定并宣布。

第四十三条　甲类、乙类传染病暴发、流行时，县级以上地方人民政府报经上一级人民政府决定，可以宣布本行政区域部分或者全部为疫区；国务院可以决定并宣布跨省、自治区、直辖市的疫区。县级以上地方人民政府可以在疫区内采取本法第四十二条规定的紧急措施，并可以对出入疫区的人员、物资和交通工具实施卫生检疫。

省、自治区、直辖市人民政府可以决定对本行政区域内的甲类传染病疫区实施封锁；但是，封锁大、中城市的疫区或者封锁跨省、自治区、直辖市的疫区，以及封锁疫区导致中断干线交通或者封锁国境的，由国务院决定。

疫区封锁的解除，由原决定机关决定并宣布。

第四十四条　发生甲类传染病时，为了防止该传染病通过交通工具及其乘运的人员、物资传播，可以实施交通卫生检疫。具体办法由国务院制定。

第四十五条　传染病暴发、流行时，根据传染病疫情控制的需要，国务院有权在全国范围或者跨省、自治区、直辖市范围内，县级以上地方人民政府有权在本行政区域内紧急调集人员或者调用储备物资，临时征用房屋、交通工具以及相关设施、设备。

紧急调集人员的，应当按照规定给予合理报酬。临时征用房屋、交通工具以及相关设施、设备的，应当依法给予补偿；能返还的，应当及时返还。

第四十六条　患甲类传染病、炭疽死亡的，应当将尸体立即进行卫生处理，就近火化。患其他传染病死亡的，必要时，应当将尸体进行卫生处理后火化或者按照规定深埋。

为了查找传染病病因，医疗机构在必要时可以按照国务院卫生行政部门的规定，对传染病病人尸体或者疑似传染病病人尸体进行解剖查验，并应当告知死者家属。

第四十七条　疫区中被传染病病原体污染或者可能被传染病病原体污染的物品，经消毒可以使用的，应当在当地疾病预防控制机构的指导下，进行消毒处理后，方可使用、出售和运输。

第四十八条　发生传染病疫情时，疾病预防控制机构和省级以上人民政府卫生行政部门指派的其他与传染病有关的专业技术机构，可以进入传染病疫点、疫区进行调查、采集样本、技术分析和检验。

第四十九条　传染病暴发、流行时，药品和医疗器械生产、供应单位应当及时生产、供应防治传染病的药品和医疗器械。铁路、交通、民用航空经营单位必须优先运送处理传染病疫情的人员以及防治传染病的药品和医疗器械。县级以上人民政府有关部门应当做好组织协调工作。

第五章　医疗救治

第五十条　县级以上人民政府应当加强和完善传染病医疗救治服务网络的建设，指定具备传染病救治条件和能力的医疗机构承担传染病救治任务，或者根据传染病救治需要设置传染病医院。

第五十一条　医疗机构的基本标准、建筑设计和服务流程，应当符合预防传染病医院感染的要求。

医疗机构应当按照规定对使用的医疗器械进行消毒；对按照规定一次使用的医疗器具，应当在使用后予以销毁。

医疗机构应当按照国务院卫生行政部门规定的传染病诊断标准和治疗要求，采取相应措施，提高传染病医疗救治能力。

第五十二条　医疗机构应当对传染病病人或者疑似传染病病人提供医疗救护、现场救援和接诊治疗，书写病历记录以及其他有关资料，并妥善保管。

医疗机构应当实行传染病预检、分诊制度；对传染病病人、疑似传染病病人，应当引导至相对隔离的分诊点进行初诊。医疗机构不具备相应救治能力的，应当将患者及其病历记录复印件一并转至具备相应救治能力的医疗机构。具体办法由国务院卫生行政部门规定。

第六章　监督管理

第五十三条　县级以上人民政府卫生行政部门对传染病防治工作履行下列监督检查职责：

(一)对下级人民政府卫生行政部门履行本法规定的传染病防治职责进行监督检查；

(二)对疾病预防控制机构、医疗机构的传染病防治工作进行监督检查；

(三)对采供血机构的采供血活动进行监督检查；

(四)对用于传染病防治的消毒产品及其生产单位进行监督检查，并对饮用水供水单位从事生产或者供应活动以及涉及饮用水卫生安全的产品进行监督检查；

(五)对传染病菌种、毒种和传染病检测样本的采集、保藏、携带、运输、使用进行监督检查；

(六)对公共场所和有关单位的卫生条件和传染病预防、控制措施进行监督检查。

省级以上人民政府卫生行政部门负责组织对传染病防治重大事项的处理。

第五十四条　县级以上人民政府卫生行政部门在履行监督检查职责时，有权进入被检查单位和传染病疫情发生现场调查取证，查阅或者复制有关的资料和采集样本。被检查单位应当予以配合，不得拒绝、阻挠。

第五十五条　县级以上地方人民政府卫生行政部门在履行监督检查职责时，发现被传染病病原体污染的公共饮用水源、食品以及相关物品，如不及时采取控制措施可能导致传染病传播、流行的，可以采取封闭公共饮用水源、封存食品以及相关物品或者暂停销售的临时控制措施，并予以检验或者进行消毒。经检验，属于被污染的食品，应当予以销毁；对未被污染的食品或者经消毒后可以使用的物品，应当解除控制措施。

第五十六条　卫生行政部门工作人员依法执行职务时，应当不少于两人，并出示执法证件，填写卫生执法文书。

卫生执法文书经核对无误后，应当由卫生执法人员和当事人签名。当事人拒绝签名的，卫生执法人员应当注明情况。

第五十七条　卫生行政部门应当依法建立健全内部监督制度，对其工作人员依据法定职权和程序履行职责的情况进行监督。

上级卫生行政部门发现下级卫生行政部门不及时处理职责范围内的事项或者不履行职责的，应当责令纠正或者直接予以处理。

第五十八条　卫生行政部门及其工作人员履行职责，应当自觉接受社会和公民的监督。单位和个人有权向上级人民政府及其卫生行政部门举报违反本法的行为。接到举报的有关人民政府或者其卫生行政部门，应当及时调查处理。

第七章　保障措施

第五十九条　国家将传染病防治工作纳入国民经济和社会发展计划，县级以上地方人民政府将传染病防治工作纳入本行政区域的国民经济和社会发展计划。

第六十条县级以上地方人民政府按照本级政府职责负责本行政区域内传染病预防、控制、监督工作的日常经费。

国务院卫生行政部门会同国务院有关部门，根据传染病流行趋势，确定全国传染病预防、控制、救治、监测、预测、预警、监督检查等项目。中央财政对困难地区实施重大传染病防治项目给予补助。

省、自治区、直辖市人民政府根据本行政区域内传染病流行趋势，在国务院卫生行政部门确定的项目范围内，确定传染病预防、控制、监督等项目，并保障项目的实施经费。

第六十一条　国家加强基层传染病防治体系建设，扶持贫困地区和少数民族地区的传染病防治工作。

地方各级人民政府应当保障城市社区、农村基层传染病预防工作的经费。

第六十二条　国家对患有特定传染病的困难人群实行医疗救助，减免医疗费用。具体办法由国务院卫生行政部门会同国务院财政部门等部门制定。

第六十三条　县级以上人民政府负责储备防治传染病的药品、医疗器械和其他物资，以备调用。

第六十四条　对从事传染病预防、医疗、科研、教学、现场处理疫情的人员，以及在生产、工作中接触传染病病原体的其他人员，有关单位应当按照国家规定，采取有效的卫生防护措施和医疗保健措施，并给予适当的津贴。

第八章　法律责任

第六十五条　地方各级人民政府未依照本法的规定履行报告职责，或者隐瞒、谎报、缓报传染病疫情，或者在传染病暴发、流行时，未及时组织救治、采取控制措施的，由上级人民政府责令改正，通报批评；造成传染病传播、流行或者其他严重后果的，对负有责任的主管人员，依法给予行政处分；构成犯罪的，依法追究刑事责任。

第六十六条　县级以上人民政府卫生行政部门违反本法规定，有下列情形之一的，由本级人民政府、上级人民政府卫生行政部门责令改正，通报批评；造成传染病传播、流行或者其他严重后果的，对负有责任的主管人员和其他直接责任人员，依法给予行政处分；构成犯罪的，依法追究刑事责任：

（一）未依法履行传染病疫情通报、报告或者公布职责，或者隐瞒、谎报、缓报传染病疫情的；

（二）发生或者可能发生传染病传播时未及时采取预防、控制措施的；

（三）未依法履行监督检查职责，或者发现违法行为不及时查处的；

（四）未及时调查、处理单位和个人对下级卫生行政部门不履行传染病防治职责的举报的；

（五）违反本法的其他失职、渎职行为。

第六十七条　县级以上人民政府有关部门未依照本法的规定履行传染病防治和保障职责的，由本级人民政府或者上级人民政府有关部门责令改正，通报批评；造成传染病传播、流行或者其他严重后果的，对负有责任的主管人员和其他直接责任人员，依法给予行政处分；构成犯罪的，依法追究刑事责任。

第六十八条　疾病预防控制机构违反本法规定，有下列情形之一的，由县级以上人民政府卫生行政部门责令限期改正，通报批评，给予警告；对负有责任的主管人员和其他直接责任人员，依法给予降级、撤职、开除的处分，并可以依法吊销有关责任人员的执业证书；构成犯罪的，依法追究刑事责任：

(一)未依法履行传染病监测职责的;

(二)未依法履行传染病疫情报告、通报职责,或者隐瞒、谎报、缓报传染病疫情的;

(三)未主动收集传染病疫情信息,或者对传染病疫情信息和疫情报告未及时进行分析、调查、核实的;

(四)发现传染病疫情时,未依据职责及时采取本法规定的措施的;

(五)故意泄露传染病病人、病原携带者、疑似传染病病人、密切接触者涉及个人隐私的有关信息、资料的。

第六十九条 医疗机构违反本法规定,有下列情形之一的,由县级以上人民政府卫生行政部门责令改正,通报批评,给予警告;造成传染病传播、流行或者其他严重后果的,对负有责任的主管人员和其他直接责任人员,依法给予降级、撤职、开除的处分,并可以依法吊销有关责任人员的执业证书;构成犯罪的,依法追究刑事责任:

(一)未按照规定承担本单位的传染病预防、控制工作、医院感染控制任务和责任区域内的传染病预防工作的;

(二)未按照规定报告传染病疫情,或者隐瞒、谎报、缓报传染病疫情的;

(三)发现传染病疫情时,未按照规定对传染病病人、疑似传染病病人提供医疗救护、现场救援、接诊、转诊的,或者拒绝接受转诊的;

(四)未按照规定对本单位内被传染病病原体污染的场所、物品以及医疗废物实施消毒或者无害化处置的;

(五)未按照规定对医疗器械进行消毒,或者对按照规定一次使用的医疗器具未予销毁,再次使用的;

(六)在医疗救治过程中未按照规定保管医学记录资料的;

(七)故意泄露传染病病人、病原携带者、疑似传染病病人、密切接触者涉及个人隐私的有关信息、资料的。

第七十条 采供血机构未按照规定报告传染病疫情,或者隐瞒、谎报、缓报传染病疫情,或者未执行国家有关规定,导致因输入血液引起经血液传播疾病发生的,由县级以上人民政府卫生行政部门责令改正,通报批评,给予警告;造成传染病传播、流行或者其他严重后果的,对负有责任的主管人员和其他直接责任人员,依法给予降级、撤职、开除的处分,并可以依法吊销采供血机构的执业许可证;构成犯罪的,依法追究刑事责任。

非法采集血液或者组织他人出卖血液的,由县级以上人民政府卫生行政部门予以取缔,没收违法所得,可以并处十万元以下的罚款;构成犯罪的,依法追究刑事责任。

第七十一条 国境卫生检疫机关、动物防疫机构未依法履行传染病疫情通报职责的，由有关部门在各自职责范围内责令改正，通报批评；造成传染病传播、流行或者其他严重后果的，对负有责任的主管人员和其他直接责任人员，依法给予降级、撤职、开除的处分；构成犯罪的，依法追究刑事责任。

第七十二条　铁路、交通、民用航空经营单位未依照本法的规定优先运送处理传染病疫情的人员以及防治传染病的药品和医疗器械的，由有关部门责令限期改正，给予警告；造成严重后果的，对负有责任的主管人员和其他直接责任人员，依法给予降级、撤职、开除的处分。

第七十三条　违反本法规定，有下列情形之一，导致或者可能导致传染病传播、流行的，由县级以上人民政府卫生行政部门责令限期改正，没收违法所得，可以并处五万元以下的罚款；已取得许可证的，原发证部门可以依法暂扣或者吊销许可证；构成犯罪的，依法追究刑事责任：

（一）饮用水供水单位供应的饮用水不符合国家卫生标准和卫生规范的；

（二）涉及饮用水卫生安全的产品不符合国家卫生标准和卫生规范的；

（三）用于传染病防治的消毒产品不符合国家卫生标准和卫生规范的；

（四）出售、运输疫区中被传染病病原体污染或者可能被传染病病原体污染的物品，未进行消毒处理的；

（五）生物制品生产单位生产的血液制品不符合国家质量标准的。

第七十四条　违反本法规定，有下列情形之一的，由县级以上地方人民政府卫生行政部门责令改正，通报批评，给予警告，已取得许可证的，可以依法暂扣或者吊销许可证；造成传染病传播、流行以及其他严重后果的，对负有责任的主管人员和其他直接责任人员，依法给予降级、撤职、开除的处分，并可以依法吊销有关责任人员的执业证书；构成犯罪的，依法追究刑事责任：

（一）疾病预防控制机构、医疗机构和从事病原微生物实验的单位，不符合国家规定的条件和技术标准，对传染病病原体样本未按照规定进行严格管理，造成实验室感染和病原微生物扩散的；

（二）违反国家有关规定，采集、保藏、携带、运输和使用传染病菌种、毒种和传染病检测样本的；

（三）疾病预防控制机构、医疗机构未执行国家有关规定，导致因输入血液、使用血液制品引起经血液传播疾病发生的。

第七十五条　未经检疫出售、运输与人畜共患传染病有关的野生动物、家畜家禽的，由县级以上地方人民政府畜牧兽医行政部门责令停止违法行为，并依法给予行政处罚。

第七十六条　在国家确认的自然疫源地兴建水利、交通、旅游、能源等大型建设项目，未经卫生调查进行施工的，或者未按照疾病预防控制机构的意见采取必要的传染病预防、控制措施的，由县级以上人民政府卫生行政部门责令限期改正，给予警告，处五千元以上三万元以下的罚款；逾期不改正的，处三万元以上十万元以下的罚款，并可以提请有关人民政府依据职责权限，责令停建、关闭。

第七十七条 单位和个人违反本法规定，导致传染病传播、流行，给他人人身、财产造成损害的，应当依法承担民事责任。

第九章 附则

第七十八条 本法中下列用语的含义：

（一）传染病病人、疑似传染病病人：指根据国务院卫生行政部门发布的《中华人民共和国传染病防治法规定管理的传染病诊断标准》，符合传染病病人和疑似传染病病人诊断标准的人。

（二）病原携带者：指感染病原体无临床症状但能排出病原体的人。

（三）流行病学调查：指对人群中疾病或者健康状况的分布及其决定因素进行调查研究，提出疾病预防控制措施及保健对策。

（四）疫点：指病原体从传染源向周围播散的范围较小或者单个疫源地。

（五）疫区：指传染病在人群中暴发、流行，其病原体向周围播散时所能波及的地区。

（六）人畜共患传染病：指人与脊椎动物共同罹患的传染病，如鼠疫、狂犬病、血吸虫病等。

（七）自然疫源地：指某些可引起人类传染病的病原体在自然界的野生动物中长期存在和循环的地区。

（八）病媒生物：指能够将病原体从人或者其他动物传播给人的生物，如蚊、蝇、蚤类等。

（九）医源性感染：指在医学服务中，因病原体传播引起的感染。

（十）医院感染：指住院病人在医院内获得的感染，包括在住院期间发生的感染和在医院内获得出院后发生的感染，但不包括入院前已开始或者入院时已处于潜伏期的感染。医院工作人员在医院内获得的感染也属医院感染。

（十一）实验室感染：指从事实验室工作时，因接触病原体所致的感染。

（十二）菌种、毒种：指可能引起本法规定的传染病发生的细菌菌种、病毒毒种。

（十三）消毒：指用化学、物理、生物的方法杀灭或者消除环境中的病原微生物。

（十四）疾病预防控制机构：指从事疾病预防控制活动的疾病预防控制中心以及与上述机构业务活动相同的单位。

（十五）医疗机构：指按照《医疗机构管理条例》取得医疗机构执业许可证，

从事疾病诊断、治疗活动的机构。

第七十九条　传染病防治中有关食品、药品、血液、水、医疗废物和病原微生物的管理以及动物防疫和国境卫生检疫，本法未规定的，分别适用其他有关法律、行政法规的规定。

第八十条　本法自2013年6月29日起施行。

附录四
肺结核诊治指南

一、疾病简介

肺结核(pulmonary tuberculosis,PTB)是由结核分枝杆菌引发的肺部感染性疾病,是严重威胁人类健康的疾病。结核分枝杆菌(简称"结核菌")的传染源主要是排菌的肺结核患者,通过呼吸道传播。健康人感染结核菌并不一定发病,只有在机体免疫力下降时才发病。世界卫生组织(WHO)统计表明,全世界每年发生结核病800万～1000万,每年约有300万人死于结核病,是造成死亡人数最多的单一传染病。1993年,WHO宣布"全球结核病紧急状态",认为结核病已成为全世界重要的公共卫生问题。我国是世界上结核疫情最严重的国家之一。

二、病原学

结核菌属分枝杆菌,于1882年由德国微生物学家Robert Koch发现。在显微镜下,结核菌为细长稍弯曲或直的杆菌,大小为(0.3～0.6 μm)×(1～4μm)。单个散在,呈"V"形或"Y"形,或条索状、短链状排列。结核菌是专性需氧菌,生长很缓慢,在固体培养基上,结核菌增代时间为18～20h,培养时间为8天至8周。在大部分培养基上,菌落呈粗糙型,具有抗酸和抗酸性酒精脱色的特点,故又称之为"抗酸杆菌"。结核菌实际上包括人型、牛型、鼠型和非洲型,为结核分枝杆菌复合群,其中人型、牛型和非洲型为致病菌。

三、流行病学

(一)传染源

结核病的传染源主要是痰涂片或培养阳性的肺结核患者,其中尤以涂阳肺结核的传染性为强。

（二）传播途径

结核菌主要通过呼吸道传播，活动性肺结核患者咳嗽、喷嚏或大声说话时，会形成以单个结核菌为核心的飞沫核悬浮于空气中，从而感染新的宿主。此外，患者咳嗽排出的结核菌干燥后附着在尘土上，形成带菌尘埃，亦可侵入人体形成感染。经消化道、泌尿生殖系统、皮肤的传播极少见。

（三）易感人群

糖尿病、硅肺、肿瘤、器官移植、长期使用免疫抑制药物或者皮质激素者易伴发结核病，生活贫困、居住条件差以及营养不良是经济落后社会中人群结核病高发的原因。越来越多的证据表明，除病原体、环境和社会经济等因素外，宿主遗传因素在结核病的发生发展中扮演着重要角色，个体对结核病易感性或抗性的差异与宿主某些基因相关，现已筛选出多种人的结核病相关候选基因。例如，三类HLA基因区多态性与结核病易感性的关系在国内外均有报道，以Ⅱ类基因为多；在非洲和亚洲人群中的研究表明，人类SLC11A1基因多态性与结核病易感性相关。所以，并非所有传染源接触者都可能被感染，被感染者也并不一定都发病。

四、发病机制

结核菌不像许多细菌有内毒素、外毒素，不存在能防止吞噬作用的荚膜，以及与致病能力相关联的细胞外侵袭性酶类。其毒力基础不十分清楚，可能与其菌体的成分有关。其他类脂质如硫脂质也与结核菌的毒力有关，它不仅增加了索状因子的毒性，且抑制溶酶体——吞噬体的融合，促进结核菌在巨噬细胞内的生长繁殖。磷脂能够刺激机体内单核细胞的增殖、类上皮细胞化、朗汉斯巨细胞的形成。蜡质D是分枝菌酸阿糖阘乳聚糖和黏肽相结合的复合物，具有佐剂活性，能刺激机体产生免疫球蛋白，对结核性干酪病灶的液化、坏死、溶解和空洞的形成起重要作用。除了以上类脂质成分外，多糖类物质是结核菌细胞中的重要组成物质，多糖类物质在和其他物质共存的条件下才能发挥对机体的生物学活性效应。多糖是结核菌菌体完全抗原的重要组成成分，具有佐剂活性作用，能对机体引起嗜中性多核白细胞的化学性趋向反应。结核菌的菌体蛋白是以结合形式存在于菌细胞内，是完全抗原，参与机体对结核菌素的反应。

五、发病过程

Dannenberg等将结核菌感染和发病的生物学过程分为起始期、T细胞反应期、共生期和细胞外繁殖传播期。侵入呼吸道的结核菌被肺泡巨噬细胞吞噬。细菌在肺泡巨噬细胞内存活和复制，便扩散至邻近非活化的肺泡巨噬细胞，形成早期感染灶；若被杀灭，则不留任何局部证据。在T细胞反应期，结核菌在巨噬细胞内的最初生长形成中心呈固态干酪坏死的结核灶，它能限制结核菌继续复制。由T细胞介导的细胞免疫(cell mediated immunity,CMI)和迟发性变态反应(delay type hyperensitivity,DTH)在此形成，从而对结核病发病、演变及转归产生决定性影响。大多数感染者发展至T细胞反应期，仅少数发生原发性结核病。大部分感染者结核菌可以持续存活，细菌与宿主处于共生状态。纤维包裹的坏死灶干酪性中央部位被认为是持续存在的主要场所。低氧、低pH和抑制性脂肪酸的存在使细菌不能增殖。宿主的免疫机制亦是抑制细菌增殖的重要因素，免疫损害便可引起受抑制结核菌的重新活动和增殖，大量结核菌从液化干酪灶释放形成播散。

六、病理改变

人体免疫力及变态反应性、结核菌入侵的数量及其毒力，与结核病变的性质、范围以及从一种病理类型转变为另一类型的可能性与速度均有密切关系。

(一)渗出性病变

表现为充血、水肿与白细胞浸润。早期渗出性病变中有嗜中性粒细胞，以后逐渐被巨噬细胞和淋巴细胞所代替。在巨噬细胞内可见到被吞噬的结核菌。渗出性病变通常出现在结核炎症的早期或病灶恶化时，亦可见于浆膜结核。当病情好转时，渗出性病变可完全消散吸收。

(二)增殖性病变

开始时可有一短暂的渗出阶段。当巨噬细胞吞噬并消化了结核菌后，菌的磷脂成分使巨噬细胞形态变大而扁平，类似上皮细胞，称“类上皮细胞”。类上皮细胞具有吞噬作用，胞浆内含有多量酯酶，能溶解和消化结核菌。类上皮细胞是增殖性改变的主要成分，在结核病诊断上具有一定的特异性。类上皮细胞聚集成团，中央可出现朗汉斯巨细胞。类上皮细胞、朗汉斯巨细胞和淋巴细胞浸润，形成了典型的类上皮样肉芽肿结节，为结核病的较具特征性的病变。这种结节形成的过程，就是巨噬细胞吞噬、杀死结核菌，使病变局限化，以防止细菌播散的过程。大多数结核菌在类上皮样肉芽肿结节形成过程中已被消灭，抗酸染色时，结节内一般查不到结核菌。增生为主的病变多发生在菌量较少、人体CMI占优势的情况下。

(三)干酪样坏死

常发生在渗出或增生性病变的基础上。若机体抵抗力降低、菌量过多、变态反应强烈，渗出性病变中结核菌战胜巨噬细胞后不断繁殖，使细胞混浊肿胀后，发生脂肪变性，溶解碎裂，直至细胞坏死。炎症细胞死后释放蛋白溶解酶，使组织溶解坏死，形成凝固性坏死。因含大量脂质，使病灶在肉眼观察下呈黄灰色，质松而脆，状似干酪，故名“干酪样坏死”。镜检可见一片凝固的、染成伊红色的、无结构的坏死组织。在质硬无液化的干酪坏死物中，结核菌由于缺氧和菌体崩解后释放出脂酸，抑制结核菌的生长，故很难找到。干酪坏死物质在一定条件下亦可液化，其机制尚不完全清楚，可能与中性白细胞分解产生的蛋白分解酶有关，亦可能与机体变态反应有关。干酪液化后，坏死物质就沿支气管排出或播散到其他肺叶，造成支气管播散。原干酪灶则演变成空洞，并有大量结核菌生长繁殖，成为结核病的传染源。

上述三种病变可同时存在于一个肺部病灶中，但通常以其中一种为主。例如，在渗出性及增殖性病变的中央，可出现少量干酪样坏死；而变质为主的病变，常同时伴有程度不同的渗出与类上皮样肉芽肿结节的形成。

七、临床表现

全身症状：肺结核患者常有一些结核中毒症状，其中发热最常见，一般为午后37.4～38℃的低热，可持续数周，热型不规则，部分患者伴有脸颊、手心、脚心潮热感。急性血行播散性肺结核、干酪性肺炎、空洞形成或伴有肺部感染时等可表现为高热。夜间盗汗亦是结核患者常见的中毒症状，表现为熟睡时出汗，几乎湿透衣服，觉醒后汗止，常发生于体虚病人。其他全身症状还有疲乏无力、胃纳减退、消瘦、失眠、月经失调甚至闭经等。

咳嗽：常是肺结核患者的首诊主诉，咳嗽3周或以上，伴痰血，要高度怀疑肺结核可能。肺结核患者以干咳为主，如伴有支气管结核，常有较剧烈的刺激性干咳；如伴纵隔、肺门淋巴结结核压迫气管支气管，可出现痉挛性咳嗽。

咳痰：肺结核病人咳痰较少，一般多为白色黏痰，合并感染、支气管扩张常咳黄脓痰；干酪样液化坏死时也有黄色脓痰，甚至可见坏死物排出。

咯血：当结核坏死灶累及肺毛细血管壁时，可出现痰中带血，如累及大血管，可出现量不等的咯血。若空洞内形成的动脉瘤或者支气管动脉破裂，可出现致死性的大咯血。肺组织愈合、纤维化时形成的结核性支气管扩张可在肺结核痊愈后反复、慢性地咯血或痰血。

胸痛：胸痛并不是肺结核的特异性表现，靠近胸膜的病灶与胸膜粘连常可引起钝痛或刺痛，与呼吸关系不明显。肺结核并发结核性胸膜炎会引起较剧烈的胸痛，与呼吸相关。胸痛不一定就是结核活动或进展的标志。

呼吸困难：一般初发肺结核病人很少出现呼吸困难，只有伴有大量胸腔积液、气胸时会有较明显的呼吸困难。支气管结核引起气管或较大支气管狭窄、纵隔、肺门、气管旁淋巴结结核压迫气管支气管也可引起呼吸困难。晚期肺结核，两肺病灶广泛引起呼吸功能衰竭或伴右心功能不全时，常出现较严重的呼吸困难。

结核性变态反应：可引起全身性过敏反应，临床表现类似于风湿热，主要有皮肤的结节性红斑、多发性关节痛、类白塞病和滤泡性结膜角膜炎等，以青年女性多见。非甾体类抗炎药物无效，经抗结核治疗后好转。

总之，肺结核并无非常特异性的临床表现，有些患者甚至没有任何症状，仅在体检时发现。如伴有免疫抑制状态，临床表现很不典型，起病和临床经过隐匿；或者急性起病，症状危重，且被原发疾病所掩盖，易误诊。

八、患者体征

患肺结核时，肺部体征常不明显且没有特异性。肺部体征常与病变部位、性质、范围及病变程度相关。肺部病变较广泛时可有相应体征，有明显空洞或并发支气管扩张时可闻及细湿啰音。若出现大面积干酪性肺炎，可伴有肺实变体征，如语颤增强，叩诊呈实音或浊音，听诊闻及支气管呼吸音。当形成巨大空洞时，叩诊呈过清音或鼓音，听诊闻及空洞性呼吸音。支气管结核常可闻及局限性的哮鸣音。两肺广泛纤维化、肺毁损时，患侧部位胸廓塌陷，肋间隙变窄，气管移位，其他部位可能由于代偿性肺气肿而出现相应的体征，如叩诊呈过清音、呼吸音降低等。

（一）原发性肺结核

本病初期，多无明显症状。或起病时略有发热、轻咳或食欲减退；或发热时间可达 2～3 周，伴有精神不振、盗汗、疲乏无力、饮食减退、体重减轻等现象；也有的发病较急，尤其是婴幼儿，体温可高达 39～40℃，持续 2～3 周，以后降为低热。儿童可伴有神经易受刺激、容易发怒、急躁、睡眠不好，甚至腹泻、消化不良等功能障碍表现。肺部检查多无明显的阳性体征，只有在病灶周围有大片浸润或由于支气管受压造成部分或全肺不张时可叩出浊音，听到呼吸音减低或局限性干湿罗音。

（二）血行播散性肺结核

急性患者起病多急，有高热（稽留热或弛张热），部分病例体温不太高，呈规则或不规则发热，常持续数周或数月，多伴有寒战、周身不适、精神不振、疲乏无力及全身衰弱；常有咳嗽，咳少量痰，气短，肺部结节性病灶有融合趋向时可出现呼吸困难；部分病人有胃肠道症状，如胃纳不佳、腹胀、腹泻、便秘等；少数病人并存结核性脑膜炎，急性粟粒性肺结核并存脑膜炎者可占 67.7%，常有头疼、头晕、恶心、呕吐、羞明等症状。亚急性血行播散性患者的症状不如急性显著而急骤；不少病人有反复的、阶段性的发热畏寒，或者有慢性结核中毒症状，如微汗、失眠、食欲减退、消瘦等；有些病人有咳嗽、胸痛及血痰，但均不严重。慢性血行播散性肺结核由于病程经过缓慢，机体抵抗力较强，代偿功能良好，症状不如亚急性明显。

（三）继发性肺结核

发病初期一般可无明显症状。病变逐渐进展时，可出现疲乏、倦怠、工作精力减退、食欲不振、消瘦、失眠、微热、盗汗、心悸等结核中毒症状。但大多数病人因这些症状不显著而往往察觉不到。如病变不断恶化，活动性增大，才会出现常见的全身和局部症状，如发烧、胸痛、咳嗽、吐痰、咯血等。

大叶性干酪性肺炎发病很急，类似大叶性肺炎。患者有高热、恶寒、咳嗽、吐痰、胸痛、呼吸困难、痰中带血等现象，可呈 39～40℃的稽留热，一般情况迅速恶化，并可出现紫绀。胸部阳性体征可有胸肌紧张、浊音、呼吸音粗糙或减弱，或呈支气管肺泡音，背部尤其肩胛间部有大小不等的湿罗音等。

慢性病例多数表现为慢性病容，营养低下；一般有反复出现的结核中毒症状及咳嗽、气短或紫绀等；慢性经过，病变恶化、好转与静止交替出现，随着病情的不断演变，代偿机能逐步丧失。体征可见胸廓不对称，气管因广泛纤维性变而移向患侧。患侧胸廓凹陷，肋间隙狭窄，呼吸运动受限，胸肌萎缩，病变部位叩浊，而其他部位则有肺气肿所致的“匣子音”。局部呼吸音降低，可听到支气管呼吸音或空洞性呼吸音，并有干湿啰音，肺下界可降低，心浊音界缩小。肺动脉第二音可因肺循环压力增高而亢进。有的病人可出现杵状指。

（资料来源：《肺结核诊治指南》，
http://jibing.qiuyi.cn/fjh/2013/0426/130235.html，2013 年 4 月 26 日）

参考文献

一、中文文献

[1]白丽琼、肖水源:《湖南省农村传染性肺结核患者发现延迟的影响因素分析》,《中华结核和呼吸杂志》2014 年第 9 期。

[2]包昌琳、白丽琼、唐益:《不同电话督导与传统督导方式对肺结核患者治疗管理效果的探讨》,《实用预防医学》2012 年第 12 期。

[3]包昌琳:《不同督导方式对肺结核患者治疗的影响研究》,中南大学硕士学位论文,2010 年。

[4]曹燕竹:《知信行管理干预对耐多药肺结核患者的影响》,《疾病监测与控制杂志》2013 年第 12 期。

[5]陈玲:《社区高血压群组干预对患者治疗依从性的影响研究》,《齐齐哈尔医学院学报》2013 年第 1 期。

[6]陈能栋:《运用以群组管理为主的社区糖尿病综合干预模式的效果》,《中国民康医学》2012 年第 21 期。

[7]陈沛根:《社区高血压群组干预模式的评价研究》,《中国保健营养》2014 年第 1 期。

[8]陈仁友、张少华、尹爱田:《中学生重点传染病防治知识、行为和干预需求调查》,《中国公共卫生》2012 年第 4 期。

[9]陈史蓉、罗惠平、顾亚琴:《上海市塘桥社区居民高血压自我管理效果评价》,《中国初级卫生保健》2008 年第 11 期。

[10]陈晓琴、蒋建萍、姜煊华:《糖尿病患者居家注射胰岛素废弃针头回收管理的研究》,《全科医学临床与教育》2014 年第 1 期。

[11]陈叶纪、王根生、张贵富:《黄山地区农民吸烟行为干预及其效果评价》,《中国健康教育》2002 年第 3 期。

[12]陈占锋、陈纪瑛、张斌:《电子废弃物回收行为的影响因素分析—以北

京市居民为调研对象》,《生态经济》2013年第2期。

[13]陈忠伟、王强、赵锦:《社区高血压病人干预措施的效果评价》,《现代预防医学》2003年第6期。

[14]陈子慧、黄宝明、黄善盛:《江门市女性性服务工作者性病艾滋病干预效果评价》,《华南预防医学》2007年第4期。

[15]成建萍:《运用群组管理社区糖尿病患者的效果》,《江苏卫生保健》2009年第2期。

[16]邓海巨、郑亦会、张宇艳:《上海市普陀区非户籍人口结核病诊断延迟及其影响因素研究》,《中华流行病学杂志》2006年第4期。

[17]邓乔丹、潘华峰、江启煜:《医疗废弃物与健康管理现状研究的启示与分析》,《中国卫生事业管理》2011年第2期。

[18]邓乔丹:《广东部分医院医疗废弃物处置水平调查及评价研究》,广州中医药大学硕士学位论文,2011年。

[19]丁光超:《基于物联网技术的医疗废弃物管理系统研究》,《医药前沿》2013年第12期。

[20]董莹、吕时生、许海兵:《云南省南部农村居民疟防KAP变化影响因素》,《中国血吸虫病防治杂志》2008年第3期。

[21]段爱旭、赵富玺、刘润花:《大学生艾滋病知识、态度和高危行为调查及健康干预需求评价》,《现代预防医学》2011年第6期。

[22]樊震林、黎爱军、吴宏:《医疗风险影响因素的有序多分类logistic回归分析》,《中国卫生质量》2009年第4期。

[23]冯科民、吴怀丽、潘国晋:《医疗单位医疗废弃物管理中存在的问题及对策》,《现代预防医学》2007年第15期。

[24]傅东波、丁永明、傅华:《社区高血压患者自我管理健康教育的定性需求评价》,《上海预防医学杂志》2002年第12期。

[25]高歌、张明芝:《多分类有序反应变量logistic回归及其应用》,《同济大学学报》2003年第10期。

[26]高俊岭:《社区高血压群组干预模式的评价研究》,复旦大学硕士学位论文,2009年。

[27]高裕慧、郭文娟:《居家治疗的患者家庭中医疗废弃物处理问题的探讨与研究》,《中国实用医药》2012年第29期。

[28]葛美玲:《多分类logistic回归及其统计推断》,北京工业大学硕士学位论文,2010年。

[29]龚磊、孙业桓、孙良:《安徽省3所医学院校不同人群自杀知识态度及危机干预需求定性研究》,《中国学校卫生》2009年第12期。

[30]郭婷:《社区老年慢性疼痛患者社会支持、自我效能与生活质量的关系研究》,天津医科大学硕士学位论文,2014 年。

[31]何倩:《基于需求的初中生非法药物滥用预防干预模式效果评价》,华中科技大学硕士学位论文,2009 年。

[32]何夏婷:《高校学生乙型肝炎知识—态度—行为问卷的编制、评价以及应用》,暨南大学硕士学位论文,2010 年。

[33]侯杰泰:《结构方程模型及其应用》,科学教育出版社 2005 年版。

[34]胡浩:《结构方程模型在艾滋病高危行为分析中的应用》,山东大学硕士学位论文,2008 年。

[35]胡志、马颖、秦侠:《成本效用分析在艾滋病行为干预效果评价中的应用》,《中国卫生经济》2004 年第 6 期。

[36]华洁:《医疗废弃物现状与管理研究》,《南京医科大学学报(社会科学版)》2005 年第 1 期。

[37]黄建华:《暗娼人群预防艾滋病工作效果评价》,浙江大学硕士学位论文,2011 年。

[38]黄俊、孙彦文、刘奕男:《农村糖尿病团队群组管理模式的定性效果评价》,《上海预防医学》2007 年第 6 期。

[39]黄爽、安胜利:《应用 SPSS 软件进行多分类 logistic 回归分析》,《数理医药学杂志》2001 年第 6 期。

[40]惠亚茹、张晶晶、盖若琰:《督导管理对居家治疗传染性肺结核病人痰液处理的影响研究》,《中国卫生统计》2014 年第 4 期。

[41]贾芸、龚婷、桑末心:《2 型糖尿病患者自我效能与自护行为的相关性研究》,《现代护理》2005 年第 19 期。

[42]简胤嘉、邓惠心、任俣丞:《甘肃省城乡中小学生传染病防治知识行为及干预需求调查》,《中国学校卫生》2014 年第 12 期。

[43]姜杨、刘雪珍、徐瑾:《群组干预对精神障碍患者康复的效果》,《中华现代护理杂志》2014 年第 24 期。

[44]焦艳会:《服药自我效能干预对社区原发性高血压患者血压影响的研究》,吉林大学硕士学位论文,2011 年。

[45]焦志延、贾灵:《德国的废弃管理:封闭物质循环和绿点标志》,《世界环境》1999 年第 6 期。

[46]解垩:《新型农村合作医疗的福利效应分析:微观数据的证据》,《人口与发展》2008 年第 5 期。

[47]雷芬芳、岳景齐、邓翠珍:《社区脑卒中患者家庭康复干预现状及干预需求》,《中国老年医学杂志》2012 年第 9 期。

[48]李爱兰、刘肇瑞、张林芝等:《北京市五所高校大学生对艾滋病/性病防治干预需求的定性研究》,《中国艾滋病性病》2000年第2期。

[49]李丹、王毅、严俊:《吸毒人员艾滋病相关知识/信息的干预需求指数比较研究》,《现代预防医学》2012年第20期。

[50]李衡、刘玉华:《娱乐场所女性就业人员艾滋病知识及行为干预》,《中国公共卫生》2007年第7期。

[51]李欢龙、刘丹丹、陈昌可:《艾滋病高危行为三结合干预模式效果评价》,《浙江预防医学》2014年第5期。

[52]李慧娟、唐子尧、徐凌忠:《医务人员对医疗废弃物管理的认知与态度分析》,《中国卫生经济》2008年第6期。

[53]李金保、彭赐林、朱琳:《尘肺患者及家属社会干预需求研究》,《职业卫生与病伤》2010年第2期。

[54]李俊民、张秋莲、陈志利:《家庭干预模式在肺结核患者防治中的应用》,《医学动物防制》2011年第6期。

[55]李立明主编:《流行病学》,人民卫生出版社2004年版。

[56]李俐琳、徐海燕、李穗萍:《现代辅助生育治疗患者居家注射后一次性预灌式注射器处置方式调查》,《护理学报》2012年第8期。

[57]李鲁主编:《社会医学》,人民卫生出版社2003年版。

[58]李绍奎:《艾滋病综合防治绩效评价中需求评价与组织保障评价指标研究》,安徽医科大学硕士学位论文,2008年。

[59]李小宁、黄明豪、许卫国:《农村居民肺结核病防治知信行现状及影响因素分析》,《中国健康教育》2008年第2期。

[60]李学芹、胡琼伟、于小龙:《肺结核患者痰液处置结构方程模型分析》,《中国公共卫生》2014年第6期。

[61]李珍、徐凌忠、盖若琰:《临沂市居家化疗肺结核病人废弃物处置现状及其对策研究》,《中国卫生事业管理》2013年第11期。

[62]林田、关向东、袁文华:《以IMB模型为理念的行为干预在2型糖尿病中的应用》,《现代预防医学》2012年第22期。

[63]刘昶、李明子:《吉林地区与美国纽约州腹腔透析患者居家医疗废物处置比较》,《中国实用医药》2014年第21期。

[64]刘海滨、梁振东:《基于SEM的不安全行为与其意向关系的研究》,《中国安全科学学报》2012年第2期。

[65]刘静:《生活塑料废弃物危害及其管理政策的评估》,《环境与健康杂志》2006年第4期。

[66]刘跃:《中学生结核病防治健康教育的效果评价》,《安徽预防医学教

育》2014 年第 1 期。

[67]刘志浩:《IMB 模型在大学生生殖健康中的应用研究》,东南大学硕士学位论文,2009 年。

[68]龙璐:《艺术类高校大学生生殖健康干预效果评价及需求分析》,华中科技大学硕士学位论文,2010 年。

[69]陆璐、王烈:《应对方式和自我效能对糖尿病患者治疗依从性的影响》,《中国初级卫生保健》2008 年第 3 期。

[70]马婕、常峰:《影响居民选择社区医院就医的行为因素研究》,《科技文汇(下月版)》2012 年第 4 期。

[71]潘根全、王云:《嘉兴市医疗废弃物处置现状与管理对策》,《中国公共卫生管理》2007 年第 1 期。

[72]彭佳林:《艾滋病健康教育与行为干预效果评价指标体系构建及行为干预模式研究》,华中科技大学硕士学位论文,2008 年。

[73]戚桂平、周霞、张原:《娱乐场所性病艾滋病高危行为干预效果评价》,《中国初级卫生保健》2007 年第 9 期。

[74]钱雪冰、金燕芳、陈明朗:《南通市城乡居民恶性肿瘤健康教育效果评价》,《中国健康教育》2006 年第 1 期。

[75]曲波、郭海强、任继萍:《结构方程模型及其应用》,《中国卫生统计杂志》2005 年第 6 期。

[76]全国第五次结核病流行病学抽样调查技术指导组:《2010 年全国第五次结核病流行病学抽样调查报告》,《中国防痨杂志》2010 年第 8 期。

[77]申娟茹、李俊玲:《认知行为干预对妊娠糖尿病患者负性情绪和血糖的影响》,《中国妇幼保健》2014 年第 6 期。

[78]石长胜:《泰安市农村居民健康教育与行为干预效果评价》,《中国健康教育》2007 年第 4 期。

[79]孙会芹、石俊仕:《影响新发涂阳肺结核病人就诊延迟的社会因素研究》,《中国热带医学》2002 年第 2 期。

[80]孙伟、许奕华、吴梅红:《湖北省农村地区疟疾防治知识调查及影响因素研究》,《中国热带医学》2008 年第 2 期。

[81]唐倩如:《社区干预模式对糖调节受损人群的管理效果分析》,《中国临床保健杂志》2011 年第 3 期。

[82]唐万琴、彭维斌、杨开玺:《IMB 模型在苏北农村初中生结核病预防行为干预中的应用》,《中国卫生统计》2012 年第 4 期。

[83]陶华,陶加林:《生命周期评价在中国城市垃圾减量化的应用》,《环境科学学报》1998 年第 3 期。

[84]万莹:《运用计划行为理论分析高血压患者遵医服药行为的影响因素》,华中科技大学硕士学位论文,2013 年。

[85]汪海光、孟军华、黄文姬:《唐山市居民高血脂相关知识、态度、行为干预效果评价》,《医学与哲学(人文社会医学版)》2011 年第 8 期。

[86]汪心海、李文睿、郭彬:《活动性肺结核患者生活废弃物处理现状研究》,《医学与哲学》2014 年第 2 期。

[87]王瑾、严胜、王英:《基于 IMB 模型的上海市女性流动人口生殖健康干预效果评价》,《上海交通大学学报(医学版)》2013 年第 3 期。

[88]王娟、浪森阳、冯杰:《癫痫患者的自我效能与生活质量》,《中国临床康复》2006 年第 10 期。

[89]王君俏、刘明:《成人非胰岛素依赖型糖尿病患者自我效能与自护行为的相关性研究》,《中华护理杂志》2003 年第 6 期。

[90]王丽丽、李晓梅:《疟疾知信行现状及影响因素》,《中国热带医学》2013 年第 5 期。

[91]王亮、王燕、赵瑾珠:《基于计划行为理论的女性性工作者安全套使用行为影响因素的分析》,《中国健康教育》2012 年第 6 期。

[92]王玲:《糖尿病患者利器类医疗废物的自家管理》,《长江大学学报》2011 年第 9 期。

[93]王维维:《青岛市高校大学生肺结核知识、态度、行为的调查》,青岛大学硕士学位论文,2012 年。

[94]王伟炳、修艳、蒋伟利:《苏北地区结核病患者诊断延迟及其影响因素分析》,《复旦大学学报(医学版)》2006 年第 1 期。

[95]王伟炳:《农村地区结核病传播机制及主动发现模式的流行病学研究》,复旦大学硕士学位论文,2006 年。

[96]王显碧、刘俊英:《基层医院医疗废物的管理》,《吉林医药》2010 年第 22 期。

[97]王燕、张胜林、王亮:《结构方程模型在健康行为改变理论中的应用》,《中国健康教育》2010 年第 9 期。

[98]王英、马进、王瑾:《上海市流动人口未婚女性 IMB 生殖健康量表的信度和效度分析》,《上海交通大学学报(医学版)》2013 年第 2 期。

[99]韦保仁、王俊:《苏州城市生活垃圾处置方法的生命周期评价》,《中国人口、资源与环境》2009 年第 2 期。

[100]卫生部疾病控制司、卫生部医政司、中国疾病预防控制中心:《中国结核病防治规划实施工作指南》,中国协和医科大学出版社 2009 年版。

[101]魏洁:《农村老年糖尿病患者知识、自我效能感与自我管理行为相关

性研究》，杭州师范大学硕士学位论文，2013 年。

[102]魏萱、杨平、徐凌忠:《居家治疗农村肺结核患者废弃物认知及影响因素分析》，《中国卫生事业管理》2014 年第 5 期。

[103]文建军、许振国、庞志峰:《城区居民对生活垃圾收集与处理认知水平调查》，《中国公共卫生》2006 年第 3 期。

[104]吴克明、朱兰、王剑波:《高血压患者群组干预管理的社区实施与评价》，《中华全科医师杂志》2014 年第 2 期。

[105]夏体梦、王永:《排痰方法与痰液的观察及处理》，《吉林医学》2011 年第 14 期。

[106]夏文、牟少华、王斌:《小学生水域安全教育知信行模型研究》，《中国安全科学学报》2014 年第 4 期。

[107]熊雅、刘爱知、于发敏:《运用 PDCA 循环法规范医疗废弃物的管理》，《护理管理杂志》2007 年第 1 期。

[108]徐成、杨建新:《城市生活垃圾生命周期管理》，《城市环境与城市生态》1998 年第 3 期。

[109]徐桂花、陆云、朱勤芬:《信息动机行为技巧模型健康教育在结肠造口患者中的实施观察》，《护理学报》2015 年第 8 期。

[110]徐缓、何景琳:《行为转变理论模式与艾滋病行为干预》，《中国健康教育》2002 年第 2 期。

[111]徐庆华:《运用层次分析法确定医疗废物管理综合评价指标权重系数的探讨》，《中华疾病控制杂志》2008 年第 4 期。

[112]徐洋、孟培、陈秀艳:《医疗垃圾的危害及处理》，《航空航天医药》2009 年第 2 期。

[113]严刚:《我国中小城市生活垃圾优化管理模型研究》，吉林大学硕士学位论文，2002 年。

[114]杨华林、包昌琳、白丽琼:《电话督导与传统督导对湖南农村肺结核患者干预效果的比较》，《中国防痨杂志》2011 年第 10 期。

[115]杨凯、徐启新、林逢春:《包装废物减量及回收体系构建研究》，《中国环境科学》2001 年第 2 期。

[116]杨凯、袁雯:《英国废弃物管理的战略框架——目标、措施与启示》，《世界地理研究》2001 年第 3 期。

[117]杨璐、王欲圣、徐庆华:《安徽省各级医疗机构医疗废物管理情况调查》，《安徽医药》2010 年第 9 期。

[118]杨亚静:《肺结核患者痰液的管理》，《中国民康医学》2011 年第 8 期。

[119]杨一偲、周琪、车明杰:《IMB 模型与农民工艾滋病预防行为影响因素

分析》,《实用预防医学》2014年第10期。

[120]于小龙:《山东省肺结核患者痰液处置知识—态度—行为及管理策略研究》,山东大学硕士学位论文,2013年。

[121]余东远、冯献湘、黎明强:《群组干预对社区高血压患者治疗依从性的影响》,《中国健康教育》2012年第12期。

[122]郁小红、蒋刚华、林琳:《持续质量改进在疗养院医疗废弃物管理中的应用》,《中国疗养医学》2012年第12期。

[123]袁庆:《山东省流动人口肺结核病人就诊延迟及影响因素分析》,山东大学硕士学位论文,2009年。

[124]翟颖莉:《自我效能干预对社区老年高血压患者自我管理行为的影响》,延边大学硕士学位论文,2011年。

[125]张彩虹:《慢性阻塞性肺疾病患者自我处置水平及影响因素研究》,中南大学硕士学位论文,2009年。

[126]张海燕、张耀虹、乔珍珍:《腹腔透析患者居家医疗废物处置情况调查研究》,《中国血液净化》2013年第9期。

[127]张浩军、张映华、王燕:《医疗机构医疗废弃物管理现状》,《中国消毒学杂志》2012年第7期。

[128]张鹤、高峻、张俊蕾:《糖尿病患者居家医疗废物处置现状调查及分析》,《中国护理管理》2010年第6期。

[129]张华、庄霞、刁玉涛:《基于信息—动机—行为技巧模型的女性性工作者艾滋病高危行为研究》,《山东大学学报(医学版)》2013年第5期。

[130]张华:《基于信息—动机—行为技巧模型的女性性工作者艾滋病高危行为研究》,山东大学硕士学位论文,2011年。

[131]张慧侬:《加强医疗废弃物的安全管理》,《现代医院》2008年第2期。

[132]张建华、李俊林、黄远霞:《武汉建筑业农民工健康教育效果评价》,《中国健康教育》2007年第5期。

[133]张建明、李景和、苏庆英:《医生及家属联合督导在落实肺结核病人全程督导化疗中的作用》,《中国防痨杂志》2008年第1期。

[134]张洁、俞敏、赵鸣:《215例农村糖尿病高危人群行为干预需求分析》,《中国预防医学杂志》2007年第6期。

[135]张明梅、陈淑真:《肺结核病人居家化疗的宣教和护理干预》,《护理研究》2005年第8期。

[136]张柠、张春燕:《新型农村合作医疗对农民健康影响的分析》,《中国初级卫生保健》2011年第11期。

[137]张柠:《新型农村合作医疗对农民门诊医疗服务利用影响的研究》,

《中国卫生经济》2011 年第 10 期。

[138]张胜林:《健康行为改变理论统计模型研究——结构方程模型的应用》,华中科技大学硕士学位论文,2009 年。

[139]张天豪、陈伟、成诗明:《肺结核患者密切接触者调查研究进展》,《疾病监测》2009 年第 3 期。

[140]张韦倩、杨天翔、陈雅敏:《基于生命周期评价的城市固体废弃物处理模式研究进展》,《环境科学与技术》2013 年第 1 期。

[141]张颖:《恶性肿瘤自我效能及自我管理量表的汉化研究》,浙江大学硕士学位论文,2012 年。

[142]张永强、张雁、朱彦辉等:《痰涂片阳性肺结核患者家庭消毒情况调查》,《中国消毒学杂志》2012 年第 5 期。

[143]张瑜:《医疗垃圾处理是否能够做得更好》,《当代医学》2007 年第 22 期。

[144]赵晓霜、李春玉、李彩福:《社区糖尿病患者健康素养和自我效能对健康状况影 响的路径分析》,《中华护理杂志》2013 年第 1 期。

[145]赵晓燕、范琳琳、徐旭娟:《认知行为干预对 2 型糖尿病患者抑郁情绪及糖化血红蛋白影响的系统研究》,《中国实用护理杂志》2014 年第 7 期。

[146]赵学军、高俊岭、傅华:《社区高血压群组干预对患者依从性的影响研究》,《中国全科医学》2011 年第 11 期。

[147]赵媛、王燕、廉军孝:《信息—动机—行为技巧模型在老年全髋关节置换术患者早期康复护理中的应用研究》,《中华护理杂志》2014 年第 8 期。

[148]赵仲堂:《流行病学研究方法与应用》,科学出版社 2005 年版。

[149]郑卫军:《农村糖尿病患者自我管理行为研究》,浙江大学硕士学位论文,2011 年。

[150]周成超:《山东省流动人口肺结核病人求医行为及治疗管理现状与对策研究》,山东大学硕士学位论文,2011 年。

[151]周菲:《杭州生活垃圾处理体系综合评价方法研究》,中南大学硕士学位论文,2010 年。

[152]周宏东:《浦东新区医疗废物管理状况分析与研究》,复旦大学硕士学位论文,2006 年。

[153]周丽萍:《院前急救人员医疗废弃物处置认知情况调查》,《实用医院临床杂志》2008 年第 5 期。

[154]周梦雯、张玲、谭守勇:《肺结核患者密切接触者结核患病情况调查》,《临床肺科杂志》2010 年第 2 期。

[155]周榕榕、康晓平、田本淳:《多组结构方程在学生结核病防治 KAP 模

型比较研究中的应用》,《中国卫生统计》2014 年第 1 期。

[156]周艳红:《社区高血压群组干预对患者治疗依从性的影响研究》,《中国医药导刊》2014 年第 4 期。

[157]朱兰、吴克明、顾丹:《群组干预管理对社区高血压患者的生命质量影响评价》,《中国卫生资源》2014 年第 2 期。

[158]朱莉珍、吴克明、岑洲:《社区糖尿病自我管理项目干预效果评价》,《上海预防医学杂志》2005 年第 10 期。

[159]朱伟:《溧阳市农村地区不同督导方式下肺结核患者治疗管理效果探讨》,苏州大学硕士学位论文,2013 年。

[160]邹阿罗、陈永法:《老年人自我药疗中不合理用药行为影响因素分析》,《中国处方药》2013 年第 3 期。

二、英文文献

[1]Abd EI-Salam M. M. Hospital waste management in El-Beheira Governorate, Egypt. *Journal of Environmental Management*, 2010, 91 (3): 618-629.

[2]Ajzen I. , Fishbein M. *Understanding Attitudes and Predicting Social Behavior*, Englewood Cliffs, NJ: Prentice Hall, 1980.

[3]Bandura A. *Social Foundation of Thought and Action: A Social Cognitive Theory*, Englewood Cliffs, NJ: Prentice Hall,1986.

[4]Beck A, Scott J, Williams P, et a1. A randomized trial of group ont-patient visits for chronically ill older HMO members: The cooperative health care clinic. *J Am Geriatr Soc*, 1997,45(5):543-549.

[5]Blenkharn JI. Sharps management and the disposal of clinical waste. *Br J Nurs*, 2009,18(14):860-862.

[6]Blumenfeld A, Tischio M. Center of excellence for headache care: Group model at Kaiser Permanente. Headache, 2003,43(5):431-440.

[7]Bock BC, Pinto BM. Maintenance of physical activity following an individualized motivationally tailored intervention. *Ann Behav Med*, 2001, 23 (2):79-87

[8]Chapman R, Yakowitz H. Evaluating the risks of solid waste management programs: A suggested approach. *Resources and Conservation*, 1984,11 (2):77-94.

[9]Clancy DE, Brown SB, Magruder KM, Huang P. Group visits in medically and economically disadvantaged patients with type 2 diabetes and

their relationships to clinical outcomes. *Top Health Inf Manage*, 2003, 24 (1):8-14.

[10]Clark RM. *In Models for Environmental Pollution Control*, U. S. A: Ann Arbor Science Publishers, Inc. 1973.

[11]Coleman E, Grothaus L, Sandhu N, et al. Chronic care clinics: A randomized controlled trial of a new model of primary care for frail older adults. *J Am Geriatr Soc*, 1999,47(7):775-783.

[12]Daskalopoulos E, Badr O, Probert SD. An integrated approach to municipal solid waste management. *Resources, Conservation and Recycling*, 1998, 24(1):33-50.

[13] Fisher JD, Fisher WA. Changing AIDS-risk behavior. *Psychol Bull*, 1992,111(3):455-74.

[14]Fisher JD, Fisher WA, Williams SS, Malloy TE. Empirical tests of an information-motivation-behavioral skills model of AIDS-preventive behavior with gay men and heterosexual university students. *Health Psychol*, 1994, 13 (3):238-250.

[15] Gai Ruoyan, Xu Lingzhong, Li Huijuan, et al. Investigation of health care waste management in Binzhou District, China. *Waste Management*, 2010,30(2):246.

[16]Golub JE, Mohan CI, Comstock GW. Active case finding of tuberculosis: Historical perspective and future prospects. *Int J Tuberc Lung Dis*, 2005, 9(11):1183-1203. ?

[17]Hosakaa T. , Sugiyamaa Y. , Hiraib K. , et al. Effects of a modified group intervention with early-stage breast cancer patients. *General Hospital Psychiatry*, 2001,23(3):145-151.

[18]Kapepula KM, Colson G, Sabri K, et al. A multiple criteria analysis for household solid waste management in the urban community of Dakar. *Waste Management*, 2007,27(11):169.

[19]Karagiannidis A, Moussiopoulos N. Application of Electre Ⅲ for the integrated management of municipal solid wastes in the Greater Athens area. *European Journal of Operational Research*, 1997, 448(3):439-449.

[20]Kuhner J. Mathematical models for developing regional solid waste management policies. *Engineering Optimization*, 1975,1(14):237-256.

[21]Lin Mei, et al. A cross-sectional study of sputum handling by and supervision of patients with pulmonary tuberculosis treated at home in China.

BioScience Trends, 2012,6(6):296-302.

[22]Linton SJ, Ryberg M. A cognitive-behavioral group intervention as prevention for persistent neck and back pain in a non-patient population: A randomized controlled trial. *Pain*, 2001,90(1-2):83-90.

[23]MacDonard M. L. A multi-attribute spatial decision support system for solid waste planning, *Computers, Environment and Urban Systems*, 1996, 20(1):1-17.

[24]Maizels M, Saenz V, Wirjo J. Impact of a group-based model of disease management for headache, *Headache*, 2003, 43(6):621-627.

[25]Marcus B. H., Forsyth L. H. Physical activity interventions using mass media, print media, and information technology. *Am J Prev Med*, 1998, 15(4):362-378.

[26]Masley S, Phillips S, Copeland JR. Group office visits change dietary habits of patients with coronary artery disease. *J Fam Pract*, 2001,50(3): 235-239.

[27]Miller D, et al. Group medical visits for low income women with chronic disease: A feasibility study. *J Womens Health*, 2004, 13 (2): 217-225.

[28]Mortberg E, Kadsson A, Fyring C, et al. Intensive cognitive-behavioral group treatment (CBGT) of social phobia: A randomized controlled study. *Anxiety Disorders*, 2006,20(5):646-660.

[29] Rosenstock IM Historical Origin of Health Belief model. *Health Educ Monogr*, 1974, 2(4):328-335.

[30] Sadur CN, Moline N, Costa M, et al. Diabetes management in a health maintenance organization: Efficacy of care management using cluster visits. *Diabetes Care*, 1999,22(12):2011-2017.

[31]Safren SA, et al. Testing a social-cognitive model of HIV transmission risk behaviors in HIV-infected MSM with and without depression. *Health Psychol*. 2010,29(2):215-221.

[32]Scott JC, Conner DA, Venohr I, et al. Effectiveness of a group outpatient visit model for chronically ill older health maintenance organization members: A 2-year randomized trial of the cooperative health care clinic. *J Am Geriatr Soc*, 2004,52(52):1463-1470.

[33]Shi Q, Ostwald SK, Wang S. Improving glycaemic control self-efficacy and glycaemic control behavior in Chinese patients with Type 2 diabetes

mellitus: Randomised controled trial. *J Clin Nurs*, 2010,19(3-4):398-404.

[34]Takeda E. A Method for Multiple Pseudo-criteria decision problem. *Computers and Operations Research*, 2001, 28(14):1427-1439.

[35]Trento M, Passera P, Bajardi M, et al. Lifestyle intervention by group care prevents deterioration of type Ⅱ diabetes: A 4-year randomized controlled clinical trial. *Diabetologia*, 2002, 45(45):1231-1239.

[36]Trento M, Passera P, Borgo E, et al. A 3-year prospective randomized controlled clinical trial of group care in type 1 diabetes. *Nutrition, Metabolism& Cardiovascular Diseases*, 2005,15(4):293-301.

[37]Trento M, Passera P, Borgo E, et al. A 5-year randomized controlled study of Learning, problem solving ability, and quality of life modifications in people with type 2 diabetes managed by group care. *Diabetes Care*, 2004, 27(3): 670-675.

[38]Weber M, Wyne K. A cognitive/behavioral group intervention for weight loss in patients treated with atypical antipsychotics. *Schizophr Res*, 2006, 83(1):95-101.

[39]World Health Organization. *Global Tuberculosis Report* 2012. Geneva: WHO, 2012.

[40]World Health Organization. *Global Tuberculosis Control*: *Surveillance, Planning, Financing*, Geneva: WHO, 2002.

[41]World Health Organization. *Stop TB at the source*: *WHO Report on the Tuberculosis Epidemic*. Geneva: WHO, 1995.

[42]Xu Y, Toobert D, Savage C, et al. Factors influencing diabetes self-management in Chinese people with type 2 diabetes. *Res Nurs Health*, 2008, 31(6):613-625.